KB163561

중력에 대한
거의 모든 것

마커스 초운 | 김소정 옮김

중력에 대한 거의 모든 것

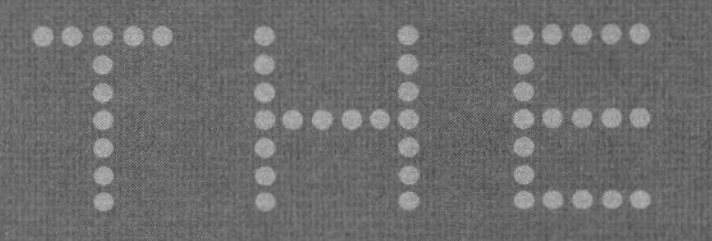

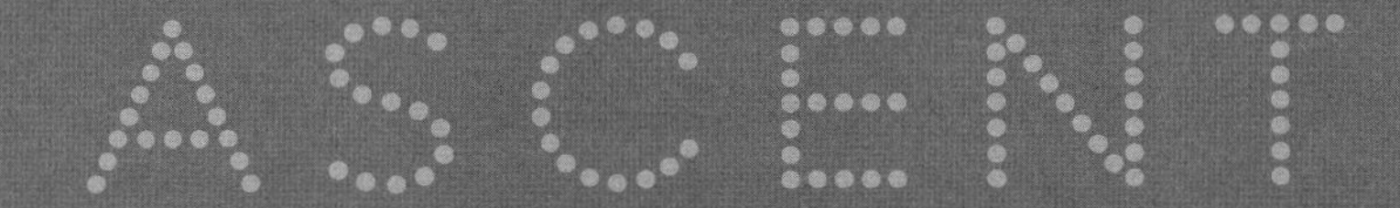

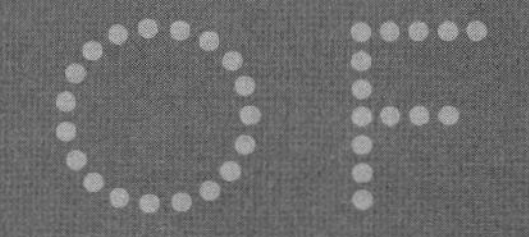

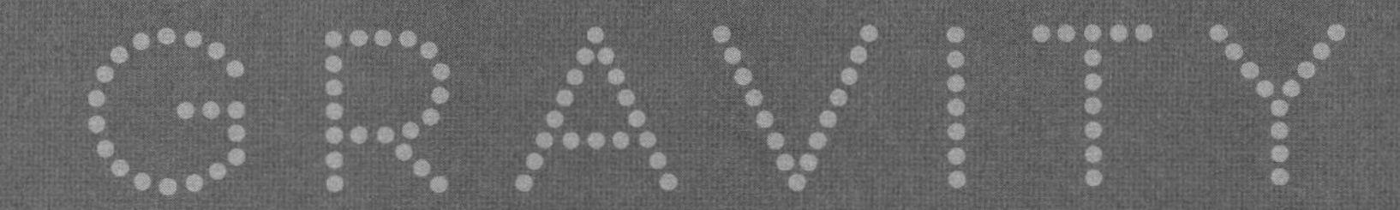

가장 유명하지만
누구도 이해하지 못하는 힘

현암사

21세기를 살고 있는데도
중력의 작동 원인조차 모른다는 것은
당혹스러운 일이다.

— 우디 노리스(Woody Norris, 발명가)

차례

*

2부 아인슈타인

✷

3부 | 아인슈타인을 넘어서

독자에게

- 본문에 실으면 글의 흐름을 해칠 수 있는 내용은 주석에 실었습니다. 주석에서는 전문 용어를 사용해 본문 내용을 좀 더 자세히 설명하거나, 더 많은 정보를 확인할 수 있도록 책이나 논문 같은 참고 자료를 소개했습니다.
- 본문의 각주는 모두 옮긴이 주입니다.

이 책에 들어가기 전

당신이 모를 수도 있는 중력에 대한 여섯 가지 사실

1.

중력은 당신과 당신 주머니 속 동전이,
당신과 당신 옆을 지나가는 사람이
서로를 끌어당기는 힘이다.

2.

중력은 아주 약하다.
지구의 전체 중력으로도 근육의 힘을 이기지 못하기
때문에 우리는 손을 위로 뻗을 수 있다.

3.

중력은 약하지만
대규모로 작용하는 중력에는 저항할 수 없다.
중력은 전체 우주의 진화와 운명을 통제하는 힘이다.

4.

사람들은 중력이 빨아들이는 힘이라고 생각하지만
우주 대부분에서 중력은 날려보내는 힘이다.

5.

빅뱅 후에 중력 스위치가 켜지지 않았다면
시간은 방향성을 갖지 못했을 것이다.

6.

중력을 명확히 이해해야만 이 세계에서 가장 중요한 질문
'우주는 어디에서 왔는가?'에 답할 수 있다.

✷

루이지애나주 리빙스턴과 워싱턴주 핸퍼드에는 레이저 광선으로 만든 4킬로미터 길이의 검출기가 있다. 미국 동부 하절기 시간DET으로 2015년 9월 14일 새벽 5시 51분에 리빙스턴의 검출기가 움직이더니 그로부터 6.9밀리초 뒤에 핸퍼드에 있는 검출기가 움직였다. 거의 100년 전에 아인슈타인이 예측한 중력파(시공간이라는 직물의 떨림)를 감지했다는 분명한 신호였다.

지구에 가장 단순한 박테리아 외에는 어떤 생명체도 없던 시절, 지구에서 아주아주 먼 곳에 있던 은하에서는 거대한 두 블랙홀이 온몸을 흔들며 서로를 향해 다가가는 죽음의 나선 춤을 추고 있었다. 두 블랙홀이 입을 맞추고 서로 합쳐지는 동안 태양 세 개에 해당하는 질량이 사라졌다. 하지만 곧바로 뒤틀린 시공간의 해일로 그 모습을 다시 드러내며 빛의 속도로 달려가기 시작했다. 아주 잠시, 두 블랙홀이 만든 해일은 우주에 존재하는 모든 별의 힘을 합친 것보다 50배는 더 큰 힘을 방출했다.

레이저 간섭계 중력파 관측소LIGO의 두 검출기가 2015년 9월 14일에 감지한 중력파는 과학의 역사에 새로운 시대를 열었다. 태어나서 한 번도 소리를 들은 적 없는 사람이 어느 날 아침 눈을 떴을 때 갑자기 소리가 들린다면 어떤 기분일까? 중력파 감지는 물리학자와 천문학자들에게 바로 그런 기분을 느끼게 해주었다. 인류 역사가 시작된 이래 우리는 우주를 '볼' 수만 있었다. 그러다가 마침내 우주를 '들을' 수 있게 된 것이다. 중력파는 우주의 소리다. 중력파 검출은, 망원경을 발명한 1609년 이래 천문학계가 이룬 가장 중요한 발견이라고 표현해도 엄청난 과장은 아닐 것이다.

연못 위에서 멀리 퍼져 나가는 물결파처럼 시공간은 스스로 떨리고 진동하며 주위로 퍼져 나가는 파동을 생성한다. 중력파가 이 사실을 증명해준 것이다. 중력파는 중력이 시공간을 왜곡한다는 아인슈타인의 주장을 확증해주는 결정적 증거였다. 뉴턴은 '중력'을 태양에서 뻗어 나와 고무 밴드처럼 지구를 옭아매는 힘이라고 생각했지만, 아인슈타인은 태양이 시공간을 구부려 깊은 골짜기를 만들면 지구가 엄청나게 큰 룰렛판 위의 룰렛공처럼 태양이 만든 골짜기의 가장자리를 따라 멈추지 않고 돈다고 생각했다.

뉴턴의 중력 이론은 지구의 바다에서 일어나는 조수현상과 행성의 운동을 설명하고 미지의 세계(해왕성)를 예측하는 등의 큰 성공을 거두었다. 아인슈타인의 중력 이론도 수성의 불규칙한 궤도 운동을 설명하고, 블랙홀을 예측하고, 우주의 탄생을 불러온 빅뱅 가설을 세우는 등 그에 못지않게 성공했다. 하지만 아인슈타인의 중력 이론은 뉴턴의 중력 이론이 그랬던 것처럼, 자기 이론을 붕괴시킬 씨앗을 품고 있었다. 아인슈타인의 중력 이론대로라면 블랙홀의 중심과 우주 탄생의 순간에는 물리학의 매개 변수parameter들이 무한대로 치솟는 터무니없는 '특이점singularity'이 존재할 수밖에 없다.

아이러니하게도 과학이 가장 먼저 기술한 힘이자 누구나 오래전에 이해했다고 생각한 이 힘은 사실 거의 밝혀진 것이 없다. 윈스턴 처칠의 말을 빌려 표현하자면 중력은 "신비에 싸여 수수께끼 속에 들어 있는 불가사의"다.

21세기가 시작되고 있는 지금, 우리는 새로운 혁명으로 가는 길목에 서 있다. 물리학자들은 아인슈타인의 중력 이론보다 훨씬 심오한 이론(양자 중력 이론)이라는 위대한 탐사를 준비하고 있다. 새로운 세계관은 이미 그 모습을 드러내고 있다. 어쩌면 지금 이 순간, 또 다른 뉴턴이나 아인슈타인이 적절한 때를 기다리며 단편적인 수수께끼 조각들을 이어붙여 완벽한 전체 모습을 만들고 있는지도 모른다. 어쩌면—이것이 좀 더 그럴듯한 가정인데—물리학자 수십 명이 서로 협력해 수수께끼를 풀어낼지도 모른다. 지금 우리는 실재에 관한 우리의 관점을 완벽하게 뒤흔들 격동의 순간에 가까이 와 있다. 많은 물리학자들이 그런 격동이 불러올 결과가 이전의 어떤 격동보다 파급 효과가 크리라고 믿고 있다.

아인슈타인의 중력 이론보다 더 심오한 중력 이론을 발견하면, 그 이론을 이용해 워프 항법warp drive*과 타임머신 같은 기술

* 시공간을 일그러뜨려 4차원으로 두 점 사이의 거리를 단축시킴으로써 광속보다도 빨리 목적지에 도착하는 방법.

을 개발하고, 그 기술로 공간을 마음대로 조작해 평행 우주로 가는 일이 가능해질까? 전기 시대가 되기 전까지는 그 누구도 텔레비전이나 스마트폰, 인터넷을 예측하지 못했던 것처럼 아인슈타인의 이론을 뛰어넘는 이론이 만들어낼 세상의 모습은 그 누구도 예측할 수 없다. 우리가 아는 것은 그저, 이 파악하기 힘든 이론을 이해하는 순간 마침내 과학계가 품은 거대하고도 중요한 질문들에 답할 수 있게 되리라는 것뿐이다. 공간은 무엇인가? 시간은 무엇인가? 우주는 무엇인가? 그 모든 것은 어디에서 왔는가? 같은 질문 말이다.

하지만 너무 앞서 나갈 생각은 없다. 우리는 어떤 과정을 거쳐 여기까지 왔는가? 어떻게 해서 이제 곧 열리게 될 새로운 물리학이라는 거대한 미지의 세계 앞에 서게 된 것일까? 이야기는 모두 아이작 뉴턴이라는 스물두 살의 청년에게서 시작된다. 페스트가 한창 기승을 떨치던 1666년 그 청년에게서.

1부

뉴턴

1장

달은 떨어지고 있다

뉴턴은 어떻게 모든 장소, 모든 시간, 모든 사과에
적용할 수 있는 첫 번째 보편 법칙을 찾아냈을까?

그때는 내가 어느 때보다 수학과 철학에 관심이 있었고,
가장 창의적인 능력이 발휘되던 때였기 때문이지.

— 아이작 뉴턴[1]

의식을 잃은 당신을 내가 잡았어요. 그때 처음으로
남자를 부축해봤어요. 당신은 정말 묵직하더군요.
내 양옆에 당신과 중력이 있었어요. 정말 난감했어요.

—『천사와 와인』, 엘리자베스 녹스[2]

*

"그래서 아이작 뉴턴 씨, 보편 중력이라는 생각은 어떻게 하시게 된 겁니까?"

그 사건이 벌어지고 거의 50년이 지났을 때 두 사람은 울스소프 장원Woolsthorpe Manor의 정원에 있었다. 이제는 당대의 유명인사가 된 이 나이 든 자연철학자는 성직자이자 고고학자인 청년 윌리엄 스터클리William Stukeley와 탁자를 사이에 두고 앉아 있었다. 스터클리는 아이작 뉴턴의 첫 번째 전기를 집필한다는 어마어마한 과업을 이제 막 시작한 참이었다. 정원 바닥에서는 시냇물이 졸졸 흐르고 장원 너머 들판에서는 간간이 염소 울음소리가 들려왔다. 두 사람 앞에 있는 무성한 과수원 풀밭으로 까마귀 한 마리가 내려앉더니 땅을 콕콕 쪼다가 다시 푸드덕 날갯짓하며 날아가 버렸다.

청년의 질문에 생각에 잠겨 있던 노인은 얼굴을 가린 긴 백발을 뒤로 넘기며 말했다.

"스터클리 씨, 저쪽에 있는 나무가 보이시는지?"

"네, 보입니다."

"1666년 봄이었지요. 지금과 다르지 않은 따뜻한 날이었어요. 그때도 나는 여기 이 자리에 앉아 있었지요. 공책에 무언가를 적으면서 말입니다. 그때 저 나무에서 사과 한 개가……."

하지만 위대한 인물들은 자신의 전설을 지어낼 때가 많다. 떨어진 사과 이야기는 실제로 뉴턴이 생애 말기에 링컨셔 울스소프 장원의 정원에서 처음으로 언급했다.

1752년에 출간된 스터클리의 『뉴턴 경의 생애에 관한 회고록*Memoirs of Sir Isaac Newton's Life*』은 그 이야기를 이렇게 전한다. "저녁을 먹은 뒤 우리는 날씨가 따뜻해 정원으로 나와 사과나무 아래에서 차를 마셨다. 뉴턴은 나에게 중력이라는 개념이 마음속에 떠올랐을 때도 지금과 똑같은 상황이었다고 했다. 사과가 나무에서 떨어지는 모습을 보며 뉴턴은 사색에 잠겼다. 그러자 문득 사과는 왜 항상 지면과 수직인 방향으로 떨어지는지 궁금해졌다……."[3]

하지만 진실은 이와 다르다. 보편 중력을 발견한 뒤로 50여 년 간 뉴턴은 단 한 번도 떨어지는 사과 때문에 보편 중력을 생각하게 되었다는 이야기를 한 적이 없다. 사과 이야기는 진실일까? 아니면 창조적이던 시절은 한참 전에 지나가고 자신의 업적에 도취된 뉴턴이 대중의 상상력에 불을 지펴 불멸을 얻으려고 지어낸 이야기일까? 애플컴퓨터 공동 창업주인 스티브 잡스가 사망했을 때 트위터에는 다음과 같은 글이 올라왔다. "아담의 사과, 뉴턴의 사과, 스티브의 사과, 이 세 사과가 세상을 바꾸었다."[4]

뉴턴이 달을 끌어당기는 중력과 사과를 끌어당기는 중력 사이에서 결정적으로 하늘과 땅을 연결할 수 있었던 이유는 그 누구도 알지 못한다. 우리가 아는 것은 그저 뉴턴이 보편 중력 법칙을, 다니엘 디포Daniel Defoe가 『전염병 연대기*Journal of the Plague Year*』에서 분명하게 묘사한 것처럼 정말로 끔찍했던 시기에 떠올렸다는 것뿐이다.[5]

1665년 8월에 선페스트bubonic plague가 런던을 덮쳤다. 전염병이 창궐할 수 있다는 두려움에 런던에서 북동쪽으로 89킬로미터쯤 떨어져 있던 케임브리지 대학교는 학생들을 집으로 돌려보내고 학교 문을 닫았다. 무명이었고 평범했던 스물두 살의 뉴턴은 걷기도 하고 마차도 타면서 가족이 있는 울스소프로 돌아왔다. 그곳에서 세상과 단절된 채 18개월을 보내는 동안 보편 중력 법칙을 발견했을 뿐 아니라 과학의 얼굴을 바꾸었다.

특별한 사람

아이작 뉴턴은 1643년 크리스마스에 태어났다. 정말 특별한 날에 태어났지만, 이 '특별한 사람'은 1리터 용기에 담을 수 있을 정도로 작고 약해서 사람들은 아기가 며칠밖에 살지 못할 것이라고 생각했다.[6]

뉴턴은 '유복자'였다. 뉴턴의 아버지는 뉴턴이 태어나기 3개월 전에 세상을 떠났다. 혼자서는 살아갈 방법이 없던 뉴턴의 어머니는 뉴턴이 세 살일 때 자신보다 나이가 두 배나 많은 부유한 교구 목사의 청혼을 받아들였다. 교구 목사는 아내가 필요했지만 의붓아들은 필요 없었다. 결국 뉴턴의 어머니는 아들을 부모님 집에 맡기고 홀로 새 남편에게 갔다. 조부모는 뉴턴을 길러준 대리 부모였지만 뉴턴은 조부모를 경멸했다. 뉴턴은 공책에 쓴 메모에서 "나의 아버지, 어머니 스미스 부부에게 두 사람과 그들의 집을 불태워 버릴 거라고 협박한" 죄를 지었다고 고백한다.

8년 뒤에 남편이 죽자 뉴턴의 어머니는 뉴턴의 의붓남매 셋을 데리고 울스소프 장원으로 돌아왔다. 그때는 이미 뉴턴이 어머니에 대해 너무 큰 반감을 느끼고 있었다. 어머니에 대한 맹렬한 분노는 평생 누그러지지 않았다.

뉴턴은 장원의 상속자였기 때문에 어른들은 뉴턴을 평민인 농부의 아이들과는 놀지 못하게 했다. 혼자서 놀 수밖에 없던 외로운 뉴턴은 자신이 만든 상상의 세계로 들어갔고, 주위에서 볼 수 있는 물건들을 만들고 조사하며 시간을 보냈다. 어린 뉴턴은 혼자 풍차와 다리 모형을 만들었고 직접 돌을 깎아 해시계도 만들었다. 몇 시간이고 몇 날이고 몇 달이고 해시계 바늘의 그림자를 들여다보며 변화를 기록했다.

열두 살 때 복지가의 후원을 받아 그랜섬에 있는 킹스스쿨에 입학하게 된 것은 전적으로 뉴턴의 뛰어난 능력 때문이었다. 13킬로미터나 되는 읍내까지 매일 걷기는 힘들었기 때문에 학교 근처에 있는 약제상 집에서 하숙을 했다. 이제는 가족과도 떨어져 더욱 고립될 수밖에 없었지만 그런 뉴턴을 따뜻하게 감싸준 사람이 있었다. 킹스스쿨의 교장이었다. 수학에 특히 관심이 많았던 교장은 뉴턴의 비범한 재능을 알아보았고, 자신의 지식을 어린 뉴턴에게 모두 가르쳐주었다.

1659년, 뉴턴의 어머니는 당시 열여섯 살이던 뉴턴을 집으로 불러들였다. 숲과 시내가 있고 보리밭과 양 치는 목초지가 있는 가족의 영지를 관리하게 하려는 의도에서였다. 하지만 뉴턴은 대부분의 시간을 약초를 모으고 책을 읽으며 보냈다.[7] 뉴턴이 시내에서 물레방아를 만드는 동안 양은 이웃 농가로 들어가 보리밭을 망쳤고, 돼지는 담장을 망가뜨리고 다른 사람의 영지를 침범했다. 뉴턴은 이 두 가지 일로 법원에서 벌금형을 받았다.[8] 그 다음 해에 뉴턴이 그랜섬에 있는 학교로 돌아갔을 때는 뉴턴 자신뿐 아니라 모든 사람이 안도했다.

뉴턴의 외삼촌도 조카의 비상한 재능을 알아보았다. 외삼촌은 케임브리지 대학교에서 신학을 전공한 교구 목사였다. 그는 1661년에 열여덟 살이던 뉴턴이 케임브리지 대학교에 다닐 수 있게 도왔다. 그때 케임브리지 대학교가 있던 곳은 추레하고 옹색한 작은 마을이었다. 뉴턴은 부유한 학생들의 시중을 들고 그들이 남긴 음식을 먹으며 학비를 벌었다. 1665년 1월에 그는 학사학위를 받았다.

학창 시절의 뉴턴에 관해서는 알려진 것이 거의 없다. 20세기에 뉴턴을 계승한 알베르트 아인슈타인처럼 뉴턴도 대학 시절에 두각을 나타내는 학생은 아니었다. 하지만 맹렬하게 수학과 과학을 공부했고, 그리스 철학자들의 작품을 탐독하고 흡수했다.

그러나 결과적으로는 자신이 읽은 내용에 비판적이었다. 그는 자신의 소중한 공책에 "플라톤은 나의 친구다. 아리스토텔레스도 나의 친구다. 그러나 나의 가장 친한 친구는 진리다."라고 적었다.

기이한 생각의 바다에서 홀로 항해하다

1665년, 뉴턴이 다시 울스소프 장원으로 돌아왔을 때는 여전히 여름이었다. 수많은 곤충이 날아다녔고 수많은 새들이 노래를 불렀다. 울스소프의 목가적인 풍경을 보고 있노라면 그곳에서 고작 160킬로미터 떨어진 런던 거리에서 사람들이 비틀거리며 쓰러져 가고 있는 모습은 상상하기 어려웠다. 그때 런던 사람들은 열과 오한, 근육통과 경련에 시달렸고, 숨을 쉬지 못해 괴로워하다가 기침을 하고 피를 토해내고 있었다. 림프샘에서 증식하는 페스트균 때문에 겨드랑이와 사타구니가 시커멓게 변하면서 부풀어 올랐다. 이때 발병한 전염병으로 런던 인구의 4분의 1(10만 명)이 수레에 실려 나가 장례식도 제대로 치르지 못하고 페스트 구덩이 속에 던져졌다.[9]

울스소프 장원은 회색 석회암 벽으로 지은 조금 낡은 2층 건물로, 사과나무에 둘러싸여 있었고 양 방목장인 위텀강 계곡 목초지와 나란히 있었다. 책상에 앉으면 뉴턴의 마음속에서는 모든 사람들을 휘감은 공포가 완전히 사라졌다. 다른 사람의 고통을 전혀 느낄 수 없는 사이코패스적인 기질이 그에게 있었기 때문일 수도 있고, 걱정해봐야 자신이 할 수 있는 일이 아무것도 없다고 생각했기 때문일 수도 있다. 어차피 바꿀 수 없다면 걱정할 필요가 있을까? 전능한 분의 손에 놓인 일을 걱정하며 시간을 허비해야 할 이유가 있을까? 뉴턴은 그렇게 생각했는지도 모른다.

뉴턴은 뼛속까지 실용주의자였다. 실용적인 사람은 공포의 시간을 하나의 막간interlude으로, 창조자의 마음속으로 뚫고 들어갈 신이 주신 기회로 활용한다. 페스트의 공포가 영국을 뒤흔드는 동안 뉴턴은 울스소프에서 진리를 탐구하기 시작했다. "기이한 생각의 바다에서 홀로 항해했기 때문에"[10] 뉴턴은 뛰어난 수학자가 될 수 있었다. 홀로 생각의 바다를 항해했기에 광학과 색채의 법칙을 발견했고, '미적분학'과 '이항정리'를 발명할 수 있었을 것이다. 하지만 무엇보다도 뉴턴이 이 시기에 이룩한 가장 큰 업적은 보편 중력 법칙을 발견했다는 것이다.

물론 우주에서 지구의 위치를 사실적으로 알려주는 모형은 당시에도 이미 있었기 때문에 보편 중력 법칙은 이 세상에 모습을 드러낼 준비를 모두 마친 상태였다. 그러나 항상 그랬던 것은 아니다.

새로운 세계관

지구를 우주의 중심이라고 생각한 적도 있었다. 옛사람들이라면 그렇게 믿을 수밖에 없었을 것 같다. 어쨌거나 겉으로 보기에는 태양도 달도 별도 분명히 지구 주위를 도는 것 같았으니까.

하지만 무슨 이유에서인지 다른 천체들과는 다른 행동을 하는 천체들이 있었다.

고대인들이 맨눈으로 볼 수 있었던 다섯 행성(수성, 금성, 화성, 목성, 토성)이 반딧불이같이 깜빡이는 항성들처럼 가만히 있었다면 밤하늘에서 그토록 뚜렷하게 보이지는 않았을 것이다. 하지만 다섯 행성은 항성과 달리 달팽이처럼 밤하늘을 여기저기 기어다녔다.[11] 그런데 기어가는 속도가 제각각이었다. 여러 밤, 여러 달 동안 행성을 관측한 사람은 한 방향으로 잘 가던 행성이 갑자기 뒤로 돌아갔다가 다시 앞으로 나가는 등, 기이한 고리를 만들면서 움직인다는 사실도 알게 되었다. 행성이 정말로 지구 주위를 돌고 있다면 그런 식으로 움직일 수 있을까?

답은 '아니다'였다.

고대 그리스 사람들은 특이한 행성에 '방랑자wanderer'라는 이름을 붙이기도 했다. 옛사람들은 특이한 행성의 움직임을 설명하기 위해 독창적이고도 기발한 생각을 했다. 그들에게 하늘은 지상과 달리 더할 나위 없이 완벽한 곳이었고, 가장 완벽한 도형은 원이었다. 따라서 지구 주위를 도는 행성은 자체적으로 작은 원을 그리며 이중으로 돌고 있을지도 모른다고 생각했다. 원 안의 원, 즉 주전원epicycle이 존재할 수도 있다고 생각한 것이다. 지구 주위를 도는 행성이 자신의 궤도 안에서 작은 원을 그리며 돈다면 가끔 행성이 뒤로 돌아가는 것처럼 보이는 현상을 이해할 수 있다.

그러나 행성의 역방향 운동에 관한 이런 설명은 사실 완전히 틀렸다. 원 위를 도는 또 다른 원을 계속 집어넣으면 사실상 거의 모든 천체의 운동을 흉내낼 수 있다. 하지만 그런 설명은 너무나도 복잡하고 정신이 없다. 현대 과학의 가장 중요한 특징은 자연 현상을 단순 간결하게 설명할 수 있어야 한다는 것이다.

1543년, 폴란드 천문학자 니콜라우스 코페르니쿠스Nicolaus Copernicu는 행성의 움직임에 관한 더 나은 설명을 제시했다. 그는 모든 천체의 중심을 지구가 아니라 태양이라고 가정하고 지구를 비롯한 모든 행성이 태양 주위를 돈다고 가정하면 어떻게 될지를 고민했다. 코페르니쿠스가 집필한 『천구의 회전에 관하여*On the Revolutions of the Heavenly Sphere*』에는 행성의 운동에 관한 훨씬 간결한 설명이 실려 있다. 태양 주위를 돌기 때문에 지구는 가끔 지구보다 느린 속도로 태양 주위를 도는 행성(화성 같은)을 따라잡아 추월하기도 하는데, 그럴 때면 지구인의 눈에는 항성을 배경 삼아 움직이는 행성이 가던 길을 되돌아가는 것처럼 보인다는 것이다.[12]

그런데 행성의 움직임을 코페르니쿠스식으로 설명하려면 대가가 따랐다. 중심이 되는 천체가 하나가 아니라 두 개가 생기기 때문이다. 태양과 지구가 두 천체였다. 태양 주위를 지구와 같은 행성들이 돌고, 지구 주위를 달이 돈다. 그런데 이탈리아 과학자 갈릴레오가 당시로서는 최신인 자신이 만든 천체 망원경으로 하늘을 관찰했을 때 상황은 훨씬 나빠졌다. 갈릴레오는 맨눈으로는 보이지 않았던 항성들을 발견했을 뿐 아니라 달 산맥을 찾았고 금성의 위상 변화를 확인했다. 그리고 1610년에는 목성 주위를 도는 위성을 네 개나 발견하고 깜짝 놀랐다. 태양계에서 중심 역할을 하는 천체가 두 개 이상이 되었기 때문이다('적어도' 세 개가 된 것이다).

천체의 회전에 관한 고대인의 생각은 무너져내렸다. 고대 그리스인은 우리가 사는 세상과 우주를 이해하는 데 가장 중요한 요소는 위치라고 믿었다. 그들은 이 세상을 구성하는 4원소(흙, 불, 공기, 물)에는 저마다 정해진 위치로 이동하는 성질이 있다고 생각했다. 지구와 관련된 사물들은 모두 흙의 요소를 담고 있기 때문에 당연히 가능한 한 지구 중심에 가까이 있으려 한다고 믿었다. 하지만 새로운 세계관에서는 위치란 조금도 특별하지 않았다. 중심이 되는 천체가 최소한 세 곳이나 되는 상황에서는 위치를 특별하게 취급할 이유가 전혀 없었다.

태양계를 관찰한 후 우리는 거대한 천체가 다른 거대한 천체 주위를 돌고 있다는 사실을 알게 되었다. 위치는 중요하지 않았다.[13] 중요한 것은 질량이었다.

자연의 외로운 존재들을 묶는 힘

그렇다면 시급하게 풀어야 할 문제가 있었다. 질량이 있는 물체는 질량이 있는 다른 물체를 어떤 식으로 옭아맬까 하는 문제다. 그 단서는 자기력magnetism에서 찾았다. 자철석은 자성을 띠는 광물인데, 두 자철석을 가까이 대면 신비한 '힘'이 작용해 서로를 끌어당겨 철썩 달라붙는다. 자철석의 특별한 성질은 서기전 6세기에 철학의 아버지라 불리는 밀레투스의 탈레스도 언급할 정도로 오래전부터 알려져 있었다.

1600년에 영국 과학자 윌리엄 길버트William Gilbert는 태양계를 한데 묶는 힘이 자기력일지도 모른다고 주장하면서, 철을 끌어당기는 자철석의 세기는 자철석의 질량이 클수록 강하다는 사실을 실험으로 입증했다. 또한 자철석과 철이 서로 끌어당긴다는 사실도 보여주었다. 다시 말해 자철석이 철을 끌어당기는 것과 정확히 같은 힘으로 철은 자철석을 끌어당기고 있었다.

여러 과학자가 길버트의 연구 결과에 매혹되었다. 그런 사람들 가운데 한 명이 바로 뉴턴의 가장 큰 경쟁자였던 로버트 훅Robert Hooke이다. 그러나 태양은 아주 뜨거운 천체이고 자철석은 빨갛게 달아오를 정도로 가열하면 자성을 잃는다는 사실이 알려져 있었다. 그런 이유로 훅은 자기력이 태양계 천체들의 운동을 조절하는 힘의 모형에 불과하다고 생각했다. 자기력처럼 중력도 질량을 가진 한 물체에서 뻗어 나와 텅 빈 공간을 지나

다른 물체를 움켜잡는다. 중력도 자기력처럼 물체의 질량이 클수록 더 세지고, 상호작용하는 힘이다.

중력은 질량이 있는 물체들을 서로 끌어당기게 한다. 완전히 고립된 질량들을 이어주며, 자연의 외로운 존재들을 한데 묶어주는 힘이다.

뉴턴이 울스소프 장원에 있는 책상에 앉아 거대한 두 물체 사이에 작용하는 힘의 본질을 고민하기 시작했을 때, 페스트의 해였던 1666년의 과학계는 이런 상황이었다. 그때 뉴턴은 자철석의 자기력이 무엇인지 모르는 것만큼이나 '중력'에 대해서도 아는 것이 없었다. 하지만 중력이 무엇인지 모른다는 사실이 뉴턴을 방해하지는 않았다. 20세기 물리학자 닐스 보어Niels Bohr의 말처럼 "물리학의 과제를 자연이 무엇인지를 밝히는 일이라고 생각하는 것은 잘못이다. 물리학의 고민은 우리가 자연에 관해 어떤 말을 할 수 있는가에 있다."

뉴턴은 본능적으로 이 진리를 알고 있었다. 뉴턴에게는 중력의 본질을 알지 못한다는 사실이 중력이 어떻게 행동하는가를 묻지 못할 이유는 되지 않았다.

자연이라는 책 읽기: 케플러의 법칙

중력의 행동에 관한 중요한 단서는 독일 수학자 요하네스 케플러Johannes Kepler가 발견했다. 1609년부터 1619년까지 케플러는 덴마크 천문학자 티코 브라헤Tycho Brahe가 남긴 자료를 가지고 연구를 계속했다. 여러 이유로 유명했던 티코 브라헤는 결투로 코를 잃고 황동으로 만든 가짜 코를 달고 다닌 이야기로도 유명했다. 그는 지금은 스웨덴 영토인 벤Hven섬에 천체관측소를 세우고 행성의 움직임을 맨눈으로 정밀하게 관찰했다. 브라헤의 관측 자료를 오랫동안 꼼꼼하게 연구한 케플러는 행성의 운동을 지배하는 세 가지 법칙을 추론해낼 수 있었다.

케플러의 제1법칙은, 행성의 궤도는 태양을 하나의 초점으로 하는 타원ellipse이라는 것이다. 타원은 단순한 도형이 아니라 아주 특별한 '닫힌 곡선'이다. 평면에 압정을 두 개 꽂고 압정을 끈으로 연결한 다음 연필로 끈을 팽팽하게 당기면서 압정 주위를 한 바퀴 돌며 곡선을 그리면 타원이 된다. 끈을 묶은 두 압정이 타원의 두 초점이다. 수학적으로 표현하자면, 타원 위에 있는 점은 모두 점과 두 초점까지의 거리를 합한 값이 같다.

행성의 공전 궤도가 타원이라는 케플러의 깨달음은 그 사실을 깨닫기 전의 세계와 후의 세계를 완벽하게 갈라놓았다. 그리스 사람들은 원을 완벽한 도형이라고 생각했기 때문에 우주는 원의 형태여야 한다고 확신했다. 그러나 자연은 읽어야 할 책이지 써야 하는 책이 아니다. 이 사실을 깨달은 케플러와 케플러를 잇는 후대 과학자들은 고대 그리스인들보다 훨씬 겸손한 태도를 보였다. 그들은 자연을 연구했고, 자연이 말해주는 사실을 보고

자 했다. 티코 브라헤의 놀라운 관측 자료를 통해 자연이 케플러에게 말해준 것은 행성은 원이 아니라 달걀처럼 타원형 궤도를 그리며 태양 주위를 돈다는 사실이었다.

케플러의 제2법칙은, 행성이 태양 주위를 일정한 속력으로 움직이는 것이 아니라 태양 가까이 가면 빠르게, 멀어지면 느리게 움직인다는 것이다. 사실 이 법칙은 조금 더 정확하게 표현할 수도 있다. 행성과 태양을 잇는 가상의 선은 같은 시간 동안에 같은 면적을 지나간다고 말이다. 행성이 10일 동안 움직인다고 생각해보자. 10일 동안 행성이 지나간 공전 궤도 상의 점들과 태양과 행성을 잇는 가상의 선을 이으면 삼각형이 된다. 10일 동안 행성과 태양이 만드는 삼각형의 면적은 행성과 태양의 거리에 상관없이 일정하다. 브라헤의 관측 자료를 가지고 이토록 놀라운 법칙을 발견한 케플러의 독창성은 정말이지 감탄할 수밖에 없다.

안전한 울스소프 장원의 서재에 앉아 뉴턴은 케플러의 제2법칙을 오랫동안 깊이 생각했다. 오랫동안 깊이 생각하는 재능이야말로 뉴턴의 천재성이 갖는 또 다른 비결이었다. 정말로 뉴턴은 복잡한 생각을 구축할 수 있었고 복잡한 실험을 해낼 수 있었는데, 이 두 가지를 대부분의 사람들보다 훨씬 잘 해낼 수도 있었다. 하지만 뭐니 뭐니 해도 뉴턴이 다른 사람들과 완벽하게 구분되는 특징은 이 세상 것이 아니라고 여겨지는 경이로운 집중력이었다. 집중력이야말로 뉴턴의 성공 비결이었다. 뉴턴의 탁월함은 진심으로 집중력에 있었다.

뉴턴은 운동도 하지 않았고 오락에도 취미가 없었다. 그저 끊임없이 연구했을 뿐이다. 어떨 때는 하루에 열여덟 시간에서 열아홉 시간을 쉬지 않고 글을 쓸 때도 있었다.[14] 그의 마음속에 있는 시계는 끊임없이 소용돌이쳤다. 연구를 하지 않고 지나가는 시간은 잃어버린 시간이라고 생각했다. 보통 사람들은 마음의 눈으로 추상적인 문제를 볼 수 있는 시간이 고작 몇 분밖에 되지 않지만, 뉴턴은 추상적인 생각의 핵심을 뚫고 들어가 결국 그 안에 숨어 있는 비밀을 끌어낼 때까지 몇 시간이고 몇 주고 한 문제에 집중할 수 있었다. 뉴턴은 "나는 마음속에서 그 주제를 계속해서 놓지 않으며, 서서히 어둠이 걷히다가 결국 완전히 환한 빛이 비칠 때까지 기다린다."라고 했다.[15]

뉴턴은 케플러의 제2법칙에 뛰어난 지성이라는 레이저 빔을 쏘아 보냈다. 그리고 당연히, 행성이 경험하는 중력에 대해 케플러가 제시하는 법칙을 제대로 알아들었다. 뉴턴이 들은 내용은 중력의 힘과도, 태양과의 거리가 변할 때 중력의 세기가 바뀌는 방식과도, 그밖에 다른 모든 세부적인 내용과도 관계가 없었다. 행성이 같은 시간 동안 지나는 면적이 같으려면 단 한 가지 조건만이 필요했다. 행성이 받는 힘은 언제나 태양을 향하고 있어야 한다는 조건 말이다.[16]

행성의 운동에 관한 케플러의 제3법칙은 처음 두 법칙과는 조금 다르다. 각 행성의 궤도를 서술하는 앞의 두 법칙과 달리 세 번째 법칙은 여러 행성 궤도의 관계에 관해 서술한다. 케플러의 제3법칙에 따르면, 태양에서 멀리 있는 행성일수록 공전 속도가 느려지고 공전 궤도도 길어진다. 즉 행성에 작용하는 중력은 태양과 행성의 거리가 멀어질수록 약해진다는 사실을 분명하게 보여준다. 그런데 케플러의 제3법칙이 담고 있는 내용은 그뿐만이 아니다. 케플러는 진정한 수학의 천재였다. 케플러의 세 번째 법칙이자 마지막 법칙에 따르면 행성 공전 주기의 제곱은 행성과 태양까지의 거리의 세제곱에 비례한다. 예를 들어 태양과의 거리가 4(2^2)배 면 행성은 태양을 한 바퀴 도는 데 걸리는 시간이 8(2^3)배 더 걸린다.

케플러의 제3법칙은 제2법칙보다 이해하는 사람이 더 적다. 하지만 여기서는 세부 내용은 무시하자. 중요한 것은 제3법칙이 수학적 관계를 나타내고 있다는 사실이다. 제3법칙은 법칙을 만드는 힘, 즉 행성과 태양 사이에 작용하는 힘도 수학적이어야 함을 보여준다. 이것은 그 자체로도 일종의 계시였다. 자연은 수학을 따르는 것이 분명하다는 계시 말이다. 계시가 아니라면 케플러의 생각처럼 신은 정말로 수학자인지도 모른다.[17] 따라서 울스소프 장원의 서재에 앉아 얼굴을 찡그린 채 뉴턴이 골몰하던 문제는 이것이었다. 중력에 관한 수학 법칙은 무엇인가?

뉴턴은 이 질문에 대답할 수 있는 독특한 위치에 있었다. 혼자 힘으로 힘이 무엇인지를 정확히 정의하고, 모호하고 명확하지 않았던 힘을 양날이 달린 칼처럼 예리하고 정확한 과학으로 바꿀 수 있었기 때문이다. 뉴턴이 그런 능력을 가질 수 있었던 것은 모두 그가 태어나기 1년 전에 세상을 떠난 갈릴레오 덕분이었다.

자연이라는 책 설명하기: 뉴턴의 법칙

중력을 받는 물체는 아주 빨리 떨어지기 때문에 조악한 기술만 사용할 수 있었던 갈릴레오로서는 물체의 낙하 속력을 정확히 측정할 수 없었다. 하지만 그는 중력을 약화시키고 낙하하는 물체의 움직임에 제동을 걸 기발한 방법을 찾아냈다. 탁자 위로 비스듬하게 세운 판 위에서 공을 굴린 것이다. 판의 경사가 완만할수록 중력은 더 많이 감소하고 공이 굴러내리는 속력은 줄어든다. 그리고 공이 경사면 바닥에 도달하면—이것이 갈릴레오가 발견한 가장 핵심적인 사실인데—탁자 끝에서 밑으로 떨어질 때까지 일정한 속력으로 굴러간다.

탁자 위는 경사가 없는 평면이기 때문에 중력은 0이 되어 공에는 어떠한 힘도 작용하지 않는다. 따라서 갈릴레오는 힘을 받지 않는 물체는 일정한 속력으로 움직인다는 결론을 내렸다.

이 같은 결과는 직관에 크게 어긋난다. 이 세상에서 일정한 속력으로 움직이는 물체는 하나도 없다. 지면에 놓인 돌을 지면을 따라 움직이게 하면 조금 가다가 멈춘다. 뉴턴은 지면을 따라 움직이는 돌이 멈추는 이유는 운동을 억제하는 힘(지면과 돌 사이에 작용하는 마찰력)이 작용하기 때문이라고 하면서, 그런 저항력이 없는 상황에서는(예를 들어 완벽하게 평평한 얼음으로 덮인 호수 위에서 돌을 찬다면) 돌이 멈추지 않고 계속 앞으로 나갈 것이라고 했다.

물체의 자연스러운 움직임은 기존의 운동 상태를 유지하는 것이라는 사실은, 별이 지구 주위를 도는 것이 아니라 사실은 지구가 돌고 있음을 알게 된 이후로 사람들을 괴롭혀왔던 문제에 답을 주었다. 지구의 크기와 지구가 24시간 주기로 자전하고 있음을 안다면 지구의 적도 표면은 시속 1,670킬로미터의 속력으로 움직이고 있음을 알 수 있다. 그렇게 빠른 속력으로 움직이는데 왜 적도에 사는 사람은 지구의 움직임을 감지하지 못할까? 적도보다 높은 곳으로 가서 공을 땅에 떨어뜨려도 공을 떨어뜨린 지점보다 좀 더 동쪽에 있는 땅으로 떨어지지는 않는다. 이것은 지구가 움직이지 않는다는 증거 아닐까? 이 의문에 대한 답은 이렇다. 우리와 함께 있는 공과 공기는 모두 움직이는 세상에 속해 있다. 따라서 움직이는 지구와 함께 움직이기 때문에 좀 더 동쪽으로 떨어지지 않는다. 지구의 모든 사물이 그런 식으로 움직인다.

어째서 물체가 택하는 자연스러운 운동이 관성을 유지하는지를 명확하게 아는 사람은 지금도 없다. 그러나 갈릴레오의 탁월한 통찰력을 분명하게 이해했던 뉴턴은 갈릴레오의 이론을 정리해 자신의 '운동에 관한 세 가지 법칙' 가운데 첫 번째 법칙을 구축할 수 있었다.

뉴턴의 운동 제1법칙은 외부에서 힘이 작용하지 않는 한, 정지해 있는 물체는 계속 정지해 있고 운동하는 물체는 일정한 속력으로 직선 운동을 한다는 점이다(뉴턴의 운동 제1법칙을 '고양이 관성의 법칙'과 혼동하면 안 된다. 고양이 관성의 법칙은 '쉬고 있는 고양이는 간식 통조림이 나오거나 가까운 곳에서 생쥐가 재빨리 지나가는 등의 외부 힘에 자극받지 않는 한 계속 쉬려는 경향이 있다.'는 것이다).[18] 뉴턴은 물체의 자연스러운 운동을 바꾸는(속력이나 방향을 바꾸거나 속력과 방향을 모두 바꾸는) 외부 요인을 '힘'이라고 정의했고, 그 생각을 자신의 운동 제2법칙에 담았다. 뉴턴의 운동 제2법칙에 따르면, 물체가 힘을 받으면 그 물체는 힘이 작용하는 방향으로 속력을 바꾸는 '가속도'라는 형태로 그 힘에 반응하는데, 가속도의 크기는 물체의 질량에 반비례한다. 다시 말해서 같은 크기의 힘을 받는다면 질량이 작은 물체가 질량이 큰 물체보다 가속도가 크게 변한다는 뜻이다.

뉴턴의 운동 제2법칙은 조금 더 정확하게는 '한 물체의 운동량 변화량은 작용한 힘과 같다'라고 할 수 있다. 뉴턴은 '운동량'을 물체의 '질량'과 '속도'를 곱한 값이라고 정의했다. 속도는 특별한 방향과 속력을 가지고 움직이는 상태라고 정의할 수 있다. 이런 작업을 통해 뉴턴은 운동에 관한 수학 이론인 '역학dynamics'의 토대를 구축할 수 있었다.

일정한 속력으로 직선 운동을 하는 것이 물체의 자연스러운 행동이라는 사실은 뉴턴에게 태양 주위를 도는 행성에 관해 알아야 할 모든 것을 말해주었다. 무엇보다도 행성이 태양 주위를 돌 때는 특별한 힘이 필요하지 않다는 사실을 알게 해주었다. 이는 정말 다행스러운 상황이었다. 이미 언급했듯 뉴턴은 케플러의 제2법칙을 보고 중력은 태양을 향해 있을 뿐 행성의 경로에는 어떤 작용도 하지 않는다고 생각했다. 그래서 행성이 계속 움직이는 이유는, 거대한 물체는 당연히 그럴 수밖에 없다는 것 외에는 다른 이유가 없다는 해석을 내릴 수 있었다.[19]

그 같은 해석은 정말 놀라운 계시였다. 왜 그런지 잠시 이유를 살펴보자. 행성의 움직임에 관한 문제를 고민한 사람들은 행성이 태양을 중심으로 빙글빙글 도는 것은 특정한 힘이 있어서라고 상상했다. 눈에 보이지 않는 천사가 행성과 나란히 날면서 입김을 불거나 세차게 날갯짓을 해 행성을 움직인다고 생각하는 사람도 있었다. 케플러는 태양에서 자기력 창살이 뻗어 나와 행성이 태양 주위를 돈다고 상상했고, 프랑스 수학자 르네 데카르트René Descartes는 행성이 태양의 '소용돌이' 때문에 해변에 밀려온 표류물처럼 빙글빙글 도는 것이라고 생각했다. 하지만 뉴턴은 그 모든 생각을 역사의 쓰레기통으로 던져넣었다. 그는 케플러의 제2법칙이 행성이 태양 주위를 도는 데는 어떤 힘도 필요 없음을 보여주는 결정적 증거임을 깨달았다.

일정한 속력으로 직선 운동을 하는 것이 물체의 자연스러운 행동이라는 사실은 뉴턴에게 행성이 태양 주위를 도는 일에 중력이 어떤 역할을 하는지도 알게 해주었다. 중력은 행성이 움직이는 궤도가 직선이 될 수 없도록 끊임없이 행성의 운동 방향을 바꾸고 원 운동을 하게 만든다.

물론 뉴턴은 케플러의 제1법칙을 알고 있었기에 행성이 태양 주위를 도는 궤도는 원이 아니라 타원임을 알고 있었다. 그러나 타원은 원보다 훨씬 복잡한 곡선이고 행성의 실제 타원 궤도는 거의 원에 가까웠기 때문에 뉴턴은 행성의 궤도를 원으로 상정해도 괜찮다고 생각했다.

뉴턴은 자신에게 이런 질문을 했다. 물체가 계속 원 운동을 하게 만드는 힘은 무엇일까? 다시 말하면, 직선 운동을 하는 물체의 이동 경로를 끊임없이 바꾸려면 어떤 힘이 필요할까? 사실 이 질문에 대한 답은 훅을 비롯한 여러 사람이 이미 밝혀놓았다. 하지만 뉴턴은 그 사실을 알지 못했다.

뉴턴은 양피지를 들고 앉아 반지름이 r인 원을 한 개 그리고 그 원의 원주 위에 점을 한 개 찍고 질량을 뜻하는 m이라고 썼다. 질량을 지닌 그 물체는 원주를 따라 v의 속도로 움직인다. 이로써 직선 운동을 하는 물체의 경로를 끊임없이 바꾸는 데 필요한 힘을 기하학을 이용해 알아낼 수 있었다. 뉴턴은 직선 운동을 하는 물체가 원 운동을 하게 만드는 힘은 물체의 질량에 속도를 제곱한 값을 곱하고, 그 값을 원의 반지름으로 나누면 구할 수 있음을 알았다($F=mv^2/r$).

'구심력'을 구하는 이 공식은 일상에서 경험하는 직관을 압축해놓았다. 돌을 줄로 묶어 머리 위로 빙글빙글 돌린다고 생각해보자. 돌이 무거울수록 줄을 잡은 손에 힘이 더 들어갈 것이다. 돌이 무거울수록 돌에 작용하는 힘이 커져야만 돌이 줄을 매단 채 원의 접선 방향으로 날아가는 것을 막을 수 있다. 그와 마찬가지로 돌을 돌리는 속도가 빠르면 빠를수록 줄을 잡는 손의 힘도 세져야 한다는 것은 누구나 아는 상식이다. 긴 줄보다는 짧은 줄일 때 줄을 잡는 힘이 더 커지는 것도 마찬가지다.[20] 중력은 행성을 태양계에 묶어 행성이 머나먼 별 사이로 날아가지 않게 잡아주는 보이지 않는 끈이다.

여기까지 생각한 뉴턴은 다음과 같은 중요한 질문을 했다. 중력 때문에 구심력이 발생한다면, 태양과의 거리에 따라 중력이 어떤 식으로 변해야 공전 주기의 제곱은 태양과의 거리의 세제곱에 비례한다는 케플러의 제3법칙이 성립할까? 이 질문에 대한 답은 '거리의 제곱에 비례해 힘이 줄어든다.'이다. 다시 말해서 행성과 태양의 거리가 두 배 멀어지면 행성이 경험하는 중력은 네 배 줄어들고, 행성과 태양의 거리가 세 배 멀어지면 행성에 미치는 중력은 아홉 배 줄어든다는 뜻이다.[21]

하늘에는 중력의 '역제곱 법칙'을 확인할 수 있는 것이 또 있다. 목성, 정확히는 1610년에 갈릴레오가 파두아에서 발견한 뒤로 이제는 누구나 관측할 수 있게 된 목성의 갈릴레오 위성(이오, 에우로파, 가니메데, 칼리스토)을 관찰하면 중력의 역제곱 법칙을 확인할 수 있다. 당시 천문학자들은 '갈릴레오' 위성들에서 목성까지의 상대적 거리와 각 위성의 공전 주기를 측정해두었다. 그래서 태양 주위를 도는 행성들처럼 목성의 위성들도 목성과의 거리에 따라 공전 주기가 달라지는데, 그 주기는 케플러의 제3법칙을 따르고 있음을 알고 있었다. 천문학자들이 어렵게 알아낸 이 같은 사실은 뉴턴에게 많은 도움을 주었다. 케플러의 제3법칙은, 중력과 거리의 관계가 역제곱 법칙을 따르기 때문에 거리가 멀어지면 약해진다고 했을 때 필연적으로 나올 수밖에 없는 결과이다.[22]

달은 떨어지고 있다

케플러의 제3법칙은 양이 풀을 뜯어먹는 울스소프의 들판이나 건초를 가득 실은 마차가 덜컹거리며 지나가는 흙길, 어둡고 추운 새벽에 닭이 우는 농가 같은 일상 세계와는 동떨어진 고귀한 천상의 세계에서나 작동할 것처럼 느껴진다. 그러나 뉴턴은 심장을 멎게 할 정도로 놀라운 생각을 마음에 품고 있었다. 혹시 중력은 천상과 지상에서 같은 방식으로 작용하는 게 아닐까? 지금까지 이 세상 누구도 그런 생각을 하지 않았지만, 사실 천상이든 지상이든 작동하는 법칙은 같지 않을까? 중력이 이 세상 모든 물질과 물질 사이에 작용하는 보편적인 힘 아닐까? 뉴턴은 이런 의문을 품고 있었다.

뉴턴은 철저한 실용주의자였다. 계산할 수 없다면, 수학으로 설명할 수 없다면, 자신의 통찰력은 아무것도 아님을 분명히 알고 있었다.

뉴턴의 사과 이야기는, 앞에서도 보았지만 진실인지 아닌지 알 수 없다. 중요한 것은 뉴턴이 사과가 떨어지는 장면을 정말로 보았느냐가 아니라, 지구가 사과를 끌어당기는 힘과 달이 지구 주위를 도는 힘을 같은 힘이라고 생각했다는 사실이다.

땅을 향해 떨어지는 사과와 지구 주위를 도는 달이 같은 힘을 받고 있다고 생각하기는 쉽지 않다. 하늘의 달을 보며 달이 떨어지고 있다는 생각을 하기는 어려울 것이다. 달을 보면서 눈이 우리를 속이고 있다고 생각했다는 것, 거기에 뉴턴의 천재성이 있다.

지면과 나란한 방향으로 포탄을 쏘았다고 생각해보자. 잠시 앞으로 날아간 포탄은 결국 땅으로 떨어질 것이다. 포탄을 쏘는 대포가 클수록 포탄이 날아가는 속력은 빨라지고 더 먼 곳까지 간다. 그렇다면 시속 2만 8,080킬로미터의 속력으로 포탄을 날려 보낼 수 있는 거대한 대포가 있다고 해보자. 이때는 지면의 곡률이 아주 중요해진다. 지면을 향해 떨어지는 포탄의 속도가 빠르면 빠를수록 포탄 아래에 있는 땅은 그만큼 빠르게 멀어져 가기 때문이다. 이 포탄은 영원히 지면을 향해 다가가지만 결코 지면에 닿지는 못한다. 그저 지구 주위를 돌고 돌면서 영원히 원을 그리며 지구를 향해 떨어져 내릴 뿐이다. 더글러스 애덤스*가 정확하게 묘사했듯 "하늘을 나는 요령은 일단 땅으로 떨어진 뒤에 땅을 피하는 법을 배우는 것이다."[23]

달은 원 운동을 하면서 계속 지구를 향해 떨어지고 있다. 사과와 달은 둘 다 지구를 향해 떨어지는 상황에 놓여 있다. 두 물체의 운동이 다르게 보이는 이유는 그저 사과는 지면과 평행인 방향으로 움직이는 속력이 없기 때문에 지면을 향해 곧바로 떨어지지만, 달은 엄청난 속력으로 날아가는 포탄처럼 지면과 평행인 방향으로 빠르게 움직이기 때문에 원을 그리며 떨어진다는 것뿐이다.

지금도 아이들은 계속 묻는다. 달은 왜 떨어지지 않아요? 인공위성은 왜 떨어지지 않아요? 달이랑 인공위성은 왜 하늘에 계속 떠 있어요? 아이들은 이 세상에는 하늘에 떠 있을 수 있는 물체는 단 한 개도 없음을 알지 못한다. 하늘에 있는 물체는 사실상 모두 떨어지고 있다. 흔히 잘못 알고 있는 사실이 하나 있다. 우주에는 중력이 없기 때문에 우주로 나간 우주비행사들의 몸무게가 사라진다는 것이다. 실제로 국제 우주정거장 높이의 고도에서도 중력은 지면의 89퍼센트 가량 존재한다. 우주비행사들의 몸무게가 0이 되는 이유는 중력이 없기 때문이 아니라 계속 지면을 향해 떨어지고 있기 때문이다.

---

* SF 『은하수를 여행하는 히치하이커를 위한 안내서』를 쓴 작가.

중력이 보편 힘(하늘과 땅 모두에서 질량을 가진 모든 물체 사이에 작동하는 힘)임을 입증하려고 뉴턴이 한 일은 단 하나, 사과에 작용하는 지구의 중력 효과와 달에 작용하는 지구의 중력 효과를 비교한 것이다. 뉴턴이 옳게 추론했다면, 두 효과의 비율은 거리의 제곱에 비례해 약해지는 단일 힘으로 설명할 수 있어야 한다.

뉴턴은 떨어지는 사과로 관심을 돌렸다. 그는 나무에서 분리되어 떨어지기 시작한 사과는 1초 뒤에 490센티미터 낙하한다는 사실을 알았다(갈릴레오 같은 사람들이 이미 측정해놓았기 때문이다). 그렇다면 뉴턴이 알아야 하는 또 다른 사실은 이것이었다. 달은 낙하하고 1초가 지났을 때 얼마나 떨어지는가?

뉴턴은 달이 지구 중심에서 38만 4,400킬로미터 떨어져 있음을 알고 있었다.[24] 이 정보를 이용해 그는 달의 공전 궤도 길이를 계산할 수 있었다. 또한 달의 공전 주기가 27.3일임을 알고 있었기에 달의 공전 속도도 계산할 수 있었다.

힘을 받지 않을 때 달이 해야 하는 자연스러운 운동은 이동 속도를 유지하면서 멈추지 않고 직선 경로를 따라 앞으로 나가는 것이다. 하지만 실제로는 지구의 중력 때문에 직선 경로는 계속 바뀌어 지구 쪽으로 굽는다. 이제 기하학을 이용하면 달이 직선 경로를 벗어나 지구 쪽으로 1초 동안 떨어지는 거리를 구할 수 있다. 뉴턴의 계산대로라면 달은 1초에 0.136센티미터씩 지구를 향해 떨어지고 있다. 뉴턴은 달에 작용하는 지구의 중력은 지구 표면에서 작용하는 지구 중력의 0.136/460배, 즉 대략 1/3600배임을 알았다.

지구 중심에서 지표면까지의 거리는 6,370킬로미터이고, 지구 중심에서 달까지의 거리는 앞에서 살펴본 것처럼 38만 4,400킬로미터이다.[25] 다시 말해 달에서 지구 중심까지의 거리는 지표면에서 지구 중심까지의 거리의 60배이다. 60의 제곱은 3600이다. 즉 달에 미치는 지구의 중력이 지표면에 미치는 지구의 중력보다 정확히 거리의 제곱에 비례해 약해진 것이다. 뉴턴은 거리의 제곱에 비례해 약해지는 단일 힘이, 땅에 존재하는 사과와 하늘에 존재하는 달을 끌어당기고 있음을 입증했다. 정말로 중력은 보편 힘이었다.

여기서 잠깐 이런 사실이 무엇을 의미하는지 살펴보고 넘어가는 것이 좋겠다. 사과와 달을 끌어당기는 힘이 같은 힘이라는 사실은 우주에 있는 모든 물질 덩어리와 그밖의 다른 모든 물질 덩어리 사이에는 힘이 작용한다는 뜻이다. 다시 말해 길거리에서 당신과 당신 옆을 지나가는 사람 사이에, 당신과 당신 주머니에 들어 있는 스마트폰 사이에, 심지어 당신의 왼쪽 귓불과 오른발 엄지발가락 사이에도 중력이 작용한다는 뜻이다. 일상에서 경험하는 중력은 너무 약해서 느끼지 못한다. 그러나 한데 뭉친 물질의 양이 많을수록 중력은 세진다. 중력은 축적되는 힘이다. 5.98톤에 100만을 네 번이나 곱해야 할 정도로 무거운 지구에서 중력을 느낄 수 있는 이유도, 우리 발이 지면에 안정적으로 붙어 있는 이유도 모두 그 때문이다.

보편 힘인 중력은 거대한 입자들을 가능한 한 가장 조밀한 형태인 구球로 끌어들이려고 한다. 이것은 물질이 당밀처럼 흐를 수 있는 경우에만 생성되며 자체 중력으로 매우 단단하게 뭉쳐야 한다. 얼음은 암석보다 더 잘 뭉친다. 따라서 암석으로 만들 수 있는 물질의 질량 한계점은 얼음으로 만들 수 있는 질량 한계점과 다르다. 태양계에서 얼음체가 구형이 되려면 지름이 600킬로미터가 넘어야 한다. 그보다 작은 얼음체는 감자처럼 울퉁불퉁하다. 그에 반해 암석으로 된 물체는 지름이 400킬로미터 정도만 되어도 구형을 이룬다.

궁극적으로 천체의 모양은 물질을 눌러 뭉개는 중력의 힘과 물질을 단단하게 굳혀 중력에 대항하는 전자기력의 힘에 의해 결정된다. 가장 가벼운 원자인 수소에서 양성자와 전자 사이에 작용하는 전자기력은 양성자와 전자 사이에 작용하는 중력보다 10^{40}배나 크다. 중력이 전자기력을 압도하려면 엄청난 수의 원자가 한곳에 모여야 한다. 지름이 400에서 600킬로미터 이상인 물체에서만 중력이 전자기력을 이긴다.

그런데 여기에는 조금 미묘한 점이 있다. 중력은 분명히 물질이 많이 모일수록 세진다. 지구의 중력이 우리가 우주로 날아가지 않게 우리 발을 단단히 붙잡을 수 있는 이유는 그 때문이다. 그런데 중력은 단순히 질량이 큰 물체가 작은 물체에게 작용하는 힘이 아니다. 질량이 있는 물체들이 서로에게 작용하는 힘이다. 지구가 우리 몸을 끌어당기는 중력과 똑같은 크기의 중력으로 우리도 지구를 끌어당긴다. 하지만 우리가 지구에 떨어질 수는 있어도 지구가 우리를 향해 떨어지지 않는다는 건 누구나 아는 상식이다. 이런 상식이 생기는 이유는 중력과는 아무런 상관이 없다. 중력 때문이 아니라 운동 변화에 저항하는 물체의 내재적인 특성(관성) 때문이다.

질량이 큰 물체일수록 움직임에 대한 저항력이 크다. 실제로 질량은 운동 상태 변화에 저항하는 관성의 크기를 말한다. 지구는 사람보다 질량이 훨씬 크기 때문에 움직이게 하기가 훨씬 어렵다. 이 심오한 진리를 영국 코미디언 앤디 해밀턴Andy Hamilton은 한 텔레비전 프로그램에서 이렇게 표현했다. "나는 덩치가 큰 여자들에게 끌리지만 덩치가 큰 여자들은 나에게 끌리지 않는다. 이유가 뭔지 아는가?"[26] 이 질문은 틀렸다. 사실 덩치가 큰 여자도 해밀턴에게 끌린다. 하지만 여자의 질량이 더 크기 때문에 해밀턴이 덩치가 큰 여자에게 작용하는 중력의 효과는 작은 반면에 여자가 해밀턴에게 미치는 중력의 효과는 큰 것뿐이다. 그와 마찬가지로 지구도 당신이나 사과를 향해 다가오지만 이동거리가 너무 적어서 눈에 띄지 않을 뿐이다. 철학자 A. C. 그레일링Grayling은 "정원에 앉아 있던 뉴턴은 그 전까지는 아무도 깨닫지 못했던 사실을 깨달았다. 행성부터 항성에 이르기까지 이 세상에 존재하는 모든 물체에 똑같이 적용되는 상호작용의 힘을 통해 사과는 세상을 자신에게 끌어당기고 지구는 사과를 끌어당기고 있음을 알게 된 것이다."[27]라고 했다.

미국 금융사업가 버나드 바루크Bernard Baruch는 "사과가 떨어지는 모습은 수백만 명이 보았다. 하지만 그 이유를 물은 사람은 뉴턴뿐이었다."[28]라고 했다.

단순함을 믿다

전혀 그렇게 보이지 않는 달을 보면서 달이 지구를 향해 떨어지고 있다고 상상하다니! 더구나 달을 떨어지게 하는 힘이 나무에서 사과를 떨어지게 하는 힘과 같다고 상상하다니, 정말 상상력의 엄청난 도약이다. 당시 사람들은 대부분 하늘은 천사와 신이 사는 영역이라고 생각했다. 심지어 고대 그리스 사람들은 하늘은 평범한 '원소'인 흙, 불, 공기, 물로 되어 있는 땅의 세계와 달리 에테르ether*라는 다섯 번째 원소로 이루어져 있다고 믿었다. 그러나 뉴턴은 위쪽 세상과 아래쪽 세상에는 차이가 없다고 생각했다. 종교 교리가 지배하는 세상에 살고 있었지만 그는 용감하게도 하늘을 땅으로 끌어내렸다. 지상의 물체를 지배하는 규칙과 모든 우주의 물체를 지배하는 규칙이 같다고 믿었다. 이 세상에는 모든 장소, 모든 시간에 적용할 수 있는 보편 법칙이 존

* 전자기장의 매체로 가상된 매질.

재한다고 여겼다. 뉴턴의 아버지는 글을 읽을 줄 몰라 유언장에 이름 대신 X를 적었다. 그러나 이제 막 과학이 태동하려는 시대에 살았던 뉴턴은 자연의 중심부까지 뚫고 들어가 보편 법칙을 발견했다.

뉴턴이 발견한 보편 법칙은 과학이 이룩한 첫 번째 위대한 통합이었다. 훗날 찰스 다윈Charles Darwin은 사람의 세상을 나머지 동물의 왕국과 통합했고, 제임스 클러크 맥스웰James Clerk Maxwell은 전기력과 자기력과 빛을 통합했고, 알베르트 아인슈타인Albert Einstein은 공간과 시간과 중력을 통합했다. 현재 물리학자들은 궁극의 통일 이론(최소한 궁극의 통일 이론이라고 상상하는 이론)을 찾기 위해 노력하고 있다. 중력과 양자 이론(원자와 원자의 성분이 구성하는 미시 세상을 설명하는 이론인)을 통합하려는 시도인 것이다.

뉴턴의 중력 이론은 그저 보편적이기만 한 것이 아니라 단순하기도 했다. 뉴턴은 "진실은 단순함에 있을 뿐, 혼란스럽고 복잡하지 않다."[29]라고 했다. 중력 이론이 단순하지 않았다면 아무리 뉴턴과 같은 천재라 해도 17세기 사람이 그 법칙을 발견하기란 불가능했을 것이다. 우리는 정말 운이 좋았다. 가장 근본적인 단계에서 우주는 복잡한 법칙의 지배를 받을 수도 있었다. 나무에서 내려와 아프리카 동부 평원으로 나온 유인원의 건방진 후손이 고작 1.4킬로그램짜리 뇌로 이해하기에는 너무나도 난해하고 복잡한 법칙 말이다. 하지만 우주는 그런 복잡한 법칙의 지배를 받지 않았다. 우주를 이끄는 것은 단순한 법칙이었다.

뉴턴의 뒤를 이어 다른 과학자들도 훨씬 단순한 보편 법칙들을 찾고자 노력했다. 그러한 법칙들이 존재한다는 믿음은—비록 물리학자들이 인정하지는 않지만—물리학 뒤에 존재하는 신념이며, 자신의 분야에서 고군분투하는 물리학자들을 이끌어 주는 빛이다. 가장 근본적인 단계에서 우주가 왜 단순하고 수학적인지를 아는 사람은 아무도 없다. 하지만 350년 전에 뉴턴은 우주는 단순하며 수학적임을 처음으로 세상에 보여주었다.[30]

뉴턴의 보편 법칙은 물질 입자 사이에 존재하는 중력을 설명한다. 실제로 뉴턴이 누구보다 먼저 깨달은 것처럼 궁극적으로 우주에 존재하는 것은 이 두 가지, 입자와 힘뿐이다. 뉴턴은 "중력, 자력, 전자력은 감지할 수 있는 거리에서 작용하기 때문에 직접 관찰할 수 있는 힘이다. 그러나 세상에는 아주 짧은 거리에서 작용하기 때문에 관찰하기 어려운 힘도 있을 것이다……. 접촉하는 즉시 아주 강력한 힘을 발휘해, 위에서 언급한 것처럼 아주 짧은 거리에서 '화학작용'을 하지만, 그 입자와 멀리 떨어진 곳에서는 어떤 효과도 느낄 수 없는 힘도 있을 것이다."[31]라고 했다. 현재 우리는 전자기력이 뉴턴이 말한 '화학작용'을 하고 있음을 알고 있으며, 실제로 '관찰되지 않고' 아주 짧은 거리에서 놀랍도록 강력한 힘을 발휘하는 자연의 기본 힘이 두 개(강한 핵력과 약한 핵력) 더 있음을 알고 있다.

물리학자가 해야 할 일은, 뉴턴이 앞날을 내다보는 사람처럼 깨달았듯 두 가지다. 첫째는 자연의 기본 힘을 찾는 일이고, 둘

째는 자연의 기본 힘들이 어떤 식으로 조화롭게 작용해 자연의 기본 입자들을 한데 뭉치고 은하, 항성, 행성, 위성, 나무, 사람으로 가득 찬 환상적이고도 다채로운 우주를 만들어내는지를 알아내는 일이다.

22년간 지킨 비밀

뉴턴은 1666년에 중력의 보편 법칙을 발견했다. 그러나 22년 동안 그 사실을 비밀로 하고 세상에 알리지 않았다. 그 이유는 아무도 모르지만 몇 가지 추측해볼 수는 있다. '지구 중심에서 달까지의 중력'과 '지구 중심에서 지표면까지의 중력'의 세기를 비교했을 때 역제곱 법칙이 성립하지 않았기 때문에 보편 법칙을 발표하지 않았을 수 있다. 17세기에는 지구와 달의 거리가 정확히 밝혀져 있지 않았다. 그 사실을 알고 있던 뉴턴이었기에 지구와 달까지의 거리가 정확히 밝혀지기 전까지 다른 문제에 몰두하고 있었을 수도 있다.

물체의 질량은 모두 물체의 중심에 집중되어 있다. 따라서 뉴턴은 지구의 중력도 지구 중심에 집중되어 있다고 암묵적으로 가정했기 때문에 보편 중력 법칙을 곧바로 발표하지 않았을 수도 있다. 실제로 뉴턴은 역제곱 법칙을 추론하면서 지구의 중심에서 달까지의 거리와 지구의 중심에서 사과까지의 거리를 비교했다.

뉴턴의 보편 중력 이론의 핵심은 중력이 한 물질의 모든 부분과 다른 물질의 모든 부분 사이에 작용하는 힘이라는 점이다. 달에 작용하는 지구의 중력은 실제로는 에베레스트산이 달에 작용하는 중력을 더하고 지구의 모든 대륙의 경계를 이루는 해변의 전체 모래 알갱이가 달에 작용하는 중력을 더하고…… 이런 식으로 사실상 지구를 구성하는, 셀 수 없이 많은 물질 입자가 달에 작용하는 중력을 모두 더한 값이라는 뜻이다.

뉴턴은 지구를 구성하는 모든 입자가 달에 작용하는 중력의 합은 지구 중심에 있는 한 점에서 달에 작용하는 중력과 같으리라고 믿었다. 하지만 그 추론을 입증하지는 못했음이 거의 분명했다. 20세기 물리학자 리처드 파인먼Richard Feynman은 이렇게 말했다. "사람은 입증할 수 있는 것보다 더 많은 것을 아는 경우도 있다."[32] 뉴턴은 분명히 자신이 입증할 수 있는 것보다 더 많은 것을 알았다.

뉴턴의 직관력은 어마어마했다. 몇 시간을, 몇 날을, 몇 주를 한 문제에 집중하면 반드시 명확하고 올바른 해답을 찾을 수 있었다. 그러나 뉴턴에게는 진리를 안다는 것만으로는 충분하지 않았다. 자신이 찾은 진리를 다른 사람도 믿게 해야 했다. 그러려면 깃펜과 양피지를 들고, 직감으로 무장하고, 유한한 삶을 살아가는 사람들이 이해할 수 있도록 가능한 한 아주 쉬운 수학 용어로 천천히 단계별로 진리를 설명해 나가야 한다.

뉴턴에게는 한 가지 분명한 사실이 있었다. 이 세상은 달과 지구의 중심을 잇는 선의 양쪽이 동일한 반구로 이루어져 있는 구球라는 사실이었다. 대칭을 이루고 있기 때문에 이 세상에서는 한쪽 반구에 있는 모든 물질 덩어리가 반대쪽 반구에 있는 모든 물질 덩어리에게 미치는 힘이, 반대쪽 반구에 있는 모든 물질 덩어리가 한쪽 반구에 있는 모든 물질 덩어리에게 미치는 힘과 정확히 같다. 그렇기에 두 힘은 상쇄될 것이다. 따라서 달에 미치는 지구의 중력은 지구의 중심과 달을 잇는 선 전체에 작용한다. 중력에 관한 이야기는 이런 식으로 시작할 수 있다. 그러나 아직은 지구의 중심과 달을 잇는 선에 작용하는 끌어당기는 힘이, 지구의 전체 질량이 지구 중심의 한 점에 집중되어 있는 것처럼 작용한다고 말하기는 어렵다. 1666년에 뉴턴은 마음의 눈으로 그 같은 사실을 분명하게 볼 수 있었지만 여전히 입증할 수는 없었다.

아니, 어쩌면 입증할 수 있었는지도 모른다. 하지만 지구에 존재하는 사람 가운데 단 한 명이라도 이해할 수 있게 설명할 방법은 몰랐을 것이다.

1666년 5월에 뉴턴은 '미적분'을 발명했다. 그는 미적분을 '유율법inverse method of fluxions'이라고 불렀다. 미적분은 무한한 수의 무한히 작은 질량(또는 무한히 작은 어떤 것)의 합을 구할 때 이용하는 수학의 마법이다. 미적분을 이용하면 지구의 중력이, 지구 중심에 있는 한 점에 지구의 모든 질량이 집중되어 있을 때 생기는 중력과 같음을 완벽하게 증명할 수 있다. 하지만 그때 뉴턴은 미적분을 발명한 지 얼마 되지 않았고, 그 사실을 누구에게도 말하지 않았기 때문에 미적분을 이용한 증명은 오직 한 사람 뉴턴 자신만이 이해할 수 있었다.[33] 뉴턴 입장에서는 세상 사람들에게 '증명이야 이미 멋지게 해냈지만 그것을 이해하려면 방금 내가 발명한 추상 수학을 완벽하게 배워야 할 것이오.'라고 말하는 것이 전혀 멋들어진 모습이 아니었을 것이다.

뉴턴은 복잡하면서도 모순으로 가득 찬 야수였다. 1666년에 보편 중력 법칙을 발표하지 않은 데는 과학적인 이유도 있었지만 어쩌면 강력한 심리적 이유도 있었을지 모른다. 무엇보다도 뉴턴은 병적일 정도로 비밀을 지키는 데 열심이었다. 그랜섬 학교에 다닐 때, 아마도 다른 아이들과는 사뭇 다른 특징 때문이었겠지만, 뉴턴은 심하게 괴롭힘을 당했다. 뉴턴 자신의 증언에 따르면 한 아이가 발로 뉴턴의 배를 차자 뉴턴은 그 아이의 귀를 잡고 교회까지 끌고 가서 벽에 코를 박아버렸다.[34] 비록 이기기는 했지만 이 사건은 뉴턴에게 트라우마로 남아 조금이라도 공격받을 여지가 있으면—마음속에서 구축한 추상적인 지식조차도—밖으로 드러내기를 극도로 꺼렸다. 소심한 뉴턴은 타인의 강력한 비판이 과학 발전에 필요한 건강한 토론의 필수 조건임을 생각하지 못했다. 그저 자신이 진실임을 알고 있으니 굳이 나서서 방어할 필요가 없으며, 과학도 전혀 모르는 얼간이들이 자신의 완벽한 지식을 공격하는 것이라고만 생각했다.

까칠하고 심술궂고 쉽게 앙심을 품었던 뉴턴은 평생 다른 과학자들과 부딪혔다. 때로는 비열한 다툼에 휩싸였고, 경쟁자와 오랫동안 반목할 때도 있었다. 뉴턴이 타인에게 하는 평가에는 똥 묻은 개가 겨 묻은 개를 나무란다고 할 만한 부분이 분명히 있었다. 뉴턴은 "우리는 너무나 많은 벽을 쌓았을 뿐 그 벽을 잇는 다리는 짓지 않았다."라고 했다. "(나는) 천체의 운동을 명확하게 계산하는 능력은 있었지만 사람의 광기를 헤아리는 능력은 없었다."라는 말에는 분명히 모순이 있다.*

뉴턴은 "요령이란 적을 만들지 않고 자기 생각을 표현하는 기술"이라고 했다. 그러나 안타깝게도 자신이 알고 있는 진리를 실천하지는 못했다. 그에게는 통찰력이 있었지만 그 통찰력을 실행에 옮길 재능은 부족했다.

하지만 모순이 하나도 없는 사람은 없다. 20세기 물리학자 조지 가모브George Gamow는 뉴턴에 관한, 진실일 수도 있고 아닐 수도 있는 이야기를 하나 소개했다.[35] 가모브의 이야기에는 뉴턴과 고양이가 나온다. 고양이를 사랑했던 뉴턴은 고양이가 서재를 자유롭게 드나들 수 있도록 서재 문에 구멍을 뚫어주었다(뚜껑이 달리지 않은 17세기판 고양이 출입구라고 하겠다). 그런데 고양이가 새끼를 낳았다. 뉴턴은 어떻게 했을까? 그는 어미 고양이 출입구 옆에 새끼 고양이 수대로 구멍을 뚫었다. 인류 역사를 통

---

* 잘 알려진 이야기지만, 뉴턴이 주식 투자에 실패한 뒤에 한 말이라고 한다.

틀어 가장 위대한 천재였지만 새끼 고양이가 큰 구멍으로 빠져 나올 수 있다는 생각은 하지 못한 것이다.

뉴턴이 병적으로 비밀에 집착했던 이유는 어쩌면 훨씬 더 깊은 이유가 있었는지도 모른다. 아주 허약하게 태어난 조산아였지만 84년이라는 긴 시간을 살면서 죽을 때까지 완벽한 시력을 유지했고, 단 한 개 빼고는 모든 영구치를 간직했을 정도로 강건했다.[36] 뉴턴은 후대 사람이 볼 수 있도록 종이가 가득 든 상자 하나를 남겼다. 상자의 내용물을 살펴보던 교구 주교는 종이에 적힌 내용이 너무 놀라워 두려움에 떨다가 황급히 뚜껑을 닫아버렸다.[37] 상자 안에는 종교에 관한 내용도 있었다. 뉴턴은 유일신을 믿는 독실한 기독교 신자였다. 그 때문에 하느님과 하느님의 아들 예수, 성령이 하나라는 '삼위일체설'을 철저히 거부했다. 그가 직접 조사해 밝힌 바에 따르면 '하나이자 세 몸'인 하느님이라는 '삼위일체설'은 로마 황제 콘스탄티누스 1세가 소집한 1차 니케아 공의회(325년)에서 교회를 기만하기 위한 수단으로 강제로 부여한 교리였다.

뉴턴도 교회가 이단으로 취급하는 '유니테리언Unitarian' 신앙을 밖으로 드러내면 곤란한 상황에 처하리라는 사실을 잘 알았다. 실제로 영국에는 '유니테리언' 신앙을 믿는 사람은 고위 공직에 오를 수 없으며 감옥에 갈 수도 있는 법이 있었다. 더구나 뉴턴은 케임브리지 트리니티(삼위일체) 칼리지의 교수였다. 그러니 자신이 재직하는 대학의 설립 이념을 혐오하고 있으리라고는 그 누구도 의심하지 않았다. 뉴턴은 엄격하고 무자비한 신앙을 강요하는 세상에서 살아남으려면 비밀을 지켜야 한다는 사실에 집착한 나머지, 자신의 목숨이 비밀을 지키는 데 달려 있다는 생각을 했을지도 모른다. 그 때문에 비밀을 지켜야 한다는 결심이 그의 삶에 생긴 모든 틈과 균열에 남김없이 스며든 것일지도 모른다.

뉴턴이 울스소프의 흙길과 들판과 오솔길을 거닐며 세상에 관한 경이로운 사실을 발견했지만, 그 사실을 누구에게도 공개하지 않은 것은 그 때문인지도 모른다. 뉴턴은 하늘 높이 손을 번쩍 들어올리며 '유레카'를 외치지 않고 자신이 발견한 지식을 홀로 간직했다.

물론 뉴턴이 1666년에 발견한 내용을 그 누구와도 공유하지 않겠다고 결정한 이유에 관해서는 또 다른 식으로 추론할 수도 있을 것이다. 추론의 내용과 상관없이 확실한 진실은 뉴턴이 보편 중력에 관한 법칙을 22년 동안 발표하지 않았다는 것이다. 모든 것을 바꾸어놓은 것은 1684년 8월에 케임브리지를 찾아온 뉴턴의 친구 에드먼드 핼리Edmond Halley의 중대한 질문 때문이었다.

2장

마지막 마법사

이 세상의 체계를 만들고
우주를 이해하는 열쇠를 발견하다

뉴턴은 지금까지 살았던 사람 중 누구보다 천재였고 누구보다 행운아였다. 이 세상의 체계는 한 번 이상 발견할 수 없을 테니까 말이다.

— 조제프 루이 라그랑주[1]

뉴턴은 엄청난 지능, 토끼도 창피해할 망상, 쉽게 믿어버리는 성향을 한데 버무리는 능력이 있었다.

— 조지 버나드 쇼[2]

*

에드먼드 핼리는 뉴턴을 열렬하게 추종했다. 뉴턴은 인간관계에서 거의 자폐에 가까운 성향을 보였지만, 핼리는 뉴턴의 친구라고 해도 좋을 사람이었다.[3] 그가 뉴턴을 만나러 온 것은 런던 커피숍에서 두 친구와 나눈 토론 때문이었다. 두 친구 가운데 한 명은 식물의 조직 안에 차곡차곡 쌓여 있는 작은 방을 관찰하고 '세포'라는 이름을 붙인 로버트 훅Robert Hooke이었고, 다른 한 명은 1666년 런던 대화재로 불타 버린 중세 건축물 세인트 폴 대성당의 재건 책임을 맡은 크리스토퍼 렌Christopher Wren이었다.

핼리는 행성이 태양 주위를 도는 데 걸리는 시간을 제곱한 값은 태양과 행성과의 거리를 세제곱한 값과 관계가 있다는 케플러의 제3법칙을 오랫동안 진지하게 고민했다. 그도 뉴턴처럼 행성이 힘의 역제곱 법칙을 따를 때에만 케플러의 제3법칙이 성립한다고 생각하고 있었다. 렌과 훅은 뜨거운 블랙커피를 홀짝이고 사기로 만든 담배 파이프를 연신 빨면서 자신들도 역제곱 법칙을 생각하고 있었다고 선언했다. 렌은 훅보다 몇 년은 앞서 자신이 역제곱 법칙을 생각했다고 주장했고, 렌에게 지기 싫었던 훅은 행성 운동의 모든 특성을 밝힌 역제곱 법칙을 자신이 이미 발견했다고 맞섰다. 그러나 핼리와 렌이 그 법칙이 무엇인지 자세히 말해보라고 다그치자 훅은 아직은 비밀로 하고 싶다고 대답했다. 다른 사람들이 자신처럼 충분히 노력한 뒤에도 법칙을 밝히지 못한다면 그때야 비밀을 이 세상에 웅장하게 털어놓겠다고 대답했다.

핼리는 훅의 주장이 허풍일 뿐이라고 확신했다. 그저 자신이 한발 앞서고 있다는 인상을 주려고 어린애처럼 우기고 있다고 생각했다. 핼리가 집에 가려고 일어섰을 때도 두 친구는 여전히 티격태격하고 있었고, 핼리는 자신이 해야 할 일을 정확히 알았다. 이 세상에서 렌과 훅의 언쟁을 잠재울 수 있는 사람은 한 사람밖에 없었다. 1684년 8월에 불편한 마차를 타고 핼리가 런던을 떠나 케임브리지에 달려간 것은 그 때문이었다.

그 무렵 뉴턴의 명성은 어마어마했다. 1669년에는 케임브리지 대학교 종신 교수가 되었고, 1672년에는 런던왕립학회 회원으로 선발되었다. 그보다 1년 전에는 런던왕립학회에 거의 혁명에 가까울 정도로 개선된 '반사'망원경을 선물해주었다. 뉴턴의 반사망원경은 렌즈가 아닌 오목거울을 사용했기 때문에 반사망원경이라면 생길 수밖에 없던 희미한 무지갯빛을 보지 않고도 상을 관찰할 수 있었다.[4]

뉴턴은 정문과 예배당 사이에 있는 트리니티 칼리지 1층 교수 관사에서 지내고 있었다. 온갖 물건으로 가득 찬 뉴턴의 방에서 격자무늬 창문을 활짝 열고 핼리는 넓고 커다란 뉴턴의 정원을 내려다보고 있었다. 사방이 높은 돌벽으로 둘러싸인 정원은 뉴턴이 머무는 방과 이어진 로지아* 계단을 내려가야만 나갈 수 있었다. 정원은 깔끔하게 손질되어 있었다. 늘 질서와 완벽을 추구하는 뉴턴답게 정원에는 잡초 하나 없었다. 뉴턴의 정원에는 다 자란 사과나무가 한 그루 있었고, 돌벽 앞에는 물 펌프가 있었다. 정원 구석의 목재 창고에서 뉴턴이 밤낮없이 화로에 불을 지피며 아무도 몰래 연금술 실험을 한다는 사실을 핼리는 알았다.

핼리는 창문에서 몸을 돌려 무슨 일로 런던에서 여기까지 달려왔느냐고 묻는 표정으로 자신을 바라보며 소파에 앉아 있는, 속을 가늠하기 힘든 독특한 남자를 쳐다보았다. 핼리는 헛기침을 한 번 하고 뉴턴에게 물었다. "태양을 향한 인력이 태양과 행성 사이의 거리의 제곱에 반비례한다면 행성의 궤도는 어떤 모양이 되어야 할 것 같습니까?"[5]

"당연히 타원이지."

뉴턴은 조금도 주저하지 않고 대답했다.

핼리는 깜짝 놀랐다. 그는 뉴턴에게 어떻게 타원임을 아는지 물어보았다.

"계산해봤으니까 알지."

뉴턴이 대답했다.

하지만 작업 공책에서도, 높이 쌓아놓은 종이에서도 뉴턴이

---

* 한쪽 이상의 면이 트인 방이나 복도로, 특히 주택에서 거실 한쪽 면이 정원으로 연결되도록 트여 있는 구조물.

계산에 사용한 종이는 찾을 수 없었다. 행성의 궤도가 타원임을 입증하는 증거는 어디에도 없었다. 뉴턴은 자신이 했던 계산을 다시 반복해 런던의 핼리 집으로 보내주겠다고 약속했다.

뉴턴은 약속을 지키는 사람이었다. 몇 달 뒤에 핼리는 '궤도를 움직이는 물체의 운동에 관하여On the motion of bodies in orbit'라는 제목의 원고를 받았다. 고작 아홉 쪽짜리 원고에서 뉴턴은 역제곱 법칙을 경험하는 물체의 경로는 행성에 관한 케플러의 제1법칙에서 언급한 대로 타원 궤도임을 방정식과 정의, 기하학 그림을 이용해 입증해 보였다. 실제로 뉴턴은 중력의 역제곱 법칙을 운동의 기본 원리 몇 가지와 결합하면 케플러의 제1법칙뿐 아니라 케플러의 모든 법칙을 설명할 수 있음을 보여주었다. 그러고서는 더욱 앞으로 나아갔다. 케플러의 제1법칙이 사실은 인력의 역제곱 법칙의 영향 아래 움직이는 물체의 특별한 예만을 묘사하고 있음도 밝혔다. 실제로 역제곱 법칙의 지배를 받는 물체의 공전 궤도는 타원이 아니라 '원뿔 곡선'이다.

똑바로 서 있는 원뿔을 상상해보자. 이 원뿔을 날카로운 칼로 깔끔하게 잘라보자. 칼로 원뿔의 한 옆면에서 다른 옆면을 완전히 통과하게 자르면 단면은 타원이 된다. 원뿔의 한 옆면으로 칼을 비스듬하게 집어넣고 밑면을 통과하게 자르면 한쪽 끝이 열린 '포물선'이 된다. 칼을 똑바로 세워 옆면과 밑면이 수직이 되게 자른 단면은 한쪽 끝이 열린 '쌍곡선'이 된다.

천체가 이 세 가지 원뿔 곡선 가운데 어떤 곡선을 공전 궤도로 택할 것이냐는 천체가 처한 물리적 상황이 결정한다. 힘의 역제곱 법칙의 지배를 받는 천체의 이동 속력이 태양을 벗어날 만큼 충분히 빠르지 않으면(또는 에너지가 충분히 많지 않으면), 이 물체는 태양 주위를 타원 궤도를 그리며 돈다. 태양을 탈출할 수 있을 정도로 이동 속력이 아주 빠른 천체는 쌍곡선 궤도를 그리며 저 멀리 우주로 날아가 다시는 돌아오지 않는다. 두 물리 상태의 중간에 위치한 포물선 궤도를 그리는 천체는 태양에게서 벗어날 수는 없지만 그렇다고 붙잡히지도 않는다. 공전 궤도가 포물선인 천체는 행성과 태양 사이의 거리가 무한히 멀 때만 태양의 중력에서 벗어날 수 있는데, 실제로 이런 천체가 태양의 중력에서 벗어나려면 무한한 시간이 필요하다.

뉴턴은 너무나도 엄청난 업적을 세웠다. 뉴턴이 발견한 세 가지 운동 법칙은 케플러의 행성 운동 법칙과는 전적으로 달랐다. 케플러도 영리하고 꼼꼼한 천재였지만, 케플러의 운동 법칙은 그저 행성이 태양 주위를 도는 방식에 관한 수학을 기술한 것에 불과했다. 행성이 무엇 때문에 태양 주위를 그런 식으로 도는지는 설명하지 못했다. 그러나 뉴턴의 법칙은 포탄에서 마차, 행성에 이르기까지 질량을 가진 모든 물체의 운동을 기술했다. 뉴턴의 법칙은 실재가 간직한 가장 내밀한 본질(물질과 힘과 운동의 관계)을 추정했다. 뉴턴의 세 가지 운동 법칙에 뉴턴의 중력 법칙을 추가하면 케플러의 제2법칙과 제3법칙을 설명할 수 있다. 운동 법칙에 중력에 관한 역제곱 법칙을 더하면 행성은 타원 궤도를 그리며 공전해야 한다는 케플러의 제1법칙을 설명할 수 있다. 더구나 뉴턴은 자신이 발명한 미적분을 사용하면 공식 몇 줄로 나타낼 수 있는 사실들을 동시대 사람들이 이해할 수 있도록 쉬운 기하학의 언어로 장황하게 설명하는 일까지 해냈다.[6]

패서디나 캘리포니아 공과대학교 물리학자 데이비드 굿스타인David Goodstein은 "타원에 관한 뉴턴의 법칙은 고대 세계와 현대 세계를 가르는 분수령이었다. 뉴턴의 법칙은 베토벤의 교향곡, 셰익스피어의 희곡, 미켈란젤로의 시스티나 성당의 걸작에 비견할 수 있는, 인류가 이룩한 최고 업적 가운데 하나다."[7]라고 했다.

우주의 열쇠, 『프린키피아』

뉴턴이 보낸 아홉 쪽짜리 논문을 읽은 핼리는 충격을 받았다. 자신이 들고 있는 것이 우주를 이해하는 열쇠임을 분명히 깨달았기 때문이다.

논문을 읽은 즉시 핼리는 뉴턴에게 자신이 그 논문을 출판할 수 있게 맡겨달라는 편지를 썼다. 하지만 완벽주의자인 뉴턴은 그럴 수 없었다. 자신의 논문에 만족하지 못했기 때문이다. 뉴턴은 핼리에게 보낸 내용을 좀 더 개선해서 길게 쓸 수 있다고 생각했다. 그에게는 중력의 법칙과 운동의 법칙에 관해, 그리고

(무엇보다도 이것이 중요한데) 두 법칙이 세상에 미치는 영향에 관해 아직 할 말이 많았다.

어쨌거나 마침내 댐이 터졌다. 핼리가 그 댐에 구멍을 냈다. 오랫동안 충실하게 비밀을 지켜온 뉴턴은 드디어 자신이 발견한 사실을 세상에 쏟아냈다.

곧바로 논문 쓰기에 착수한 뉴턴은 18개월 동안 정신없이 작업하면서 생각을 다듬고, 그 누구도 자신이 쓴 내용을 한순간도 의심하지 못하도록 확실하고도 명확한 글을 써 내려갔다. 걸작 『자연철학의 수학적 원리*Philosophiæ Naturalis Principia Mathematica*』(줄여서 『프린키피아』라고 부르는)는 그렇게 탄생했다. 1687년 7월 5일에 출간된 『프린키피아』는 550쪽에 달하는 세 권짜리 책으로 뉴턴의 이름을 널리 알렸을 뿐 아니라 우주를 설명하는 '세상의 체계'를 모두 아우르는 지식을 담고 있었다. 너무나도 복잡한 세상을 여과해 간단한 기본 법칙으로 정리한 뉴턴의 업적은 어떻게 해도 과소평가할 수 없다. 현재 우리는 '힘', '질량', '속도'라는 용어의 개념을 알고 있다. 하지만 그런 개념도 누군가 용어를 창조하고 생각의 틀을 발명했기 때문에 우리에게 익숙해진 것이다. 그 누군가가 바로 뉴턴이다.

뉴턴은 혼돈으로 가득 찬 동시대 언어를 이용해 기본 개념을 정립할 수 있도록 혼신을 다했다. 결국 파악하기 힘든 모호한 일상 언어를 뛰어넘어 송곳처럼 날카로운 정의를 세웠다. "외부 요소와 전혀 관계를 맺지 않고 그 자신의 본성만을 간직한 절대 공간은 언제나 비슷한 형태를 띠며 움직이지 않는다. 절대적이며 진실하고 수학적인 시간은 저절로 그리고 그 자신의 본성 때문에 외부의 어떤 것과도 관계없이 일정하게 흐른다."[8] 뉴턴은 질게 깔린 안개를 걷어내는 것과 맞먹는 엄청난 투쟁을 벌였다. 모두 우주를 길들이기 위한 노력이었다.

노벨상을 받은 파키스탄의 이론물리학자 압두스 살람Abdus Salam은 이렇게 말했다.

> 300년 전, 대략 1660년 무렵에 현대 역사의 위대한 업적이 하나는 서쪽에서, 다른 하나는 동쪽에서 세워졌다. 런던의 세인트 폴 대성당과 아그라의 타지마할이다. 이 두 업적은 언어로 묘사하는 것보다 훨씬 분명하게 역사 시대에 동서양이 이룩한 두 문화의 풍요로움과 복잡함을, 두 문명의 솜씨를, 두 문명의 건축 기술을 비교해볼 수 있는 양대 문명의 상징물이다. 그런데 그 무렵에 또 다른 업적이 창조되었다. 이번에는 오직 서양에서만 창조될 수 있었다. 이 세 번째 업적은 인류에게 너무나도 중요한 의미를 담고 있었다. 바로 뉴턴의 『프린키피아』가 그 세 번째 업적이다.[9]

핼리는 『프린키피아』에 담은 뉴턴의 이론을 이용해 1456년, 1531년, 1607년, 1682년에 관측한 혜성이 같은 혜성임을 밝혔다. 이 혜성은 아주 길게 뻗은 타원 궤도를 그리며 태양 주위를 돌기 때문에 76년마다 한 번씩 태양계 중심으로 들어와 지구 가까이 스쳐 지나간다. 핼리는 이 혜성이 1758년에 다시 지구 하늘에 나타나리라고 예측했는데, 그 예측은 옳았다. 비록 핼리는 살아서 그의 성취를—그리고 말할 것도 없이 뉴턴의 성취를—목격하지는 못했지만, 과학계는 그의 업적을 기려 그 혜성에 '핼리 혜성'이라는 이름을 붙여주었다.

『프린키피아』가 너무도 놀라운 이유는 17세기 사람이 한 치의 오차도 없는 정확성으로 세상이 품은 깊은 진실을 발견했다는 데 있다. 아인슈타인은 "뉴턴에게 자연은 활짝 펼쳐진 책이었고, 그는 아무 어려움 없이 그 책을 읽어낼 수 있었다."라고 했다. 영국 시인 알렉산더 포프Alexander Pope는 "자연과 자연의 법칙은 어둠 속에 있었다. 신이 '뉴턴이 있으라' 하시자 모든 것이 밝아졌다."라고 했다.

정작 뉴턴은 자신의 업적에 좀 더 겸손한 태도를 보였다. "나는 세상 사람들이 나를 어떻게 보고 있는지는 알지 못하지만 내가 보기에 나는 아직 밝혀지지 않은 진리를 품고 있는 광대한 바다를 앞에 두고도 그저 조금 더 매끈한 조약돌을, 조금 더 예쁜 조개껍데기를 찾는 데만 정신이 팔린 채 해변에서 놀고 있는 작은 아이에 지나지 않는다."[10]

뉴턴의 겸손에도 불구하고 『프린키피아』가 위대한 업적임은 부인할 수 없다. 이 작은 책 세 권 덕분에 사람은 우주를 날아가 다른 세상에 발을 디딜 수 있었으며, 머나먼 항성을 향해 날아가는 우주탐사선을 쏘아 올릴 수 있었고, 밤하늘에서 육중한 몸을 회전하고 있는 먼 은하의 운동을 이해할 수 있게 되었다.

마지막 마법사

『프린키피아』 덕분에 뉴턴은 계몽주의 시대의 위대한 사상가로 자리매김했다. 살면서 뉴턴이 관심을 기울인 분야가 과학만이 아님을 생각해보면 조금은 놀라운 평가다. 그가 남긴 상자—삼위일체를 부인한 종이가 들어 있던—에는 과학 외에도 다른 분야를 연구한 종이가 많이 들어 있었다. 연금술과 성서 연구에 공을 들였던 뉴턴은 어마어마한 양의 실험 결과와 추론을 기록으로 남겼는데, 그중에는 솔로몬 성전의 규모를 계산한 기록도 있었다.

뉴턴은 그랜섬의 하숙집 주인인 약제사에게 배운 기술을 활용해, 납을 황금으로 바꾸었다는 고대인의 실험을 재현하려고 노력한 연금술사였다. 그는 또한 고대인들의 지혜를 다시 찾으려고 성서를 연구한 성서학자이기도 했다. 뉴턴은 창조주가 이 세상 곳곳에 자신이 읽을 수 있는 단서를 남겨두었으리라고 믿었다. 뉴턴은 그 단서가 꼭 과학의 형태로만 존재하지는 않을 거라고 생각했다.

세상을 이해하려는 노력이 뉴턴에게는 지적 호기심을 채우는 사적인 일이었을 것이다. 하지만 그가 자신이 발견한 사실을 다른 사람들에게 밝히지 않았기에 핼리 같은 사람이 뉴턴을 설득해야 했던 데는 또 다른 이유도 있었다. 소설가이자 역사학자인 피터 애크로이드Peter Ackroyd는 "이 세상 누구도 알지 못하고 이해하지 못하는 무언가를 알고 있다는 사실은 막강한 권력을 쥐고 있다는 행복을 느끼게 한다. 아마도 뉴턴은 그런 기분을 최대한 오랫동안 즐기고 싶었는지도 모른다."[11]라고 했다.

뉴턴에게 과학, 연금술, 성서 연구는 모두 창조주의 창조 행위를 이해할 수 있는 적절한 방법이었고, 모두 신을 향해 나아갈 수 있는 동등한 길이었다. 실제로 뉴턴은 과학 연구보다 연금술 실험과 성서 해독에 더 많은 시간을 보냈다. 심지어 2060년에 세상이 멸망한다는 예언도 했다.

작가 제임스 글릭James Gleick이 지적한 것처럼 뉴턴이 모순적인 사람이었다면, 그 이유는 역사에서 그가 차지하는 위치 때문일 수도 있다.

> 뉴턴은 어둡고 모호한 마법의 시대에 태어났다. 그의 이름은 이 세상에 새로운 체계가 도래했음을 알린다. 그러나 뉴턴 자신에게 완성은 없었다. 그저 역동적이고 변화무쌍하며 끝나지 않은 탐구뿐이었다.[12]

20세기에 경제학자 존 메이너드 케인스John Maynard Keynes도 비슷한 말을 했다. 뉴턴 탄생 200주년이 되던 해에 케인스는 "뉴턴은 1만 년쯤 전에 우리의 지적 유산을 쌓기 시작한 사람들과 똑같은 눈으로 가시적인 지적 세계를 내다본 마지막 위대한 인간이었다. 그는 이성 시대의 첫 번째 위대한 인물이 아니라 마지막 마법사였다."라고 했다.

3장

3월에는 조수를 조심하라

뉴턴의 중력 이론은 행성의 운동뿐 아니라
바다의 조수현상을 설명한다

인간사에는 조수가 있어서 흐름을 잘 타면
행운을 얻지만 제대로 타지 못하면 인생이라는
여행 전체가 얕은 바다에 갇혀 불행해진다.

— **윌리엄 셰익스피어, 『줄리우스 시저』 중에서**[1]

시간과 조수는 사람을 기다려주지 않는다.

— **속담**[2]

*

보름달이 되어가는 투명한 달이 파란 하늘 위에 여전히 떠 있는, 서리 내린 맑은 아침이었다. 강둑 위에 서 있는 수백 명의 인파가 잔뜩 기대감을 안고 기다렸다. 방송국에서도 취재를 나와 있었다. 두툼한 빨간색 재킷을 입고 버버리 스카프를 맨 젊은 여자가 함께 나온 촬영기사의 카메라를 보면서 열심히 중계하고 있었다. 사람들은 가끔 시계를 확인하며 계속 하류를 주시했다. 그러나 느긋하게 바다를 향해 흘러가는 강물과 건너편 강둑에서 자맥질하며 하얀 엉덩이를 보여주고 있는 웃긴 백조 두 마리 외에는 아무것도 보이지 않았다.

글로스터셔주 민스터워스Minsterworth에 있는 세번강은 너무도 평온해서 특이한 일이 생길 조짐은 조금도 보이지 않았다. 하지만 아무 일도 없는데 이 많은 사람이 힘들게 차를 타고 영국 서부 들판으로 달려왔을까? 우리가 속기 쉬운 순진한 사람들이라 터무니없는 거짓말에 속아 이곳에 모인 피해자들인 건 아니겠지?

그런 생각들을 하고 있을 때 멀리서 천둥소리 같은 굉음이 들렸다. 깜짝 놀란 백조들이 몸을 똑바로 세우고 소리가 들리는 쪽을 쳐다보았다. 빨간 재킷을 입은 방송국 리포터도 하던 말을 멈추고 몸을 돌려 강 하류를 보았다. 그리고, 그것이 보였다. 저 멀리에서, 강이 급하게 굽은 곳에서 하늘 위로 솟구치는 거친 물보라가. 진한 갈색 거품이 부글부글 끓어오르는 물기둥이 폭 90미터나 되는 강을 모두 메운 채 세번강 후미에서 기다리고 있던 카야커kayaker와 서퍼surfer들을 실어 나르고 있었다(스티브 링이라는 서퍼에 따르면 세번강의 물기둥을 타고 이동한 최대 기록은 14.9킬로미터이다). 수 미터 높이로 솟구쳐 올라 시속 21킬로미터의 속도로 거세게 강을 거슬러 올라오는 세번 보어Severn Bore*가 다가오고 있는 것이다.

세번 보어는 왔을 때처럼 빠른 속도로 다음 굴곡 너머로 사라져버렸다. 도시 글로스터를 향해 달려가는 세번 보어는 그곳 둑에 부딪혀 멈출 것이다. 파도를 타고 온 사람들도 거의 사라졌지만 모두 그런 것은 아니었다. 파도를 타고 가다 서로 부딪쳐 서핑 보드에서 떨어진 두 서퍼와 어리둥절한 백조들이 보어가 지나간 자리에서 부드럽게 물결치는 강물을 따라 위아래로 흔들리고 있었다.

방송국 직원들은 장비를 상자와 숄더백에 챙겨 넣었고, 우리는 각자의 자동차를 향해 걷기 시작했다. 모두 웃고 있었고 살짝 들떠 있었다. 조금 전에 자연계가 만든 위대한 경이로움을 자신이 직접 목격했다는 사실을 의심하는 사람은 아무도 없었다.

---

* 대규모 밀물로, 잉글랜드 글로스터셔를 흐르는 세번강은 매년 봄과 가을이면 큰 밀물이 몰려오는 장관을 연출한다.

보어 현상은 왜 일어날까

세번 보어는 전 세계에서 일어나는 60여 개 보어 가운데 하나다.[3] 가장 크고 위력이 강한 보어는 중국 첸탄강의 보어로, 사람의 달리기보다 더 빠른 속도로 3층짜리 건물 높이의 거대한 파도가 상류로 밀려온다.[4] 이때 나는 엄청난 소리는 22킬로미터 떨어진 곳에서도 들릴 정도다. 첸탄강의 보어가 올 때는 목재에 부딪쳐 배가 부서지지 않도록 강에서 배를 모두 치운다. 해마다 중국 정부는 강둑 여기저기에 강물에서 멀리 떨어져 있으라는 경고판을 세우지만, 강 가까이에 서 있다가 물살에 휩쓸려 익사하는 사람은 늘 있다.

보어가 생성되려면 반드시 강의 후미가 특별한 형태를 띠어야 하고, 조수간만의 차가 커야 한다. 세번강 후미는 조수간만의 차가 세계 2위인 곳으로, 크게는 15.4미터까지 차이가 난다. 빠른 속도로 바다에서 강으로 밀려드는 물은 급속도로 얕아지고 좁아진 후미를 통과해야 한다. 그 때문에 강으로 들어가는 물의 속력이 바다로 나가는 물의 속력을 앞지르게 되고, 기술적으로는 '수력 도약hydraulic jump'이라고 알려진 단계까지 수면이 상승하면서 강물이 빠른 속도로 상류를 향해 달려가기 시작한다(정지해 있기는 하지만 부엌 싱크대에서도 비슷한 현상을 관찰할 수 있다. 수도꼭지에서 나온 물이 싱크대에 부딪치면서 퍼져 나갈 때 물 높이가 급격하게 변하면서, 바다에서 좁은 후미를 지나 강으로 들어오는 바닷물

만큼이나 속력이 빨라진다). 해일도 바다에서는 감지할 수 없을 정도로 약하지만 얕은 해안가 가까이 왔을 때 증폭되는 것처럼, 세번 보어도 후미에서는 잔잔한 물결일 뿐이지만 깔때기처럼 좁아지는 물길을 지나면서 높아지고 빨라진다.

큰 보어들은 봄과 가을에 발생한다. 세번 보어를 비롯한 전 세계 모든 보어는 봄과 가을에 바다에서 가장 뚜렷하게 나타나는 조수의 극단적인 현상이기 때문이다. 조수현상이 달의 인력 때문에 생기는 것처럼 세번 보어를 생성하는 원인도 달의 인력이다. 놀랍겠지만 정말로 지구에서 38만 4,000킬로미터나 떨어져 있는 지구의 위성이, 지구 위 아주 좁은 지역에서 생겨나 엄청난 속도로 상류를 향해 달려가 백조를 놀라게 하고 서퍼와 카야커들을 즐겁게 하는 물기둥을 만든다.

달은 팔을 쭉 뻗으면 엄지손가락으로도 가릴 수 있을 만큼 작게 보이는 천체다. 그토록 멀리 있는 천체가 서늘한 3월 아침에 세번강이라는 지구 위 작은 지역에서 일어나는 사건을 조종하고 있다는 주장은 전적으로 터무니없이 들린다. 그러니 그 오랫동안 세번강 보어의 생성 원인을 아는 사람이 없었다는 것도 당연하다. 그 누구도 대양에서 조수가 생기는 원인을 알지 못했다는 것도 이상한 일이 아니다. 그토록 오랜 시간 동안 그 누구도 두 사건이 일어나는 이유를 알지 못했다는 것은 절대로 놀라운 일이 아니다.

당혹스러운 조수 현상

조수현상을 제일 먼저 발견한 사람이 누구인지는 모른다. 그러나 인류의 조상이 여러 차례에 걸쳐 아프리카라는 요람을 떠나 전 세계로 퍼져 나갔음은 분명한 사실이다. 그 여정은 180만 년 전쯤에 호모 에렉투스가 시작했을 것이고, 6만 년 전쯤에 현생 인류인 호모 사피엔스가 마무리했을 것이다. 아프리카를 떠난 인류는 산과 사막, 거친 숲이라는 장애물을 피하고 풍부한 식량 자원이 있는 바다를 이용하려고 해변을 따라 움직였을 가능성이 크다.[5] 맨발로 젖은 모래사장을 따라 걷는 동안 정확히는 사람이라고 말하기 어려운 머나먼 조상도, 완벽하게 사람이라고 할 수 있는 가까운 조상도 한 가지 사실을 분명하게 관찰했을 것이다. 하루에 두 번, 바닷물이 크게 숨을 들이마셨다가 내쉰다는 사실을 말이다. 그리고 그 때문에 모래사장 깊숙이까지 바닷물이 밀려왔다가 나가기를 반복한다는 사실을 알아챘을 것이다. 해변에 절벽 같은 수직 구조물이 있었다면 바닷물이 들어왔다 나가는 현상이 하루에 두 번 바닷물이 높이 솟아올랐다가 가라앉는 좀 더 근본적인 현상의 결과임을 분명히 알아볼 수 있었을 것이다.

그로부터 시간이 흘렀다. 엄청난 시간이 흘렀다. 그동안 인류는 농업을 창조했고, 도시에서 살기 시작했으며, 자신이 사는 세상을 생성한 근본 원인이 무엇인지를 추론하기 시작했다. 지중해라는 내륙 바다에 접해 있다는 얄궂은 지리적 운명 때문에 고대 서양 문명은 조수를 경험하지 못한 채 오랜 시간을 보내야 했다. 고대 서양인들은 조수현상에 무지했고, 그 때문에 서기전 55년과 54년에 브리타니아를 정복하려고 로마 군단을 지중해 밖으로 내보낸 율리우스 카이사르Julius Caesar는 쓰라린 경험을 겪어야 했다.

> 그 일은 보름달이 뜬 밤에 일어났다. 보름달이 뜨자 바다의 수면이 아주 높아졌는데, 우리 병사들에게는 알려져 있지 않은 현상이었다. 바닷물은 카이사르의 병사들이 탄 배와 해안 가까이에서 꼼짝도 못 하고 있던 배들을 덮쳤다. 폭풍우가 불자 닻을 내리고 있던 운송선들이 서로 부딪치기 시작했다.[6]

윌리엄 셰익스피어의 『줄리우스 시저』에 보면, 카이사르가 살해되기 전에 예언자가 그에게 3월 15일을 조심하라고 경고하는 장면이 나온다. 만약 카이사르가 3월의 조수를 조심하라는 예언을 들었다면 대서양으로 나간 카이사르의 해군이 그토록 비참한 피해를 입지 않았을 것이다. 실제로 로마의 예언자는 카이사르에게 그런 경고를 해주었어야 했다. 로마 시대에 조수에 관한 지식이 널리 알려져 있지 않았다고 해도, 조수의 중요한 특징들은 오래전부터 서방 세계에서 알고 있었기 때문이다. 서기전 330년, 그리스 천문학자이자 탐험가였던 피테아스Pytheas는 육지로 둘러싸여 있어 거의 내륙 바다에 가까운 지중해를 떠나 영국까지 항해했다. 드넓은 대서양이 처음으로 모습을 드러냈을 때 피테아스는 조수의 가장 중요한 특징 한 가지를 발견했다.[7] 달이 태양 빛을 전혀 반사하지 않는 초승달일 때와 태양 빛을 가장 많이 반사하는 보름달일 때 조수간만의 차가 가장 크다는 사실을 발견한 것이다. 피테아스에게는 기묘하게도 달이 바다를 조정하는 것처럼 보였다.

그때 피테아스가 눈치챈 것처럼 조수간만의 차가 달이 태양 빛을 최대로 반사할 때와 전혀 반사하지 않을 때 가장 크다는 사실은 태양도 조수현상에 어떤 역할을 하고 있음을 의미했다. 더구나 조수간만의 차가 가장 큰 시기는 지구가 공전 궤도에서 특별한 두 위치를 지나는 시기인 봄과 가을이라는 사실도 조수현상에 태양이 관여하고 있음을 말해주고 있었다.

조수가 일어나는 원인을 이해하려면 먼저 조수의 주요 특징들을 알아야 한다. 하지만 피테아스가 조수의 중요한 특징을 관찰한 뒤로 거의 2,000년이 흐를 때까지도 이 놀라운 현상의 진짜 원인을 비슷하게라도 추측한 사람은 아무도 없었다.

영국 수도사이자 연대기 작가였던 숭고한 베다 성인Venerable Bede은 영국 해변에서 조수가 최대가 되는 시기가 항구마다 다르다는 사실을 발견했다. 그것은 조수의 특징을 결정짓는 데는 달과 태양뿐 아니라 지형도 영향을 미친다는 뜻이었다. 육지로 둘러싸인 지중해에서는 조수가 전혀 발생하지 않지만, 세번강처럼 후미가 깔때기처럼 좁아지는 강에서는 엄청난 조수현상이 관찰된다는 사실이 이 추론을 뒷받침해 준다.

다른 사람들처럼 베다도 조수의 원인을 제대로 추론하지 못했다. 그는 달이 바다에 입김을 불어 바닷물을 육지로 밀어낸다고 생각했다. 바닷물이 다시 바다로 돌아가는 이유는 시간이 지나 달이 그 지역을 벗어나면 달의 입김이 약해지기 때문이라고 여겼다. 베다는 "달이 숨을 강하게 내쉬면 (바다는) 의지에 반해 육지로 밀려나고, 달의 힘이 사라지면 다시 바다로 돌아가 적절한 수면을 유지한다."라고 했다.

조수현상을 가장 먼저 과학으로 설명하려고 시도한 사람은 13세기 아랍 의사이자 천문학자인 자카리야 알 콰즈위니Zakariya al-Qazwini였다. 그는 태양과 달이 대양을 따뜻하게 데우면, 데워진 부분부터 바깥쪽으로 바다가 팽창하기 때문에 조수가 생긴다고 했다. 분명 아주 그럴듯한 설명이었지만, 콰즈위니의 가설은 왜 태양이 아니라 달이 조수에 더 큰 역할을 하는지는 설명하지 못했다. 바닷물을 끄는 힘은 달이 태양보다 두 배 정도 크다.

1609년에 요하네스 케플러는 달과 태양이 대양에 미치는 자기력의 인력이 조수를 일으킨다고 주장했다. 그때쯤이면 케플러도 윌리엄 길버트가 발견한 지구 자기장에 관해 알고 있었을 것이다. 갈릴레오는 케플러를 정말 존경하고 흠모했지만, 이 '유치한' 자기력설을 듣고는 충격을 받았다. 천체들이 텅 빈 우주 공간으로 힘을 뻗쳐 지구에 영향을 줄 수 있다는 것은 갈릴레오에게는 '오컬트'적인 주장이었다. 그 대신 갈릴레오는 지구의 자전과 공전 때문에 대양이 앞뒤로 천천히 움직이고, 그 움직임이 조수를 발생시킨다고 주장했다.

조수의 원인을 밝힐 기회를 그 누구도 잡지 못한 이유는 그것을 밝힐 수 있는 적절한 수학을 아는 사람이 아무도 없었기 때문이다. 정말로 조수의 원인을 밝힐 수학 도구를 갖춘 사람이 아무도 없었다. 아이작 뉴턴이 등장하기 전까지는 말이다.

뉴턴은 혼자 힘으로 지상과 하늘을 하나의 이론으로 통합한 새로운 체계를 만들어냈다. 뉴턴은 단독으로 보편 중력 법칙을 발견했다. 그리고 그 법칙이 행성이 태양 주위를 공전하는 영역을 훨씬 벗어난 지역에서도 영향력을 발휘한다는 사실을 깨달았다. 뉴턴의 위대한 걸작 『프린키피아』에는 보편 중력 때문에 나타나는 다양한 현상을 체계적으로 탐구한 결과들이 실려 있다. 조수도 뉴턴이 중요하게 다룬 현상 가운데 하나다.

조수: 달의 영향

달에 미치는 지구의 중력을 고민하면서 뉴턴은 지구의 전체 질량이 지구 중심에 있는 한 점에 몰려 있다 해도 지구가 달에 작용하는 중력의 크기는 같을 것이라고 추정했다. 자신이 만든 놀랍고 새로운 수학 도구인 미적분을 사용해 그 사실을 입증해 보이기까지 했다. 그러나 지구를 질량이 한 점에 모두 모인 물체로 설정하는 것은 아주 좋은 근사치일 뿐이다. 실제로 지구는 부피가 있는 볼록한 천체이기 때문에 당연히 달에 더 가까운 지역이 있을 수밖에 없다. 달은 가까운 지역을 먼 지역보다 더 강하게 끌어당긴다. 뉴턴은 달의 중력이 지구에 미치는 영향력도 지역마다 다를 것임을 알았다. 물은 단단한 암석과 달리 자유롭게 움직이기 때문에 달의 중력은 암석보다는 물에 훨씬 큰 영향을 미치리라는 사실도 알았다.

대양의 한 점 바로 위에 달이 있다고 생각해보자. 그 점에서 달이 대양의 해수면을 잡아당기는 힘은 좀 더 멀리 있는 대양의 바닥인 해저를 잡아당기는 힘보다 셀 것이다. 뉴턴은 중력의 이런 차이 때문에 해수면이 해저에서 멀어지고 대양은 달이 있는 방향으로 부풀어 오른다는 사실을 깨달았다.

달의 중력 차이 때문에 생기는 결과는 또 있다. 달에서 보았을 때 지구 반대편에 있는 바다를 생각해보자. 이곳은 해저가 해수면보다 달에 더 가까이 있기 때문에 해수면보다 해저가 달의 중력을 더 강하게 받는다. 그 결과 해저의 물이 해수면으로 끌어당겨져 바다가 위로 볼록해진다.

뉴턴은 달이 대양을 끌어당길 때 부풀어 오르는 곳은 한 곳이 아니라 달과 가까운 대양, 달과 가장 먼 반대쪽 대양, 이렇게 두 곳이라고 추론했다.[8]

그런데 지구는 가만히 정지해 있지 않고 자전축을 중심으로 회전한다. 이 말은 대양의 한 점은 24시간 사이에 두 번 부풀어 오른다는 뜻이다. 따라서 대양과 육지의 경계선에 서 있는 사람은 하루에 두 번 바닷물이 상승했다가 가라앉는 장면을 목격할 수 있다. 뉴턴은 '왜 조수는 하루에 두 번 생기는가?'라는, 그때까지 누구도 설명하지 못했던 의문에 답을 주었다. 중력이 거리에 비례해 약해진다는 중력 보편 법칙이 그 해답이다. 물론 뉴턴 이전에는 중력 보편 법칙을 아는 사람이 아무도 없었다.

그런데 조수현상에는 사실 좀 더 미묘한 부분이 있었는데 뉴턴도 그 점을 알고 있었다. 실제로 지구에서 조수는 정확히 24시간에 두 번 주기로 발생하지 않는다. 서기전 330년에 피테아스가 발견한 것처럼 지구 조수의 주기는 대략 25시간이다. 왜 그런지를 이해하려면 다시 달을 생각해야 한다. 밑에서 지구가 회전하는 동안 달도 바다 위의 한 점 위에서 가만히 정지해 있지는 않는다. 달도 지구의 자전 방향과 같은 방향으로 움직이며 지구 주위를 돈다. 달이 지구를 한 바퀴 도는 데 걸리는 시간은 27.3일이다. 이는 지금 달의 바로 밑에 있는 한 점이 24시간 뒤에는 달의 바로 밑에 있지 않다는 뜻이다. 지구가 자전축을 중심으로 한 바퀴 돌 동안 달도 자신의 공전 궤도를 따라 움직인다. 달이 원래 있던 점 위로 다시 오려면 지구가 한 바퀴를 완전히 도는 자전을 하고도 1/27.3만큼의 자전을 더 해야 한다. 지구가 1/27.3만큼의 자전을 하는 데 걸리는 시간은 24시간의 1/27.3, 즉 53분이다. 따라서 같은 지점에서 조수가 두 번 발생하려면 24시간이 아니라 24시간 53분이 지나야 한다. 특정 해안 지역에서 조수 발생 시간을 정확히 예측하려면 조수간만 표를 정밀하게 작성해야 하는데, 조수가 발생하는 시간이 매일 늦춰진다는 것은 상세한 조수간만 표가 필요한 여러 이유 중 하나일 뿐이다.

달은 매일 53분씩 늦게 뜨며, 조수 발생 시간이 매일 53분씩 늦어진다는 것은 달이 조수를 일으키는 주요 원인이라는 사실을 조금 더 분명하게 입증해준다.

그렇다면 왜 지중해에서는 조수현상을 거의 관찰할 수 없을까? 그 이유는 지형과 바다의 깊이에서 찾아야 한다. 지구가 자전하는 동안 지중해 지역에서 발생한 조수는 해수를 서쪽으로 움직이게 한다. 바닷물이 인도양 쪽에서 지중해 쪽으로 움직인다는 뜻이다. 그런데 인도양에서 오는 물길은 거대한 벽에 가로막힌다. 중동이라는 거대한 육지가 그것이다. 그 때문에 동부 지중해에서는 바닷물의 수위가 높아지지 않는다.

그렇다면 달이 지중해 바로 위에 떠 있을 때는 어떤 일이 생길까? 그때는 바닷물이 부풀어 오를 것이다. 하지만 아주 많이 부풀어 오르지는 않는다. 해수면이 경험하는 달의 중력과 해저가 경험하는 달의 중력이 차이 나는 이유는 중간에 바닷물이 있기 때문이다. 그런데 바다의 깊이가 얕으면 차이가 아주 적어져서 바닷물이 부풀어 오르지 않는다. 바다가 깊어야만 달의 중력 차이로 바닷물이 볼록해진다. 지중해는 상당히 얕다. 지중해의 평균 깊이는 1.5킬로미터에 불과하다(대서양의 평균 깊이는 3.3킬로미터다). 따라서 달이 바로 위에 있을 때도 지중해에서 발생하는 조수간만의 차는 대서양에서 발생하는 조수간만의 차의 절반에도 미치지 못한다.

잘못 그렸음을 인정하는 경우는 많지 않지만, 과학 교과서나 유명한 과학책에서 흔히 높이 솟아오른 모습으로 그리는, 지구 양쪽으로 볼록해진 바닷물 그림은 정확한 묘사가 아니다. 실제로 바닷물은 아주 조금밖에 높아지지 않는다. 대양 한가운데에서 달의 중력이 끌어올리는 물의 높이는 기껏해야 1미터(지구 반지름의 10만분의 1 정도)밖에 되지 않는다. 물론 대양처럼 아주 넓은 지역에서 물의 높이를 1미터까지 끌어올리려면 엄청난 바닷물이 필요하다. 그렇기 때문에 부풀어 오른 바닷물이 육지 가장자리의 얕은 바닷물로 유입될 때는 해일처럼 거대한 물기둥으로 바뀌는 것이다. 바다 한가운데에서는 거의 눈치조차 챌 수 없는 바닷물의 상승이 해안선에 이르면 10배 이상 높아질 수 있다.

조수: 태양의 영향

피테아스가 발견한 것처럼 조수는 달의 중력만이 아니라 달과 태양의 중력이 함께 작용해 일어난다. 두 천체가 조수를 일으키는 이유는 단순하다. 지구에 가장 크게 중력을 미치는 천체들이기 때문이다. 달은 태양보다 질량이 훨씬 작은 천체지만 태양보다 지구에 훨씬 가깝다. 이 거리상의 유리함이 질량의 작음을 상쇄한다. 달이 조수를 일으키는 힘이 태양보다 두 배 더 큰 이유는 그 때문이다. 이 같은 사실을 바탕으로 달이 태양보다 밀도가 두 배 높음을 추론할 수 있다.[9]

예상할 수 있겠지만, 지구와 태양이 서로의 힘을 보강할 때 조수의 규모는 가장 커진다. 봄과 가을에 그런 일이 일어난다. 이때 일어나는 일을 시각화하기는 쉽지 않다. 중요한 것은 지구는 수직에서 23.5도 기울어진 자전축을 중심으로 기울어진 팽이처럼 돌고 있다는 점이다. 따라서 달의 공전 궤도 역시 기울어져 있을 것이다.[10] 달과 태양이 완벽히 일직선상에 놓여 지구의 바다를 최대한 끌어당길 수 있는 시기는 지구가 공전 궤도에서 겨울과 여름 사이의 절반에 해당하는 위치에 있을 때, 즉 봄과 가을뿐이다. 달과 태양이 완벽히 일직선상에 놓이려면 달과 태양이 같은 쪽에서 지구를 바라보기 때문에 달이 그림자 안으로 들어가 초승달이 되거나, 달과 태양이 지구를 중심에 두고 완전히 반대쪽에 있어 달이 태양 빛을 최대로 받는 보름달이 되어야 한다. 가장 큰 조수들이—그리고 가장 큰 세번강의 보어들이—봄과 가을에 보름달이나 초승달이 뜰 때 발생하는 이유는 그 때문이다.[11]

달과 태양이 끌어당기는 것은 대양만이 아니다. 달과 태양은 지구 전체를 끌어당긴다. 그러나 암석은 물에 비해 움직임이 적기 때문에 육지가 어느 정도 팽창하는지를 알기 어렵고, 팽창이 일어나는 지역을 감지하기도 힘들다. 하지만 놀랍게도 발생 원인은 알지 못했지만 고대인 중에도 육지의 조수운동을 감지한 사람이 있었다.

암석의 조수현상: 우물과 샘

조수는 당혹스러운 특징이 많다. 일단 24시간이 아니라 25시간을 주기로 두 번 발생한다. 계절에 따라 형태가 달라지고 달의 위상에 따라서도 달라진다. 지역 특성에 따라서도 다른 형태로 나타난다. 하지만 무엇보다 당혹스러운 특징이 하나 있다. 이 특징을 처음 발견한 사람은 그리스 철학자 포세이도니오스Poseidonios였다.

서기전 135년부터 서기전 51년까지 살았던 포세이도니오스는 스페인에 접한 대서양에서 조수를 관찰했고 우물에 든 물도 살펴보았다. 바다와 육지에서 물을 관찰하던 그는 특이한 점을 발견했다. 해수면이 상승할 때면 우물 수면이 낮아졌고, 해수면이 낮아지면 우물 수면이 높아졌던 것이다. 그의 관찰을 기록한 고대 자료는 사라졌지만, 서기전 63년부터 서기 25년까지 살았던 그리스 지리학자 스트라본Strabon이 자신의 저서 『지리서*Geographika*』에 그에 대한 기록을 남겨놓았다.

> 가데스(카디스)의 헤라클레이움(신전)에는 몇 발자국만 내려가면 물에 닿는 (식수로 적합한) 샘이 있는데, 이 샘의 물은 바닷물의 변화와는 정반대로 움직인다. 바닷물이 밀물일 때는 낮아지고 썰물일 때는 높아진다.

특정 지역에 있는 샘이나 우물 같은 소규모 물이 대양 같은 대규모 물과 완전히 반대로 움직이는 이유는 무엇일까? 이 질문은 조수가 발생하는 이유가 베일에 싸여 있는 동안에는 찾을 수 없을 것만 같았고, 실제로도 1940년이 되어서야 풀렸다. 이 문제를 푼 사람은 이스라엘계 미국 지구물리학자 차임 리브 페커리스Chaim Leib Pekeris였다.[12]

조수란 단순히 물의 형태가 바뀌는 것이 아니라 한 물체가 다른 물체에 중력을 가해 그 물체의 형태를 바꾸는 것이라고 정의할 수 있다. 실제로 중력은 바로 밑에 있는 대양의 물을 볼록하게 부풀리는 것처럼 바로 밑에 있는 암석도 볼록하게 부풀린다. 그러나 암석은 물보다 훨씬 단단하기 때문에 변형되는 정도가 크지 않다. 달 때문에 암석이 늘어났다가 줄어들기 때문에 지구를 구성하는 단단한 부분들도 25시간에 두 번씩 부풀어 올랐다가 가라앉는다.

이제 물을 머금고 있는 다공성 암석이 우물을 둘러싸고 있다고 생각해보자. 우물이 있다는 것은 주위에 반드시 물이 있다는 뜻이다. 이때 우물을 둘러싸고 있는 암석은 물을 잔뜩 머금은 스펀지라고 할 수 있다. 물을 빨아들인 스펀지가 그렇듯이 우물을 둘러싼 암석도 팽창하면 물을 빨아들이고 압축하면 물을 내보낼 것이다.

암석과 대양은 모두 만조* 때는 팽창하고, 간조** 때는 압축된다. 그 때문에 만조 때는 암석이 물을 빨아들여 우물 수면이 낮아지고 간조 때는 암석이 물을 내뱉어 우물 수면이 높아진다. 포세이도니오스는 바로 이 현상을 관찰했지만, 페커리스가 그 현상을 제대로 설명할 때까지는 2,000년이라는 시간이 필요했다.

암석의 조수현상: 거대 강입자 충돌기

조수가 단단한 지구에 미치는 영향을 좀 더 현대적이고 기술적으로 보여주는 예가 있다. 제네바에서 가까운 유럽 원자핵공동연구소CERN에서는 아원자 입자들이 길이 26.7킬로미터나 되는 지하 트랙 안에서 어마어마한 속도로 회전한다. 프랑스와 스위스 국경을 가로지르는 평화로운 들판에서는 소들이 한가롭게 풀을 뜯고 있지만, 그 아래 지하 100미터 깊이에서는 물질의 아주 작은 기본 구성 성분들이 상상도 할 수 없을 만큼 폭발적인 세기

* 밀물이 가장 높은 해면까지 꽉 차게 들어온 상태.

** 썰물 때 해수면이 가장 낮은 상태.

로 서로 충돌한다. 트랙 안으로 들어오는 입자의 운동 에너지가 진공 속에서 새로 생성된 입자의 질량 에너지로 전환되는 과정은 모자 속에서 갑자기 토끼가 튀어나오는 진귀한 마술처럼 엄청난 현상이다.[13] 충돌 지점에서는 아원자 파편이 엄청난 속도로 튀어나오고, 이 파편을 대성당만 한 검출기가 감지한다. 2012년 7월에 발견한 힉스Higgs 입자도 이런 충돌로 발견되었다(힉스장의 '양자'인 힉스 입자 때문에 다른 모든 아원자 입자가 질량을 갖게 된다).

힉스 입자는 고리 양쪽에서 빛의 속도의 99.9999991퍼센트의 속도로 양성자 빔을 회전시켜 충돌하게 하는 거대 강입자 충돌기Large Hadron Collider, LHC에서 발견되었다.[14] LHC가 있는 자리에는 원래 다른 입자 가속기가 있었다. '거대 전자-양전자 충돌기Large Electron-Positron Collider, LEP'라고 부른 이 입자 가속기에서는 양성자가 아닌 전자와 전자의 반입자인 양전자가 충돌했다. 1992년에 거대 전자-양전자 충돌기를 가동하던 물리학자들은 입자 빔의 에너지에서 독특한 특징을 감지했다.[15]

원형 LEP 터널 주위에는 3,000개가 넘는 전자석을 설치해 관성에 의해 직선으로만 움직이려는 전자와 양전자의 이동 경로를 계속 구부려서 회전 운동을 하게 한다. 그런데 LEP의 입자 빔은 25시간에 한 번씩 입자 빔이 정해진 경로에서 살짝 벗어났다가 다시 제 경로로 돌아가고 있었다. 입자 빔이 거대한 고리 밖으로 나가지 못하도록 물리학자들은 입자 빔의 에너지를 살짝 늘렸다가 다시 줄이는 식으로 입자 빔의 이동 경로를 조금씩 조정해주어야 했다. 조정해야 하는 입자 빔의 에너지 양은 100분의 1퍼센트 정도로 상당히 작았다.

입자 빔이 원형 궤도를 주기적으로 벗어나는 이유는 무엇일까? 한동안 물리학자들은 그 이유를 몰라 어리둥절했지만 마침내 원인을 찾았다. 25시간 주기로 조수현상이 생겼기 때문이었다. 믿기 힘들겠지만 LEP에서 관찰한 현상은 조수와 관련이 있었다.

LEP를 담고 있는 암석이 25시간에 두 번 위로 부풀어 오르면 LEP는 수축했고, 25시간에 두 번씩 지각이 아래로 내려가면서 암석을 누르면 LEP는 팽창했다. 지각이 올라가거나 내려가는 높이는 일반적인 책의 길이인 25센티미터밖에 되지 않았고, 그 때문에 생긴 LEP의 원주 변화는 기껏해야 1밀리미터 정도였다.[16] 하지만 그 정도 변화로도 입자 빔은 경로를 벗어났기 때문에 물리학자들은 입자 빔의 에너지를 주기적으로 0.01퍼센트씩 조정해야만 했다.[17]

입자 빔의 경로가 가장 크게 벗어나는 시기는 당연히 태양과 달이 일렬로 늘어서 지구에 미치는 중력의 힘이 가장 커지는 보름달이나 초승달이 뜨는 날이었다. 단단한 지구에 조수가 미치는 영향을 LEP보다 더 첨단기술적으로 보여주는 예는 찾기 힘들다.[18]

달의 지진

조수에 의한 팽창과 압축을 경험하는 것은 지구의 암석만이 아니다. 달의 암석도 조수에 의한 팽창과 압축을 경험한다. 지구는 달보다 질량이 81배 정도 크기 때문에 달이 지구에 미치는 기조력*보다 지구가 달에 미치는 기조력이 훨씬 크다. 하지만 조수는 중력 때문이 아니라 중력의 차이 때문에 생기는 현상임을 명심해야 한다. 게다가 달의 지름은 지구 지름의 4분의 1밖에 되지 않으므로 중력 차이로 나타날 수 있는 길이 변화량도 4분의 1밖에 되지 않음을 기억해야 한다. 따라서 달에서 지구의 중력을 받아 생긴 조수 때문에 늘어날 수 있는 길이는 지구에서 달의 중력을 받아 생긴 조수 때문에 늘어날 수 있는 길이의 81배가 아니라 대략 20배 정도에 불과하다.[19] 하지만 그 정도 영향력만으로도 지구는 달을 10미터 가량 늘일 수 있다.

흔히 달은 어떤 변화도 없고 크레이터crater**로 뒤덮인 차갑고 우중충하고 외로운 장소라고 생각한다. 그러나 지구가 받는 기조력보다 훨씬 강한 기조력으로 당겨지고 늘려지는 조수현상이 일어나는 달은 흔히 생각하는 것처럼 활기 없는 죽은 공간이 아니다. 실제로 망원경이 발명되기 훨씬 전에도 사람들은 몇 달에 한 번씩 달이 이상한 빛을 발산하는 모습을 목격하고 기록해

---

* 조수나 조류 운동을 일으키는 인력의 힘.

** 달이나 위성, 행성 표면에 있는 크고 작은 구멍.

두었다. 달이 발산하는 신비로운 빛을 기록한 시기는 빠르게는 1178년까지 거슬러 올라간다. 1178년 6월 18일에 캔터베리 대성당의 다섯 수도사가 달에서 일어난 폭발 현상을 목격했다. '일시적 달 현상transient lunar phenomena'이라고 알려진 이 신기한 빛은 달이 드러내는 가장 신비로운 현상 가운데 하나다.

망원경을 발명한 뒤로 관찰한 일시적 달 현상들에는 몇 가지 공통 특징이 있었다. 국지적인 그 현상들은 사람 눈의 분해능이 구별할 수 있는 한계를 살짝 뛰어넘는다. 그러니까 적어도 1제곱킬로미터 넓이에서 발생하는 사건이라는 뜻이다. 일시적 달 현상은 1분에서 몇 시간 정도로 지속 시간이 다양한데, 달 표면을 밝게 빛내기도 하고 어둡거나 흐릿하게 만들기도 한다. 사라지기 전에 루비처럼 빨간색으로 변하는 경우도 있다.

오랫동안 천문학자들은 일시적 달 현상이 '관찰자의 눈이 일으키는 착각'일 뿐 실제로 달에서 일어나는 사건은 아니라고 믿었다. 그러나 2002년에 뉴욕 컬럼비아 대학교 아린 크로츠Arlin Crotts가 1,500건의 역사 기록을 조사하면서 상황이 바뀌었다. 그는 일시적 달 현상을 기록한 믿을 만한 자료들은 모두 달 표면의 여섯 개 지역에 관해 언급하고 있음을 알았다. 일시적 달 현상의 절반은 지름이 45킬로미터인 아리스타르쿠스 크레이터에서, 나머지 절반은 지름이 100킬로미터인 플라토 크레이터에서 발생했다.[20]

이 여섯 지역은 모두 비교적 최근인 수억 년 사이에 소행성

또는 혜성이 충돌했거나 38억 년 전의 대충돌로 달의 지각이 갈라지고 내부 용암이 밖으로 흘러나와 달의 '바다(마리아)'를 형성한 곳이다.[21]

아폴로 우주인들이 설치한 달 지진계(한 개를 빼고 모두 작동하는)는 수백 건에 달하는 월진Moonquake을 기록했다. 월진은 당연히 지구가 미치는 조수 효과가 가장 클 때 자주 발생했는데, 대부분 달의 지각이 가장 많이 갈라진 바다 가장자리 부근에서였다. 그뿐 아니라 아폴로 15호 우주선과 아폴로 16호 우주선, 그리고 1998년에 달 주위를 돈 달 탐사선 모두 달의 표면에서 가끔 배출되는 방사성 라돈 222 기체를 감지했는데, 라돈은 모두 역사가 기록하는 일시적 달 현상 지역 여섯 곳에서만 나오고 있었다.

우라늄의 붕괴 산물인 라돈 222는 달의 내부 암석에 고르게 분포해 있다. 아린 크로츠는, 일시적 달 현상은 월진으로 지하 깊은 곳에 있던 라돈 222가 지각의 갈라진 틈으로 배출될 때 일어난다고 추론했다. 이때 갈라진 틈이 표토表土로 막혀 있으면 배출되기 전에 내부 압력이 증가하다가 갑자기 폭발해 방사능을 띤 라돈 222가 우주로 힘차게 분출된다.

크로츠는 달의 표토를 뚫고 나오는 라돈 222 기체의 질량이 500킬로그램만 되어도 지름은 수 킬로미터가 넘고 지속 시간은 5분에서 10분쯤 되는 기체 구름이 생길 수 있다고 생각했다. 라돈 기체 구름은 아래로 내려가 달의 지면에 그늘을 드리우거나,

지표면에 있을 때보다는 먼지 입자로 흩어져 있을 때 태양 빛을 더 잘 반사하기 때문에 밝게 빛난다. 또한 입자들이 마찰하면서 양전하와 음전하가 분리되면 번개 같은 '파열 방전'이 일어나 라돈 기체 원자들이 활성화되고 강렬한 붉은 빛이 방출되기도 한다.

크로츠의 계산대로라면 지구의 중력 때문에 달이 주기적으로 팽창했다가 수축하면서 갈려 나오는 암석의 양은 항공모함 한 척의 질량과 맞먹는 10만 톤 정도이다. 그 때문에 달의 암석은 대략 100톤에 달하는 기체를 방출한다.

인류는 다시 달로 돌아갈 계획이 있기 때문에 이런 추론은 그저 추론의 영역으로 그치지 않을 것이다. 예산 문제로 발사되지 못한 아폴로 18호 우주선은 원래 일시적 달 현상이 관측된 장소 가운데 한 곳에 착륙할 예정이었다. 아폴로 18호가 착륙하는 동안 일시적 달 현상이 발생했다면 우주비행사들은 위험해졌을 것이다. 이런 상상을 해보자.

아폴로 11호가 달에 착륙한 후 정확히 56년이 지난 2025년 7월 20일에 미항공우주국의 알테어 2호 착륙선이 불과 몇 시간 전에 달의 앞면에 있는 아리스타르쿠스 크레이터에 착륙했고, 우주비행사들이 반세기 만에 또다시 달의 표면을 걷고 있다. 그런데 갑자기 크레이터 바닥의 넓은 지역이 거세게 흔들리기 시작하더니 폭발하듯 지각을 뚫고 나온 기체가 분수처럼 먼지를 내뿜는다. 깜짝 놀란 우주비행사들이 착륙선 쪽을 돌아보지만 착륙선은 보이지 않는다. 격렬하게 소용돌이치고 있는 은색 먼지구름 사이로 사라지고 없다.

크로츠의 추측이 옳다면 인류에게 달은 우리의 예상을 뛰어넘는 훨씬 위험한 곳이다. 그리고 그런 사실을 알게 된 것은 전적으로 뉴턴의 조수 이론 덕분이다.

월진이 지구가 달의 암석을 잡아당겨 생긴 조수 때문에 발생한다면, 당연히 지진은 달이 지구의 암석을 잡아당겨 생긴 조수 때문에 발생하는 것인가라는 의문이 들 수밖에 없다. 그 의문에 대한 답은 '그런 것 같지는 않다'이다. 최소한 규모가 아주 큰 지진은 달 때문에 발생한다고 볼 수 없을 것 같다. 그런데 한 가지 흥미로운 예가 있다. 2011년 2월 22일에 뉴질랜드 크라이스트처치를 강타한 대규모 지진은 달의 위치와 관련되어 있음이 밝혀졌다.[22] 그 이유는 아무도 대규모 지진으로 불안정해진 암석은 약간만 힘을 가해도 움직일 수 있기 때문일지도 모른다.

느려지는 달의 자전 속도

달과 지구에 작용하는 조수는 단지 두 천체의 모양을 변형시키는 것으로 끝나지 않는다. 지구에서는 해수면을 높이거나 낮추고 달에서는 월진을 일으킨다. 달과 지구계의 전체 모습에도 크게 영향을 미친다. 과거에는 달이 지금보다 훨씬 빠른 속도로 자전했다. 그러나 지구와의 조수 상호작용 때문에 달의 자전 속도는 점점 느려졌다.

달의 자전 속도가 빠를 때는 지구의 중력으로 볼록해진 부분이 달의 자전 속도 때문에 옆으로 돌아간다. 그래서 달의 볼록한 부분은 지구를 정면으로 향하지 않았다. 그러나 지구의 중력은 옆으로 돌아가려는 볼록한 부분을 계속 잡아당기며 달의 자전에 제동을 걸었고, 결국 어느 시점이 되자 달의 자전 속도는 지구 주위를 한 바퀴 도는 시간과 똑같아질 만큼 느려지고 말았다.

지금이 바로 그 시점이다. 달의 공전 속도와 자전 속도가 같기 때문에 달의 앞면은 계속해서 지구를 향해 있고, 달의 뒷면은 계속해서 지구 반대편을 향해 있다. 소련의 루나3 우주탐사선이 달의 뒷면을 촬영한 1959년 10월 7일에야 인류는 처음으로 달의 뒷모습을 보았다.[23]

공전 주기와 자전 주기가 같은 달은 '동주기 자전synchronous rotation'을 하기 때문에 지구 중력에 끌려 볼록해진 부분이 계속해서 지구를 향한다. 이제는 볼록해진 부분이 자전 때문에 옆으로 돌아가는 일이 없고, 지구의 중력이 볼록한 부분을 잡아끌어야 할 이유가 없기 때문에 지구의 중력은 더는 달의 자전에 어떠한 영향도 미치지 않는다. 실제로 달의 자전 주기와 공전 주기가 처음으로 같아진 이후로 지금까지, 달의 자전 속도는 '변하지 않는' 상태를 유지하고 있다.

느려지는 지구의 자전 속도

그런데 조수 상호작용 때문에 자전 속도가 느려지는 천체는 달만이 아니다. 지구의 자전 속도도 느려지고 있다. 지구는 달보다 훨씬 무거워서 힘에 대한 운동 저항력이 더 크기 때문에 자전 속도가 느려지는 정도는 훨씬 적다. 달을 마주하고 있는 지구 면의 대양이 달의 중력 때문에 부풀어 올랐다고 생각해보자. 지구는 아주 빠른 속도로 회전하기 때문에 볼록해진 해수면은 지구와 달을 잇는 선보다 더 앞으로 나갈 테고,[24] 달은 앞으로 나가려는 이 볼록한 부분을 뒤로 잡아당겨 지구의 자전에 제동을 걸 것이다.

이런 사실들을 종합해보면 지구의 자전 속도는 과거에 더 빨랐다는 결론을 내릴 수 있다. 그 증거는 산호초에서 찾을 수 있다. 열대 바다에서 흔히 볼 수 있는 바다 해양 동물인 산호는 탄산칼슘을 분비해 단단한 골격을 만든다. 산호는 나무가 나이테를 만들듯 날마다 계절마다 두께가 다른 골격을 만든다. 산호가 만든 이 골격 층의 수를 세어보면 한 해가 몇 날이었는지를 알 수 있다. 3억 5,000만 년 전에 살았던 산호 화석은 1년이 385일이었다고 말한다. 그때나 지금이나 지구가 태양 주위를 한 바퀴 도는 공전 주기는 다르지 않았을 테니 3억 5,000만 년 전에는 하루가 23시간이 되지 않았다는 결론을 내릴 수 있다.[25]

3억 5,000만 년 동안 하루의 길이가 1시간 정도밖에 줄어들지 않았다는 사실은 지구 자전 속도가 매우매우 느리게 변했음을 뜻한다. 그러나 이 변화가 멈추지는 않을 것이다. 현재 우리는 하루의 길이가 100년 전에 비해 1.7밀리초 가량 늘었음을 알고 있다. 실제로 지난 2,500년 동안 하루의 길이는 100년에 1.7밀리초씩 늘어나고 있다. 그 증거는 놀랍게도 고대 바빌로니아의 석판에서 찾을 수 있다.[26]

바빌로니아의 점성술사들은 달 원반이 태양 원반 앞을 지나가면서 한낮에 세상을 깜깜하게 만드는 개기일식의 날짜와 시간을 진흙 서판에 기록해두었다. 현대에 찾은 서판은 대부분 19세기에 벽돌을 구하던 소작농이 발견해 고대 도시 바빌론에서 북쪽으로 85킬로미터 떨어져 있던 바그다드의 골동품 상인들에게 판 것이다. 바그다드 상인들이 구입한 바빌로니아 서판들은 거의 빠짐없이 모두 대영박물관으로 옮겨졌다. 많은 서판에 개기일식이 일어난 정확한 시간이 기록되어 있다.

그런데 그 시간에는 이상한 점이 있었다.

예를 들어 서기전 136년에는 4월 15일 아침 8시 45분에 달이 태양 앞을 지나가면서 바빌론이 어둠에 휩싸였다. 바빌로니아의 점성술사가 거짓 자료를 기록할 이유는 없었다. 그런데 현대 천문학자들이 컴퓨터를 이용해 태양과 달과 지구의 시간을 영화의 되감기처럼 뒤로 돌려보자 무언가 이상한 점이 나타났다. 컴퓨터 계산대로라면 서기전 136년 4월 15일에는 바빌론에서 개기일식을 관찰할 수 없어야 했다. 지구와 태양과 달이 단순히 일직선상에 놓인다고 해서 개기일식이 일어나지는 않는다. 그 시각에 개기일식을 볼 수 있는 지역은 바빌론에서 서쪽으로 48.8도 떨어진 마요르카섬이었다.

48.8도는 360도의 8분의 1이기 때문에 지구 자전 속도로 계산하면 대략 3.25시간의 차이가 나는 거리다. 따라서 바빌로니아 점성술사의 기록대로라면 서기전 136년 4월 15일에는 실제로 일어나야 하는 장소보다 동쪽으로 48.8도 떨어진 곳에서 개기일식이 일어났다는 뜻이다. 그 이유를 설명할 수 있는 것은 한 가지밖에 없다. 지난 1,000년 동안 지구의 자전 속도가 느려졌다는 사실 말이다. 서기전 136년 이래로 100만 일 정도가 지났으니, 자전 속도가 느려지는 시간이 하루에 고작 1초의 극히 일부에 지나지 않는다고 해도 그 모든 날의 느려진 시간을 더하면 서기전 136년에는 지금과는 3.25시간 차이가 나는 개기일식이 일어날 수 있다. 실제로 바빌로니아 점성술사의 기록이 옳을 수 있는 유일한 방법은 서기전 500년의 낮이 지금의 낮보다 20분의 1초 짧았고 그때 이후로 100년에 1.7밀리초씩 하루의 길이가 길어지고 있다는 것뿐이다.

진흙 서판을 긁어서 기록을 남긴 고대 문명이 그토록 정확하게 천문 정보를 남겼다는 사실은 정말 근사한 일이다. 고대인이 일식 현상을 정확히 기록하려면 하늘에서 태양과 달의 크기가 정확하게 같다는 우연이 발생해야 한다. 그런 우연이 발생할 수 있는 지역의 폭은 기껏해야 250킬로미터에 불과하기 때문에 지구에서는 어느 지역이든 간에 개기일식을 관찰할 기회를 잡기가 극히 어렵다. 따라서 고대인이 특정 장소에서 일식이 일어났다고 기록해두었다면, 현대 천문학자들은 고대인이 정확한 날짜를 기록하지 않았어도 그 장소에서 언제 일식이 일어났는지를 알 수 있다. 현대 과학자들은 개기일식 발생 날짜가 앞뒤로 20년의 오차 범위 안에 있다면 충분히 만족한다.

그런데 이 이야기에는 반전이 있다. 지구의 조수 팽창 때문에 공전 궤도가 조금 바뀌는 인공위성들이 지구의 자전을 방해할 테니, 지구의 하루 길이는 100년에 1.7밀리초가 아니라 2.3밀리초씩 늘어나야 한다는 것이다. 하지만 그렇지 않다는 것은 또 다른 무언가가 지구의 회전에 영향을 미치고 있음이 분명하다는 뜻이다. 그 무언가는 1만 3,000년 전에 끝난 마지막 빙하기와 관련이 있다.

엄청난 양의 얼음층이 지구를 내리누른 빙하기에는 극지방이 조금 더 평평하고 뚱뚱했다. 빙하기가 끝나고 얼음이 녹기 시작하자 얼음에 눌려 있던 땅이 서서히 위로 올라오기 시작했다. '빙하기 후 반동'이라고 부르는 이 육지 상승은 지금도 계속되고 있어서 지구는 조금 더 동그랗고 가벼워지고 있다. 아이스스케이트 선수가 팔을 몸 쪽으로 모으면 훨씬 빨리 돌 수 있는 것처럼 둥그레지고 가벼워진 행성은 점점 더 빠르게 회전한다. 그 때문에 100년에 0.5에서 0.6밀리초 정도 하루 길이가 짧아진다. 현재 지구의 하루 길이가 100년에 2.3밀리초 길어지지 않고 1.7밀리초 길어지는 이유는 그 때문이다.

아주 오랜 시간이 지나면 달이 지구 자전에 가하는 제동 효과 때문에 결국 어느 시점에, 달이 한쪽 면만 지구를 향하고 있는 것처럼 지구도 한쪽 면만 달을 향하게 될 것이다(이를 '동주기 자전'이라고 한다). 지구에서 달의 한쪽 면을 전혀 보지 못하는 것처럼 그때가 되면 달에서도 지구의 한쪽 면을 전혀 보지 못하게 될 것이다. 지구가 현재의 하루 길이로 47일에 한 번씩 자전축을 중심으로 회전하게 될 때, 달과 지구는 서로의 한쪽 면만을 보게 된다.

지구의 자전 속도가 그렇게까지 느려지려면 100억 년이 넘는 시간이 필요하다. 그때가 되면 태양은 수소 원료를 모두 태우고 거대한 적색 거성으로 바뀌어 지구와 달은 까맣게 타버리거나 태양에 흡수될 것이다. 따라서 지구가 달에게 한쪽 면만 보인 채 자전하는 상황은 오지 않을 것이다. 그럴 수 있는 시간이 충분하지 않기 때문이다. 그런데 우주에는 실제로 서로의 한쪽 면만 본 채로 자전하는 천체들이 있다. 아주 가까운 거리에서 서로가 서로의 주위를 돌고 있는 '쌍성'은 서로의 조수현상으로 동주기 자전을 하기 때문에 서로가 한쪽 면만 볼 수 있다. 태양계에도 동주기 자전을 하는 천체들이 있다. 명왕성과 명왕성의 위성 카론이다.

달아나는 달

달의 중력 때문에 지구에서 일어나는 조수운동은 지구의 자전 속도를 늦추고, 그 때문에 지구의 '각운동량angular momentum'*은 줄어든다. 그런데 물리학에는 '고립되었거나 닫힌' 계(고립계) 안에서는 절대로 각운동량이 변할 수 없다는 기본 강령이 있다(각운동량 보존법칙). 따라서 지구의 각운동량이 줄어들면 이를 보상하기 위해 다른 무언가의 각운동량이 늘어나야 한다. 그 다른 무언가가 바로 달이다.

달의 중력 때문에 지구는 달과 나란히 배열된 대양의 양쪽 부분이 부풀어 오르는데, 달에 가까운 대양은 달에 강력하고도 중요한 중력 작용을 한다. 앞에서 살펴본 것처럼 지구가 자전하는 시간이 달이 원래 있던 위치까지 오는 데 걸리는 시간보다 짧기 때문에 볼록해진 대양은 달의 궤도를 앞서 나간다. 따라서 볼록해진 부분의 중력이 달을 끌어당겨 달의 공전 속도가 빨라진다.

달이 직선 궤도를 벗어나 우리가 알고 있는 지금의 공전 궤도를 지금의 공전 속도로 움직이려면 지구와 달의 거리가 지금만큼 떨어져 있어야 한다. 달의 공전 속도가 빨라지면 달이 조금 더 먼 거리를 이동해야 직선 궤도가 원 궤도로 구부러질 수 있기 때문에 달의 공전 궤도는 지금 궤도보다 조금 더 바깥쪽으로 이

---

* 회전 운동하는 물체의 운동량.

동한다. 지구에서 봤을 때 달의 공전 궤도가 바깥쪽으로 이동했다는 것은 달이 조금 더 '위'로 올라갔다는 뜻이다. 공을 위로 던져 올렸을 때 알 수 있듯 위로 올라간 물체는 중력 때문에 속도가 줄어든다. 달도 마찬가지로 지구와의 조석 상호작용 때문에 속도가 빨라지지만, 지구와는 좀 더 멀어지면서(위로 올라가면서) 이동 속도는 더 느려진다는 모순이 발생한다. 결국 이 모순 때문에 달의 각운동량은 지구의 각운동량 감소가 요구하는 것처럼 늘어나게 된다.[27]

지구와 달의 각운동량 변화는 단순히 이론에 그치지 않는다. 미국의 아폴로 우주선 11호와 14호, 15호, 러시아의 자동 월면차月面車 루노호트Lunokhod 1호와 2호는 달 표면에 전파반사기를 설치했다. 반사기에는 '코너큐브corner-cube'라고 하는 주먹만 한 거울들이 있어서, 반사기로 들어온 전파를 받아 전파가 온 방향으로 되돌려 보낸다. 지구에서 달을 향해 레이저 빔을 쏘면 코너큐브 반사기가 전파를 그대로 반사해 지구로 되돌려 보내는데, 지구에서는 빛의 속도를 알고 있기 때문에 전파가 달에 갔다가 지구로 돌아오는 속도만 알면 지구와 달의 거리를 계산할 수 있다.[28]

지구에서 달로 쏘아 보내는 전파의 이동 거리는 해마다 3.8센티미터씩 늘어나고 있다.[29] 다시 말해서 달은 열두 달을 주기로 엄지손가락만큼 지구에서 멀어지고 있는 것이다. 사람의 수명이 70세라면, 한 사람이 사는 동안 달은 가족용 자동차의 길이만큼 지구에서 멀어진다.

개기일식을 보다

해마다 달이 지구에서 3.8센티미터씩 멀어진다는 사실은 과거에는 더 가까이 있었다는 뜻이다. 그러므로 자연이 만든 가장 경이로운 현상 가운데 하나인 개기일식을 관찰한다는 것은 정말 특별한 경험이 아닐 수 없다.

앞에서 언급한 것처럼 개기일식은 달이 지구와 태양 사이를 지나가면서 태양 원반을 가려 지구의 한낮을 한밤처럼 깜깜하게 만들어버리는 현상이다. 태양은 달보다 400배나 크지만 달과 지구의 거리가 태양과 지구의 거리보다 400배나 가깝기 때문에 개기일식이 일어난다. 크기는 400배 작지만 거리가 400배 가까워 하늘에서 보이는 달의 크기는 태양의 크기와 같다. 태양과 같은 크기의 달이 있다는 점은 지구인이 누리는 행운이다. 태양계에는 행성 주위를 도는 위성이 170여 개 있지만, 완벽한 개기일식을 관찰할 수 있는 행성은 지구 외에는 없다. 우리가 개기일식을 관찰할 수 있는 이유는 적절한 장소에 살고 있다는 것뿐만이 아니라 적절한 시기에 살고 있기 때문이다.

달이 지구에서 멀어지고 있기 때문에 과거의 달은 지금보다 크게 보였을 테고 미래의 달은 지금보다 작게 보일 것이다. 이는

1억 5,000년 전에는 개기일식을 관찰할 수 없었고, 1억 5,000년 뒤에도 개기일식을 관찰할 수 없다는 뜻이다. 지구의 전체 역사에서 극히 일부 기간에만 개기일식을 볼 수 있다. 공룡시대에도 공룡들 거의 대부분은 개기일식을 보지 못했을 것이다.

달이 지구에서 멀어지고 있고 과거에는 더 가까웠다는 사실은 달 탄생 가설과도 깔끔하게 연결된다.

은밀하게 지구에 다가온 원시 행성

지구의 위성인 달의 크기는 지구 크기에 비해 독특할 정도로 크다. 달의 지름은 지구 지름의 4분의 1이나 된다. 태양계에 있는 다른 행성들의 위성은 모행성에 비해 상당히 작다. 물론 명왕성은 크기에 비해 훨씬 더 큰 위성을 갖고 있지만, 2006년 이후로 명왕성은 완전한 행성이 될 수 없다는 평가와 함께 왜소행성으로 분류되었다.

달이 모행성인 지구에 비해 상당히 큰 위성이라는 사실은 태양계의 다른 위성들과 달의 생성 원인이 다를 수 있음을 의미한다. 실제로 과학자들은 45억 5,000만 년 전인 지구 탄생 직후에 화성과 비슷한 크기의 천체가 지구를 강타했다고 믿는다. 지구는 '테이아Theia'라고 부르는 이 원시 행성과 충돌해 지각이 녹아

내렸고, 지각에서 빠져나온 맨틀mantle*이 우주로 날아가 고리를 형성했다. 이런 고리는 지금도 태양계의 가스 행성에서 볼 수 있다. 지구 주위를 돌던 암석 고리는 재빨리 응축되고 굳어 달이 되었다(이때 달의 공전 궤도는 현재의 공전 궤도보다 10배는 더 지구에 가까이 있었다). 그 뒤로 달은 점점 더 지구에서 멀어지기 시작했다.

지구의 맨틀이 우주로 날아가 달을 형성했다는 '지구 맨틀 기원설Big Splash theory'은 미항공우주국의 아폴로 프로그램에서 핵심 증거를 찾았다. 달이 지구의 맨틀 바깥쪽을 구성하는 물질과 비슷한 물질로 이루어져 있었던 것이다. 게다가 달의 암석은 지구에서 가장 건조한 암석보다도 더 건조했는데, 이는 강렬한 열기가 암석에 들어 있던 수분을 완전히 말려버렸다는 뜻이다. 문제는 화성만 한 원시 행성이 지구에 부딪힌 뒤에 지구를 산산조각 내지 않고 달을 만들어야 한다는 것이다. 그러려면 아주 천천히 다가와 비스듬하게 지구에 부딪혀야 한다. 하지만 지구 공전 궤도 안쪽이나 바깥쪽에서 도는 천체들은 모두 엄청나게 빠른 속도로 돌고 있다.

따라서 '지구 맨틀 기원설'이 성립하려면 테이아는 지구와 공전 궤도를 공유하고 있었다고 가정해야 한다. 테이아가 지구 공전 궤도에서 지구보다 60도 앞이나 뒤의 안정적인 라그랑주

* 지구의 지각과 핵 사이의 부분.

점Lagrange point*에 모여 있던 암석 조각들이 뭉쳐져 만들어진 천체라면 충분히 지구에 천천히 다가와 비스듬하게 부딪칠 수 있다.[30] 지금도 목성의 공전 궤도에는 목성의 앞뒤로 60도 지점에 중력 사르가소해**라고 할 수 있는 소행성들이 목성과 함께 공전하고 있다. 그런데 달의 지구 맨틀 기원설에는 뜻밖의 이야기가 있다. 테이아가 지구 공전 궤도로 들어와 치명적인 충돌을 일으키기 전까지 수백만 년 동안이나 지구를 몰래 따라다녔다는 것이다.

물체의 중력은 그 물체와의 거리의 제곱에 비례해 약해지지만, 중력의 차이 때문에 발생하는 기조력은 거리의 세제곱에 비례해서 약해진다. 따라서 달이 형성될 무렵에는 달과 지구의 거리가 지금보다 10배나 가까웠기 때문에 달의 기조력은 지금보다 10의 세제곱 배, 즉 1,000배나 강했을 것이다. 그 무렵에 지구는 이제 막 탄생한 불타는 암석이었을 테니 대양이 있었을 리 없다. 하지만 그때 대양이 있었다면 바닷물은 수 미터가 아니라 수 킬로미터 높이로 상승했을 것이다.

새로 태어난 달만이 원시 지구에 조수운동을 일으키지는 않았을 것이다. 지구도 역시 달에 조수운동을 일으켰을 테고, 그 세기는 지금보다 1,000배나 강했을 것이다. 따라서 지구는 아주

---

* 두 개 이상인 큰 천체의 인력이 서로의 인력을 상쇄해 사실상 중력이 0이 되는 지점.

** 북대서양 해양 순환의 중심부 부근에 있어 해류의 흐름이 거의 없는 바다.

강한 힘으로 달의 자전을 방해했을 테고, 달은 아주 이른 시기에 벌써 한쪽 면만 지구를 향하고 있었을 것이다. 아마도 격렬한 탄생 이후 1,000만 년이 지나기 전에 달은 이미 동주기 자전을 시작했을 수도 있다. 지구에 첫 번째 유기체가 탄생하려면 그 뒤로도 오랜 시간이 흘러야 했기 때문에(지구 생명체는 40억 년 전에서 38억 년 전 사이에 처음 탄생했을 것이다) 밤하늘을 올려다보며 자전하는 달의 뒷면을 바라보는 지구 생명체는 하나도 없었을 것이다.

달이 늘 빠른 속도로 달아난 것은 아니다

이제 한 가지 흥미로운 질문을 해보자. 달은 언제나 1년에 3.8센티미터씩 지구에서 멀어진 것일까? 2013년, 인디애나주 웨스트라피엣에 있는 퍼듀 대학교 매튜 휴버Matthew Huber 연구팀은 5,000만 년 전의 상황을 살펴보았다. 연구팀은 조수운동을 재현하는 컴퓨터 모형에 5,000만 년 전의 대륙 형태와 대양의 깊이를 입력했고, 그 무렵의 달은 지금보다 절반 정도의 속도로 지구에서 천천히 멀어졌음을 확인했다.[31]

달이 지금처럼 빠른 속도로 지구에서 멀어지게 된 주요 원인은 북대서양의 크기에 있다. 현재 북대서양은 충분히 넓어서 조수작용으로 수면이 크게 상승한다. 그 때문에 달을 강하게 끌어당겨 달이 비교적 빠른 속도로 멀어지게 한다. 그러나 5,000만 년 전에는 북대서양이 지금보다 훨씬 작았기 때문에 달의 중력에 의한 조수 팽창 정도가 크지 않았고, 팽창한 해수가 달의 공전 궤도에 미치는 영향력도 크지 않았다. 그 무렵 달에 영향을 미쳤던 지구의 조수 팽창은 거의 대부분 태평양이 담당했다.

그러나 이것은 대양의 조수가 얼마나 복잡한지를 보여주는 한 가지 예일 뿐이다. 대양의 해수면이 얼마나 높이 부풀어 오를지, 부풀어 오른 해수면이 지구의 자전 속도와 달이 지구에서 멀어지는 속도를 얼마나 바꿀지는 조수로 부푼 해수면이 얼마나 쉽게 대양을 통과하는지에 달려 있다. 그리고 부풀어 오른 해수면이 대양을 얼마나 쉽게 통과하는지는 대륙의 배열 형태가 결정한다. 대륙의 배열 형태는 끊임없이 이동하는 대륙 때문에(대륙이동설), 좀 더 정확히는 대륙이 움직이는 판 위에 놓여 있기 때문에(판구조론) 지질 시간이 흐르는 동안 계속 바뀐다.

지각판이 움직이는 방식을 장기적으로 예측하는 것은 불가능하기 때문에 지구의 자전 속도가 한쪽 면만 달을 향할 정도로 충분히 느려지는 데 걸리는 시간도 예측하기 힘들다. 지금으로서는 지구가 현재의 하루 길이로 47일이 걸려 자전축을 중심으로 한 바퀴 돌고, 달이 현재의 하루 길이로 47일이 걸려 지구를 한 바퀴 돌려면 100억 년이 넘는 시간이 필요하리라는 것밖에는 할 수 있는 말이 없다. 그러나 앞에서도 말한 것처럼 그때쯤이면 태양은 지금보다 1만 배는 더 밝은 거대한 적색 거성이 되고 지구와 달은 파괴되거나 교란되어 지금의 계를 유지하지 못할 테니, 이 추론은 전적으로 가설에 머물 수밖에 없다.

조수에는 마지막 반전이 하나 더 있다. 매일 대양의 해수면이 부풀어 오를 때면 해안가 물속에 있는 수많은 자갈이 움직여 서로 부딪친다는 것이다. 자갈들의 마찰력 때문에 생성된 열 에너지는 주위로 퍼져 나간다. 지각이 이런 식으로 에너지를 상실하면 결국 지구의 자전 속도는 느려진다.

지구에서 조수 때문에 발생하는 열은 많지 않다. 바다에 발을 담근다고 해서 모래나 자갈 때문에 우리 발이 화상을 입지는 않는다. 하지만 태양계에는 조수 때문에 엄청난 마찰열이 발생하는 곳도 있다. 1609년에 갈릴레오가 발견한 목성의 거대한 위성, 이오가 그런 곳이다.

피자처럼 보이는 위성

1979년 3월 8일이었다. 미항공우주국의 보이저 1호 우주탐사선은 총알보다 빠른 속도로 목성계를 통과했다. 보이저 1호의 다음 목적지는 토성으로 1980년 가을에 도착하는 것이 목표였다. 그러나 거대한 목성을 영원히 떠나기 전에 보이저 탐사팀은 보이저 1호의 앞부분을 뒤로 돌려 마지막으로 이오의 사진을 찍기로 했다. 통제센터까지 6억 4,000만 킬로미터를 날아온 이오 영상을 가장 먼저 본 사람은 항법공학자navigation engineer 린다 모라비토Linda Morabito였다. 사진을 본 순간 모라비토는 심장이 멎는 것만 같았다. 항성들을 배경으로 찍은 작은 초승달 모양의 위성에서 인광燐光* 기둥이 솟구쳐 오르고 있었기 때문이다.

모라비토는 이오에 있는 거대한 화산을 확인한 인류 최초의 인간이 되었다. 그 뒤로 며칠 동안 보이저 탐사팀은 이미지 강화처리를 한 사진과 열 자료를 꼼꼼히 분석했고, 이오 사진에서 수백 킬로미터 높이로 물질을 뿜어내고 있는 거대한 기둥을 여덟 개 찾아냈다. 그 뒤로 이오는 화산이 400개가 넘는, 태양계에서 가장 지질활동이 활발한 장소임이 밝혀졌다. 피자처럼 생긴 표면 위에 주황색과 노란색, 갈색 물질을 흩뿌리는 분기공의 모습은 미국 옐로스톤 국립공원의 간헐천**을 떠오르게 한다. 그런데 엄밀히 말하면 이오 표면에서 내부 물질을 뿜어내고 있는 지질 구조물은 실제로도 화산이 아니라 간헐천이다. 이오 내부에서는 용암이 지각을 곧바로 뚫고 폭발하지 않는다. 엄청난 열 때문에 지각 바로 밑에서 액체 이산화황이 기체로 바뀌어 분기공 밖으로 파열하듯 뿜어져 나온다. 지구의 간헐천처럼 높은 압력을 받고 있던 기체가 갑자기 밖으로 분출하는 것이다.

이오는 1년에 100억 톤에 달하는 내부 물질을 밖으로 내보낸다. 옐로스톤 국립공원의 분기공 주위에 퇴적물이 쌓이듯, 중력

* 빛의 자극을 받아 빛을 내던 물질이, 그 자극이 멎은 뒤에도 계속 내는 빛.
** 뜨거운 물과 수증기 등이 일정한 시간 간격을 두고 분출하는 온천.

이 작은 이오에서는 위성 표면에 유황이 쌓인다. 이오가 피자처럼 보이는 이유는 그 때문이다. 온도에 따라 유황의 '색'이 달라지기 때문에 이오의 표면은 화려한 색으로 덮인다.

이오에 초강력 화산이 있는 이유를 밝히려면 무엇보다도 질량이 지구의 318배나 되는 아주 큰 목성에 대해 알아야 한다. 이오는 지구와 달의 거리만큼 되는 곳에서 목성 주위를 돌고 있다. 목성의 중력은 지구의 중력보다 훨씬 세기 때문에 이오는, 27일 동안 지구 주위를 한 바퀴 도는 달과 달리, 1.7일에 한 번씩 목성 주위를 한 바퀴 돈다. 이오에 조수 팽창을 일으키는 목성의 중력은 아주 오래전에 이오의 자전에 제동을 걸어 이오는 영원히 한 면만을 목성으로 향하고 있다. 어느 날 사람들이 이오에 발을 딛게 된다면 우주복 헬멧 너머로 이오의 하늘을 4분의 1가량 차지한 채 빙글빙글 돌고 있는 목성의 다채로운 구름 띠와 거대한 목성을 보게 될 것이다.

동주기 자전을 하기 때문에 이오는 언제나 목성을 향해 있는 쪽과 반대쪽을 향해 있는 두 곳이 볼록해진다. 이는 이오의 조수 팽창이 암석으로 퍼져 나가는 방식과 지구의 조수 팽창이 대양으로 퍼져 나가는 방식이 같지 않다는 뜻이다. 지구의 대양에서와 같은 방식으로 조수가 이오의 암석을 부풀게 한다면 이오의 암석은 팽창과 수축 과정을 거듭하면서, 고무 공을 반복적으로 쥐어짜면 뜨거워지는 것처럼, 내부 마찰력 때문에 가열될 것이다. 하지만 그런 일이 일어나지 않는 것으로 보아 이오에는 목성에 의한 조수 가열 작용이 없는 것처럼 보인다.

하지만 사실 이오도 뜨겁게 가열되고 있다.

이오의 가열에는 또 다른 갈릴레오 위성 두 개(이오보다 조금 더 먼 거리에서 목성 주위를 돌고 있는 에우로파와 가니메데)가 중요한 역할을 한다. 가니메데는 태양계에서 가장 큰 위성으로, 태양계 가장 안쪽을 돌고 있는 내행성인 수성보다도 크다. 이오가 목성 주위를 네 번 돌 동안에 에우로파는 두 번, 가니메데는 한 번 돈다. 그 때문에 가니메데와 에우로파는 주기적으로 동시에 이오를 잡아당긴다. 그럴 때마다 이오의 공전 궤도는 길게 늘어난다. 이오는 거듭해서 목성 가까이 다가갔다가 멀어지는 일을 반복한다. 이오에서 격렬한 화산활동이 일어날 정도로 이오가 뜨겁게 가열되는 이유는 이 때문이다.

조수 팽창으로 이오의 한 쪽은 영원히 목성을 향해 있고 다른 한쪽은 영원히 목성의 반대쪽을 향하고 있다. 그러나 이오가 목성에 가장 가까이 갔을 때가 가장 멀리 떨어질 때보다 훨씬 큰 조수 팽창이 일어난다. 조수 팽창과 압착이 반복되면서 이오의 암석은 늘어났다가 줄어들기를 반복한다. 그 같은 조산운동은 이오의 몸을 뜨겁게 달궈 이오를 태양계에서 가장 열을 많이 생성하는 천체로 만들었다. 질량 대비 열 생산량을 따지면 태양계에서 열을 가장 많이 생성하는 천체는 태양이 아니다.[32] 이오다.

명왕성과 카론의 수수께끼

서로의 주위를 도는 두 천체의 조수 상호작용으로 동주기 자전에 도달해 영원히 서로의 한쪽 면만 바라보는 태양계의 천체계는 목성-이오 계 말고도 또 있다. 명왕성과 명왕성의 거대한 위성인 카론도 마찬가지다.

카론의 가장 특이한 점은 지름이 모행성인 명왕성 지름의 절반이나 된다는 것이다. 그 때문에 명왕성은 한동안 태양계에서 가장 큰 위성을 거느린 행성의 지위를 차지했었다. 그러나 2006년, 국제천문연맹은 명왕성에게서 행성 지위를 빼앗고 왜소행성으로 강등했다. 그때부터 명왕성은 태양계 가장 바깥쪽에서 태양 주위를 돌고 있는 수만 개의 얼음 파편들 모임에서 비교적 큰 천체 가운데 하나에 불과하게 되었다.

태양계의 맨끝이라 불리는 '카이퍼대Kuiper Belt'는 태양계에서 행성이 탄생하던 시기에 너무 얇게 퍼져 있어 행성이 되지 못한 얼음과 암석 덩어리들로 이루어져 있다. 태양계 안쪽에는 카이퍼대와 생성 원인이 비슷한 소행성대가 있다. 소행성대는 목성의 중력 때문에 뭉치지 못해 행성이 되지 못한 암석 소행성들로 이루어져 있다. 해왕성에 가까운 카이퍼대의 태양계 안쪽 가장자리는 지구와 태양 간 거리의 30배 정도이지만 바깥 가장자리는 50배에 달한다. 명칭은 카이퍼대지만 1943년에 실제로 이곳을 발견한 사람은 아일랜드 군인이자 아마추어 천문학자였던 케네스 에지워스Kenneth Edgeworth였다. 따라서 카이퍼대는 에지워스-카이퍼대라고 부르는 것이 옳다.

2006년에 국제천문연맹이 명왕성의 행성 자격을 심사할 때, 명왕성은 행성이 될 수 있는 두 가지 조건을 갖추고 있었다(태양 주위를 돌아야 하며, 둥근 형태여야 한다). 하지만 명왕성이 도는 궤도에는 카이퍼대 천체들이 너무 많았기 때문에 공전 궤도에 다른 천체가 없어야 한다는 세 번째 조건을 충족하지 못했다.

2015년 7월 14일에 미항공우주국의 뉴허라이즌스 우주선이 명왕성 지면에서 고작 1만 4,000킬로미터 떨어진 상공을 날아 고속열차처럼 명왕성과 카론 사이를 지나갔다. 명왕성은 우주선이 지구에서 출발했을 때는 행성이었지만 도착했을 때는 왜소행성이 되어버린 후였다. 뉴허라이즌스호가 보낸 사진을 본 미항공우주국 과학자들은 깜짝 놀랐다. 명왕성은 태양계 가장 바깥쪽의 얼어붙은 장소에서 완전히 죽은 무기력한 존재로 여겨졌다. 그런데 실제로는 열은 소용돌이 구름을 위쪽으로 끊임없이 올려 보내는, 물과 얼음 산맥과 질소 빙하로 이루어진 살아 있는 세계였다. 무엇보다도 놀라운 점은 클라이드 톰보Clyde Tombaugh가 발견하고 '톰보 레지오Tombaugh Regio'라고 이름 붙인 분홍색 하트 모양 지역에 크레이터가 전혀 없다는 사실이었다. 그것은 비교적 최근에 그 지역을 얼음이 덮어버렸다는 뜻이었다. 명왕성의 다른 곳에서는 크레이터를 볼 수 있다.

과학자들이 예상하지 못한 이런 지질활동의 에너지는 어디에서 온 것일까? 지구 내부에서 열이 발생하는 이유는 우라늄, 토륨, 포타슘(칼륨) 같은 원자들이 방사성 발열을 하기 때문이다. 하지만 명왕성 내부에서는 지질활동을 할 만큼 충분한 열이 존재하지 않는다. 과학자들은 카론의 중력 때문에 생긴 조수운동이 열을 만들었을 가능성도 배제했다. 모행성 주위를 원형 궤도로 돌면서 동주기 자전을 하는 위성은 그만한 영향력을 모행성에 미치지 못하기 때문이다. 지구의 달이 그렇듯이 카론이 태양계가 형성되었을 무렵에 명왕성에 붙잡혔다면 조수운동에 의한 열 발생 가능성은 당연히 배제해야 한다. 하지만 카론이 비교적 최근에(5억 년 이내에) 명왕성에게 붙잡혔다면 현재 우리가 볼 수 있는 동주기 자전에 이르는 동안 명왕성의 조수운동을 활발하게 일으켰을 수도 있다. 아직 배심원은 법정에 들어오지 않았고, 실제로 그런 일이 일어났는지는 지금으로서는 알 수 없다.

대양이 있는 위성들

조수운동으로 열이 생성된다는 것은 생명이 존재할 수도 있다는 뜻이다. 이오는 생명체가 살기에는 너무 극한 환경이지만 에우로파라면 가능할 수도 있다. 에우로파는 목성과 이오, 가니메데의 중력 때문에 조수에 의한 열이 발생한다. 암석으로 만들어진 이오와 달리 에우로파의 주요 구성 성분은 얼음이다. 따라서 에우로파의 내부는 분명히 녹아 있을 테고, 액체가 있을 가능성이 높다.

액체를 품고 있는 물체는 단단한 고체 물질과는 다른 방식으로 회전한다. 에우로파의 회전 방식을 볼 때 10킬로미터 두께의 표면 얼음층 밑에 100킬로미터 깊이의 바다가 있음을 추정할 수 있다. 이 정도 바다라면 태양계에서 가장 큰 규모다.

멀리서 보면 당구공처럼 보이는 에우로파는 표면이 모두 매끈한 얼음으로 덮인, 태양계에서 가장 큰 빙상 경기장이다. 하지만 가까이에서 보면 얼음 표면 위로 거대하게 갈라진 틈이 보인다. 이리저리 갈라져 있는 얼음 표면을 보면, 여름에는 깨져서 바다 위를 떠돌다가 겨울이면 다시 얼어붙는 북극 해빙이 떠오른다. 표면에 이런 갈라짐이 있다는 것은 그 밑에 대양이 있다는 조금 더 확실한 증거가 된다.

햇빛이 전혀 닿지 않아 어둠 속에 묻힌 대양에서는 생명체가 살 수 있을 것 같지 않다. 그러나 지구에서 발견한 놀라운 사실 때문에 그 같은 추측은 틀렸을 가능성이 있다. 1977년, 미국 해양학자 로버트 발라드Robert Ballard는 앨런 잠수정을 이용해 열수분출공hydrothermal vent을 발견했다. 열수분출공은 해수면에서 수 킬로미터 아래에 있는 해저에서 형성된 구조물로, 무기질이 풍부하고 아주 뜨거운 열수를 분출해 컴컴한 어둠 속에서도 해저 생명체가 번성할 수 있게 해준다. 열수분출공에서 형성된 생태계의 먹이사슬 가장 아래에 존재하는 박테리아는 산소가 아니라

황화합물을 이용해 에너지를 얻는다. 이 생태계의 최상위 포식자는 팔뚝만 한 크기의 서관충tube worm이다.

에우로파에서 조수운동으로 열이 발생한다면 에우로파의 바다 밑에는 열수분출공이 있을 가능성이 크다는 추론을 거의 분명하게 할 수 있다. 따라서 에우로파는 태양계에서 생명체를 찾을 가능성이 가장 큰 지구 외 천체다. 현재 미항공우주국은 에우로파로 우주탐사선을 보낼 계획을 세우고 있다. 우주탐사선의 가장 이상적인 착륙 형태는 10킬로미터 두께인 에우로파의 얼음을 뚫고 탐사선이 직접 바다로 내려가는 것이다. 하지만 지금 기술로는 불가능하다. 그래도 2022년에 발사 예정인 목성얼음위성탐사선JUICE이라면 얼마 전에 발견한 사실을 이용할 수 있을지도 모른다.

2013년에 허블우주망원경은 에우로파의 얼음 틈을 뚫고 200킬로미터 높이로 솟구치는 가느다란 얼음 입자 기둥을 관찰했다. 이 얼음 입자 기둥은 얼음 밑에 있는 대양에서 온 것일 수밖에 없다. 미항공우주국 과학자들은 탐사선이 얼음 입자 기둥을 뚫고 표본을 채취할 수 있다면 에우로파에 있을지도 모를 미생물을 확인할 수 있으리라고 믿는다.

토성의 위성 엔셀라두스Enceladus에도 얼음 입자 기둥을 우주로 쏘아 올리는 샘이 있다. 지름이 고작 500킬로미터밖에 안 되는 이 작은 위성에서 지질활동이 있으리라고 예상한 사람은 아무도 없었다. 하지만 조수운동 때문에 엔셀라두스의 내부가 녹아 태양계에서 가장 작은 대양을 품고 있으리라 여겨진다. 대양이 있다는 것은 에우로파가 그렇듯 엔셀라두스에 생명체가 존재할 수도 있다는 뜻이다.

목성형 행성과 토성형 행성의 위성들이 모행성과 조수 상호작용을 하면서 열을 생성한다는 사실은 이 행성들의 위성에 생명이 존재할 수도 있다는 뜻이다. 태양계에서 목성과 토성은 '생명체 거주 가능 지역'을 벗어난 곳에 있다. 한 행성이 생명체 거주 가능 지역에 있다는 것은 모항성에서 너무 멀지 않아 물이 얼지 않고, 너무 가까이 있지 않아 물이 증발하지 않는 적당한 거리에 있다는 뜻이다. 목성과 토성은 태양에서 너무 멀리 있어서 생명체가 살아가려면 반드시 있어야 하는 물이 모두 얼어버린다. 그러나 에우로파와 엔셀라두스의 경우에서 볼 수 있듯 그 정도 거리에서도 물은 얼지 않을 수 있다. 거대한 기체 행성들은 많은 수가 목성보다 크며 항성에서 가까운 궤도를 돌고 있다. 이런 행성들은 이오나 에우로파보다 큰 위성을 거느리고 있을 가능성이 크며, 그 위성들은 조수운동으로 가열되고 있을지도 모른다.

"물병자리가 도래하고 있다"

중력은 조수가 아닌 다른 방식으로도 지구에 영향을 미친다. 지구는 점이 아닌, 부피가 있는 물체이기 때문이다. 중력 때문에 생기는 또 다른 현상인 분점의 세차precession of the equinox, 分點 歲差를 발견한 사람도 뉴턴이다.

계절이 바뀌는 이유는 지구의 자전축이 지구의 공전 궤도면에서 살짝 기울어져 있기 때문이다. 좀 더 정확히 말해, 지구의 자전축이 지구 공전 궤도면과 수직을 이루지 못하고 수직에서 23.5도 기울어져 있기 때문에 계절이 생긴다. 자전축이 23.5도 기울었다는 것은 지구의 적도도 공전 궤도면에서 23.5도 기울어져 있다는 뜻이다. 기울어진 채 공전하기 때문에 북반구(와 남반구)는 (각각) 태양을 보는 쪽으로 기울어져 있을 때는 여름이 되고, 반대의 경우는 겨울이 된다. 남반구가 여름일 때 북반구는 겨울이고, 남반구가 겨울일 때 북반구는 여름인 이유는 그 때문이다.

당연히 봄과 가을은 겨울과 여름 사이에 있는 계절이다. 하지만 천문학자들은 그보다는 과학적으로 봄과 가을을 설명하고 싶어 한다. 천문학자들은 지구의 공전 궤도면('황도'라고 부르는)이 지구의 적도면과 교차하는 시기를 봄과 가을이라고 정의한다. 지구가 태양 주위를 도는 여정에서 공전 궤도면과 지구의 적도면이 만나는 지점을 추분과 춘분이라고 부른다.

태양계의 행성들은 태양 주위를 납작한 팬케이크 형태를 이루며 돌아가던 암석 덩어리들이 뭉쳐져 생성되었기 때문에 모두 황도 가까운 곳에서 공전한다. 행성들은 아주 좁은 고리 부근에서만 도는데, 옛사람들도 행성들의 공전 길의 폭이 아주 좁다는 사실을 인지하고 있었다. 옛사람들은 이 좁은 고리 부근에서 볼 수 있는 별자리를 열두 무리로 묶어 '황도십이궁'이라고 불렀다. 서기전 2000년에 바빌로니아 사람들이 황도십이궁 체계를 발명했을 때 춘분점은 양자리 부근이었다. 춘분점은 2,000년이 지나면 다른 별자리로 옮겨간다. 예수가 태어났을 때 춘분점은 물고기자리였다. 현재 춘분점은 물병자리 쪽으로 옮겨가고 있다. 서기 2600년이 되면 공식적으로 물병자리가 될 것이다. 사람들이 "물병자리가 도래하고 있다"고 말하는 것은 그 때문이다.

분점이 황도십이궁 사이를 이동하는 이런 독특한 운동을 '분점의 세차'라고 부른다. 자전축을 중심으로 회전하는 자전, 공전 궤도면을 따라 움직이는 공전과 더불어 지구의 세 가지 운동 가운데 하나인 분점의 세차는 가장 큰 수수께끼로 남아 있는 지구의 운동이다. 분점의 세차 운동을 발견한 사람은 지중해에 있는 로도스섬에서 활동했으며 흔히 '가장 위대한 고대 천문학자'라고 불리는 히파르코스Hipparchus이다.

서기전 129년에 히파르코스는 그를 유명하게 만든 별 목록을 작성하다가 이상한 점을 발견했다. 자신이 관측한 별과 바빌로니아인이 관측한 별의 위치가 다르다는 사실이었다. 히파르코스의 눈에는 별들이 체계적으로 위치를 바꾸고 있는 것처럼 보였다. 결국 그는 움직이는 천체는 별들이 아니라 지구라는 결론을 내렸다.

바빌로니아 기록과 자신의 관측 기록을 이용해 히파르코스는 별이 위치를 바꾸는 속도를 정확하게 계산했다. 그의 계산 결과에 따르면 지구의 자전축은 72년마다 1도씩 바뀌는 것 같았다. 이런 '세차' 운동이 일어나는 이유는 지구의 자전축이 공전궤도면과 수직인 선에서 23.5도 기울어져 있기 때문으로, 지구 자전축은 2만 6,000년에 한 번씩 회전한다. 자전축이 이동하기 때문에 우리가 보는 북극성은 고대 이집트인이 보던 북극성과 같지 않다. 현재 북극성은 작은곰자리에 있는 별이지만 5,000년 전에 이집트인이 본 북극성은 용자리에 있는 비교적 희미한 별인 투반Thuban이었다.

분점의 세차, 즉 지구가 흔들리는 운동을 하는 이유는 지구의 자전축이 움직이기 때문이지만 그 이유를 아는 사람은 아무도 없었다. 뉴턴이 나오기 전까지는 말이다.

뉴턴은 태양과 달의 중력뿐 아니라 지구의 자전 때문에도 지구의 형태가 변한다는 사실을 깨달았다. 그 때문에 지구의 적도 위에 있는 물체는 시속 1,670킬로미터의 속력으로 날아다녀야 한다. 지구의 중력은 그렇게 빠르게 움직이는 물체를 붙잡아둘 강력한 구심력을 만들어내지 못한다. 그 때문에 적도 위의 물체들은 밖으로 튀어 나갈 수밖에 없다. 실제로 지구는 완벽한 원이 아니라 적도 부분이 23킬로미터 정도 볼록하게 부풀어 있다.

뉴턴은 지구의 '적도가 볼록하게 부풀어 있기' 때문에 태양과 달의 중력을 받는 지구는 돌아가는 팽이처럼 흔들려야 한다는 사실을 깨달았다. 실제로 지구의 자전축은 원을 그리며 빙글

빙글 돈다. 뉴턴은 태양과 달의 중력이 적도 부근이 볼록한 지구에 작용하면 자전축은 2만 6,000년 만에 한 번씩 회전해야 한다는 계산 결과를 내놓았는데, 이는 관측 결과와 일치한다.

훗날 밝혀진 것처럼 뉴턴의 보편 중력 법칙은 거기서 멈추지 않고 계속해서 놀라운 선물을 내놓았다. 지금까지 우리는 보편 중력 법칙이 보여주는 다양한 현상을 살펴보았다. 하지만 보편 중력 법칙의 이야기는 이것이 끝이 아니다.

중력의 역제곱 법칙을 증명하려고 뉴턴은 행성을 끌어당기는 태양에 대해 고민할 때 태양과 행성을 부피가 없는 점과 같은 물체라고 가정했다. 마찬가지로 달을 끌어당기는 지구에 대해 고민할 때도 지구와 달을 부피가 없는 점과 같은 물체라고 전제했다. 하지만 실제로 지구와 달은 부피가 있는 물체이기 때문에 조수현상이나 분점의 세차 운동 같은 현상이 생긴다.

중력 보편 이론으로 또 다른 예측을 끌어내기 위해 뉴턴은 다시 근사치를 가정했다. 태양이 단독으로 지구를 끌어당기고, 지구가 단독으로 달을 끌어당긴다고 가정한 것이다. 하지만 조수 운동의 경우 달과 태양이 동시에 지구에 영향을 미치므로 이 가정은 힘을 발휘하지 못한다. 실제 세상은 근사치 가정과는 다르게 작동한다. 한 물체에 중력을 가하는 물체는 한 개 이상이다. 여러 물체의 중력이 동시에 작용하면 행성들은 완벽한 타원 궤도로 움직이지 않는다. 뿐만 아니라 알려진 물체의 운동을 교란하는 새로운 물체의 존재를 추론할 가능성으로 이어진다.

4장

보이지 않는 세상을 그리는 지도

과학은 인간에게 보이지 않는 것을
예측하게 하는 신의 힘을 주었다

케플러의 법칙은 완벽한 진리는 아니지만, 태양계 천체들의 인력 법칙을 발견하는 동기를 제공할 정도로는 충분히 진실에 가까웠다. 케플러가 완벽하게 정확한 법칙을 발견할 수 없었던 이유는 행성의 질량을 정확히 알지 못했고, 그 때문에 행성들이 서로의 공전 궤도에 어느 정도나 영향을 미치는지 알 수 없었기 때문이다.

— 아이작 뉴턴1

지구에서 꽃 한 송이를 꺾어서 가장 멀리 있는 별로 가라.

— 폴 디랙2

*

두 사람은 거의 한 시간 동안이나 무언가를 찾고 있었다. 거의 무아지경에 이른 것 같은 일정한 리듬으로 계속 같은 행동을 반복했다. 요한 갈레Johann Galle는 베를린 하늘 위에 떠 있는 별 위에 반사망원경의 십자선을 올려놓고 그 별의 좌표를 알 수 있을 때까지 황동 망원경의 미세 조정 장치를 돌리고 또 돌렸다. 갈레의 젊은 조수 하인리히 다레스트Heinrich d'Arrest는 관측소 돌바닥의 맞은편에 있는 나무 탁자에 앉아 가림막이 있는 기름 램프의 불빛으로 항성 지도를 비추고 있었다. 조수가 손가락으로 꼼꼼히 짚으면서 "이미 알려진 별입니다."라고 외치면 갈레는 또 다른 별을 향해 망원경을 돌리고 또 돌렸다. 너무나도 추운 밤에 목에서 경련이 일 정도로 오랫동안 별을 보고 있던 갈레는 지금 자신들이 아무짝에도 쓸모없는 일을 하고 있는 건 아닌지 의문이 들기 시작했다.

갈레와 다레스트는 베를린 왕립천문대에 나와 있었다. 그날 오후에 받은 괴상한 편지 때문이었다. 파리 공과대학교의 수학자이자 천문학자인 위르뱅 르 베리에Urbain Le Verrier가 보낸 편지였다. 그해 초, 갈레는 르 베리에에게 자신의 논문 한 부를 보냈지만 르 베리에는 지금까지 일언반구도 없었다. 그래 놓고는 갑자기 오늘 편지를 보내와서는 답장을 하지 않아 미안하다며 갈레의 논문은 훌륭했다고 칭찬을 늘어놓았다. 프랑스 과학자가 그런 아침을 뗜 이유는 당연히 프로이센 과학자에게 부탁할 일이 있었기 때문이다.

그러니 갈레는 책상 위에 어지럽게 쌓인 서류 더미 속에 프랑스인의 편지를 내던지고 그저 편지를 잃어버리는 손쉬운 복수를 할 수도 있었다. 갈레는 파리 천문대 학자들도 하지 않는 일을 르 베리에를 위해 해줄 마음이 없었다. 파리 천문학자들은 분명히 르 베리에의 요청을 무시했을 것이다. 그렇지 않았다면 그가 갈레에게 부탁했을 리가 없었다. 하지만 갈레는 프랑스 사람들보다는 아량이 넓은 사람이었다. 게다가 르 베리에의 요청은 갈레의 호기심을 크게 자극했다. 오늘 당장 베를린 천문대의 유명한 프라운호퍼 망원경을 사용해 염소자리와 물병자리 사이에 있는 별들을 관찰할 수 있을까? 정말로 그곳에는 항성 지도에 없는 새로운 별이 있을까?

베를린 천문대 관장 요제프 프란츠 엔케Joseph Franz Encke는 그런 관측은 시간 낭비라고 생각했다. 하지만 그날은 자신의 쉰다섯 번째 생일을 축하할 예정이기도 했고, 22센티미터 구경의 반사망원경을 사용할 계획도 없었다. 그래서 쓸데없는 일임은 분명했지만 해가 될 일은 없을 것 같으니 르 베리에의 터무니없는 요청을 들어줘도 좋다고 허락해주었다. 갈레는 재빨리 천문학과 학생이었던 다레스트를 불러냈고, 두 사람은 1846년 9월 24일 목요일 새벽에 그때까지 발명된 장비 가운데 가장 발전한 망원경 중 하나였던 거대한 시계식 프라운호퍼 망원경을 들여다보며 밤새 하늘을 관찰해야 하는 처지가 되었다.

두 사람은 베를린의 가스등이 모두 꺼져 도시가 칠흑 같은 어둠에 싸이는 자정부터 관측을 시작했고, 이제 거의 한 시가 되어가고 있었다. 갈레는 다시 다음 별 위에 십자선을 놓고 다레스트에게 좌표를 불렀다. 다레스트의 대답을 기다리는 동안 갈레는 이제 곧 들어가게 될 아내가 누워 있는 따뜻한 침대가 떠올랐다. 도대체 왜 이렇게 굼뜬 거지? 갈레는 다레스트가 곧바로 대답하지 않는 이유를 짐작조차 하지 못했다.

마침내 의자가 바닥에 부딪치는 소리가 들렸고, 갈레의 머릿속에서 침대 따위는 저 멀리 사라져버렸다. 깜짝 놀란 갈레는 들여다보고 있던 접안렌즈에서 눈을 떼고 다레스트를 보았다. 기름 램프를 뒤로 한 시커먼 그림자가 갈레를 향해 달려오고 있었고, 다레스트의 손에서는 항성 지도가 미쳐버린 새처럼 정신없이 나풀거리고 있었다. 너무 어두워서 다레스트의 표정은 보이지 않았지만 그의 외침은 갈레로서는 평생 잊을 수 없을 터였다. 다레스트는 "선생님! 지도에 없는 별이에요. 지도에 없는 별입니다."라고 외치고 있었다.

흥분을 가라앉히려고, 무엇보다도 정신없이 떨리는 손을 진정시키려고 두 사람은 모든 의심이 사라질 때까지 접안렌즈를 들여다보고 또 들여다보았다. 분명히 지금 찾은 천체는 항성 지도에 없는 별이었다. 그리고 그 이유는 분명히 알 수 있었다. 그 천체는 항성이 아니었기 때문이다. 항성은 지구에서 너무 멀리 떨어져 있기 때문에 아무리 해상도가 높은 천체망원경을 이용해도 아주 작은 점처럼 보인다. 하지만 이 천체는 차원이 없는 점 물체처럼은 보이지 않았다. 반짝이는 이 천체는 분명히 작은 원반처럼 보였다.

따라서 이 천체는 행성임이 분명했다. 두 사람은 그때까지 알려져 있지 않은 행성을 발견한 것이다. 지구 탄생의 순간부터 태양계의 차가운 가장자리에서 태양 주위를 돌고 있었지만, 그때까지 누구도 그 사실을 알지 못했던 행성을 찾아낸 것이다. 이 행성에는 지구인이 붙인 이름이 없었다. 갈레와 다레스트가 발견한 그 순간, 단 두 사람만이 그 행성의 존재를 알고 있었다. 하지만 이제 곧 해왕성이라는 이름으로 모든 사람이 알게 될 터였다.

가능한 모든 방향에서 끌어당겨지는 천체들

갈레와 다레스트가 새로운 행성을 발견한 것은 불가능이 실현된, 마법에 가까운 일이었다. 파리에 있는 남자가 편지를 써서 갈레에게 새로운 세상을 찾아보라고 요청한다. 그 남자는 그 행성이 어디에 있는지 정확히 알고 있었다. 갈레는 편지 내용이 흥미로웠지만 진지하게 믿을 만한 정보는 아니라고 생각했다. 그래도 어쨌거나 편지에 적힌 내용을 확인해보기로 한다. 그리고 놀랍게도 관측 시작 후 한 시간도 지나지 않아 파리의 남자가 예측했던 바로 그 장소에서 행성이 천체망원경 위에 모습을 드러냈다. 새로운 행성의 발견은 천문학의 승리이자 예측 과학의 승리였다.[3] 하지만 무엇보다도 이것은 뉴턴의 승리였고 뉴턴이 거의 2세기 전에 구축한 이론의 승리였다.

보편 중력 이론으로 자연 현상을 예측하기 위해 뉴턴은 한 가지 가정을 했다. 앞에서 언급한 것처럼 지구는 지구의 질량이 한 점에 집중된 것처럼 달을 잡아당긴다고 가정한 것이다. 그러나 실제로 지구는 점 물체가 아니라 부피가 있는 물체이기 때문에 형태가 변형되어 볼록해진 부분마다 각각 다른 세기로 작용하는 중력 때문에 조수현상이 생긴다. 그런데 뉴턴의 가정은 이뿐만이 아니었다. 그는 행성에는 오직 태양의 중력만이 작용한다고 가정했다. 이런 가정을 통해 뉴턴은, 역제곱 법칙에 따라 거리가 늘어나면 힘이 약해지기 때문에 행성의 운동 경로가 케플러의 법칙이 예측한 대로 타원임을 입증할 수 있었다.

그러나 중력의 가장 중요한 특징은 그것이 보편적인 힘이라는 점이다. 즉 존재하는 모든 물질은 티끌 한 점이라도 다른 모든 물질의 티끌 한 점에 중력을 행사한다는 뜻이다. 다시 말해 우주 공간을 움직이는 태양계의 행성은 태양뿐 아니라 모든 행성의 힘을 받는다. 지구에 가장 큰 힘을 가하는 행성은 태양계에서 가장 큰 행성인 목성(질량이 태양 질량*의 1000분의 1인)과 지

* 태양 한 개의 질량을 나타내는 가장 큰 질량 단위, 대략 태양계 전체 질량의 99.86% 정도 된다.

구에서 가장 가까운 행성인 금성이다. 목성은 태양 주위를 지구보다 느리게 공전하고 금성은 태양 주위를 지구보다 빠르게 공전하기 때문에 두 행성은 다양한 시기에 지구에 영향을 미친다. 그런데 목성이 지구에 가장 가까이 있을 때 지구에 미치는 중력은 태양 중력의 1만 6000분의 1이고, 금성이 지구에 가장 가까이 있을 때 지구에 미치는 중력은 목성이 가장 가까이 있을 때 지구에 미치는 중력의 2분의 1 정도다.

태양계에 있는 행성들이 다른 행성에게 미치는 중력은 태양이 미치는 중력에 비해 너무도 작기 때문에 뉴턴은 행성의 경로를 계산할 때 행성이 다른 행성에 작용하는 중력은 무시할 수 있었다. 그러나 정확하게 말하면, 지구 같은 행성은 수많은 천체의 영향을 받으며 움직인다. 그러기 때문에 태양 주위를 완벽한 타원 궤도로 공전할 수 없다. 케플러의 제1법칙은 완전한 진리가 아니라 진리에 가까울 뿐이다. 태양 말고도 다른 천체들이 잡아당기기 때문에 행성의 타원 궤도는 오랜 시간이 지나면 점차 방향이 바뀌어 태양에서 가장 가까운 쪽의 궤도는 태양 가까이 가면 '변형'된다(세차가 생긴다).

어떤 이유로든 우리가 태양계에 존재하는 다른 행성의 존재를 전혀 모른다고 가정해보자. 오랫동안 관측을 거듭한 끝에 우리는 지구의 공전 궤도가 온전한 타원이 아니라 살짝 어긋난 타원임을 알게 되었다. 그 이유를 한참이나 고민하고 나서야 우리는 아이들이 급하게 길을 가는 엄마의 코트를 옆에서 잡아당기듯, 공전 궤도를 따라 달려가려는 지구를 잡아당기는 천체들이 있다는 결론을 내리게 되었다. 지구의 공전 궤도에 영향을 주는 외부 힘을 계산하는 일은 아주 어려웠기 때문에 엄청난 창의성을 발휘하고 컴퓨터를 충분히 활용한 뒤에야 유추할 수 있었다. 각기 다른 질량을 가지고 태양에서 각기 다른 거리에 떨어져서 공전하는 일곱 행성이 지구를 끌어당기고 있다는 사실을 말이다.[4]

뉴턴의 중력 법칙은 태양계의 보이지 않는 세계에 대한 지도를 그릴 수 있게 해주었다. 르 베리에가 그때까지 알려진 우주 너머를 탐사하며 알려지지 않았던 여덟 번째 행성(해왕성)의 위치를 유추할 수 있었던 것도 바로 뉴턴의 중력 법칙을 이용했기 때문이다. 뉴턴의 법칙대로 기존 행성들의 영향을 받아 온전한 타원 궤도를 그리는 것이 아니라 좀 더 일그러진 형태로 태양 주위를 공전하는 한 행성 덕분이었다.

조지라고 불린 행성

천왕성은 독일 프리랜서 음악가 윌리엄 허셜William Herschel이 발견했다. 1757년에 열아홉 살이었던 허셜은 여동생 카롤리네와 함께 영국 배스로 갔다. 배스는 온천이 많아서 로마 사람들이 세운 도시였다.[5] 그곳에서 허셜은 교회 오르간 연주자로 일했지만 진짜 관심 분야는 천문학이었다. 허셜은 자기 집 정원에 그 시대 최고의 망원경을 설치했다. 1781년 3월 13일, 망원경으로 밤하늘을 관찰하던 허셜은 흐릿한 천체 하나를 발견했다. 처음에는 혜성을 찾았다고 생각했다. 그러나 쌍둥이자리 사이를 느리게 움직이는 그 천체를 여러 날 관찰한 끝에 이 천체의 이동 경로가 혜성의 공전 궤도인 길게 늘어진 타원 궤도가 아니라 거의 원에 가까운 공전 궤도임을 깨달았다.

허셜이 발견한 행성은 여러 나라에서 큰 소동을 일으켰다. 그도 그럴 것이 역사 시대가 시작된 뒤로 그때까지 지구인에게는 행성이 여섯 개뿐이었다. 그런데 이제 일곱 개가 된 것이다.

이민자였던 허셜은 자신을 받아준 나라에서 인정받고 싶었다. 그래서 자신이 발견한 행성에 영국 왕 조지 3세의 이름을 따 '조지'라는 이름을 붙였다(정확히는 '조지의 별'이라고 했다). 행성에 영국 왕의 이름을 붙인다는 사실에 크게 반발한 프랑스 천문학자들은 그 이름을 거부하고 행성 이름은 허셜이 되어야 한다고 주장했다. 그러자 독일 사람들이 평소라면 하지 않을 행동을 했다. 중재에 나선 것이다. 요한 보데Johann Bode는 새로 발견한 행성에 로마의 신 크로노스Saturn(토성)의 아버지인 우라노스Uranus(천왕성)라는 이름을 붙였다. 천문학자들은 그 이름을 받아들였고, 새 행성은 천왕성이 되었다. 천문학자들이 천왕성이라는 이름을 선택하지 않았다면 우리 태양계에는 수성, 금성, 지구, 화성, 목성, 토성, 그리고…… 조지가 있었을 것이다.

그런데 사실 천왕성을 제일 먼저 발견한 사람은 허셜이 아니다. 허셜보다 100년쯤 전에 영국 천문학자 존 플램스티드John Flamsteed가 발견했다. 1690년에 자신이 발견한 천체를 항성이라고 잘못 생각한 플램스티드는 그 천체에 '황소자리 34번째 별'이라는 뜻의 '34 타우리Tauri'라는 이름을 붙였다. 플램스티드를 비롯한 여러 사람이 천왕성의 위치를 기록해두었고 새로운 관측 사실들이 계속 쌓이고 있었기 때문에 19세기 초에는 천왕성의 궤도를 뉴턴의 중력 이론이 예측하는 공전 궤도와 비교해볼 수 있을 만큼 충분히 알려져 있었다.

그런데 도무지 이해할 수 없는 사실이 있었다.

관측 결과마다 천왕성의 궤도가 달랐던 것이다. 천왕성의 공전 궤도를 확정했다고 생각하는 순간 천왕성은 기존 경로에서 벗어나 다른 곳으로 가버렸다. 수십 년 간 천왕성을 관측했지만 천왕성의 공전 궤도는 매번 더욱 심각하게 흐트러질 뿐이었다.

하지만 그 때문에 뉴턴의 중력 법칙에 문제가 있다고 생각하는 사람은 거의 없었다. 지난 몇 세기 동안 뉴턴의 중력 법칙은 너무도 압도적이고 포괄적으로 성공을 거두었기 때문에 그 무렵에는 이미 신의 말씀과 같은 위상을 차지하고 있었다. 뉴턴의 중력 법칙이 틀렸을 리는 없었다. 따라서 과학자들은 천왕성 바깥쪽에 숨어서 천왕성을 끌어당김으로써 정갈한 타원 궤도를 흐트러뜨리는 천체가 있음이 분명하다고 의심하기 시작했다.

보이지 않는 행성 찾기

1841년, 자폐가 있던 영국 콘월주 출신의 천재 수학자 존 코치 애덤스John Couch Adams는 천왕성에 눈에 띄는 영향력을 발휘하는 미지의 행성이 있을 법한 장소를 찾기 시작했다.[6] 정확한 위치를 찾으려면 지독히 복잡한 계산을 해야 했다. 4년이나 애쓴 끝에 마침내 1845년, 애덤스는 계산 결과를 왕실 천문학자 제임스 챌리스James Challis에게 제출할 수 있었다. 하지만 챌리스는 애덤스의 보고를 그다지 진지하게 여기지 않았다. 게다가 애덤스가 계속 계산 결과를 다듬어서 조금씩 달라진 행성의 위치를 보고했기 때문에 완전히 믿을 수는 없었다.

그 무렵 애덤스는 알지 못했지만 프랑스에서도 르 베리에가 비슷한 계산을 하고 있었다. 르 베리에는 복잡한 계산을 단순하게 만들려고 경험에 근거한 추론을 많이 세웠다. 예를 들어 미지의 행성은 태양에서 아주 멀리 떨어져 있어야 한다고 추론했다. 그렇지 않다면 이미 천문학자들이 발견했을 거라고 생각한 것이다. 또한 미지의 행성은 천왕성에 대적할 만한 질량이 있어야 한다고, 즉 지구의 열다섯 배 정도 되는 질량이 있어야 한다고 추론했다. 또한 이 미지의 행성의 공전 궤도면은 태양계의 다른 행성들의 공전 궤도면과 일치해야 한다는 추론도 했다.[7]

르 베리에도 애덤스처럼 윗사람이 자기 주장을 제대로 들어주지 않는 난처한 상황에 빠져 있었다. 파리 천문대 소장 프랑수아 아라고François Arago는 새로운 행성을 찾는 일은 그다지 급하지 않다고 생각했다. 아라고에게서 망원경을 쓸 수 있는 날짜를 확답받지 못한 르 베리에는 1846년 9월 18일에 자신이 대략적으로 찾아낸 새로운 행성의 위치를 베를린의 과학자에게 알렸다. 그로부터 5일 뒤, 이 세상에서 유일하게 르 베리에를 믿어준 요한 갈레가 해왕성을 발견한 사람으로 역사책에 이름을 올린다.

천왕성처럼 해왕성도 이미 관측했지만 행성임을 인지하지 못한 천체였다. 왜냐하면 해왕성은 맨눈으로도 볼 수 있었기 때문이다. 실제로 갈릴레오가 1612년 12월 초에 파두아에서 자신이 만든 뛰어난 성능의 망원경으로 해왕성을 보았다는 증거도 있다. 하지만 그때 갈릴레오는 자신이 항성을 보고 있다고 생각했다.

해왕성이 발견되자 프랑스와 영국 과학자들은 새로운 행성을 어느 나라 사람이 먼저 발견했는지를 두고 논쟁을 벌였다. 그런데 놀랍게도 애덤스와 르 베리에의 관계는 험악해지지 않았다. 르 베리에가 오만하고 약자를 괴롭히는 사람이라는 명성이 자자했는데도 말이다. 그 이유는 아마도 서로의 수학 능력을 인정했고, 자신을 믿어주는 사람이 거의 없는 상황에서 고군분투했다는 공통점이 있었기 때문인지도 몰랐다. 어쨌거나 두 사람은 만나자마자 각별한 친구가 되었다. 지금은 애덤스와 르 베리에 두 사람을 해왕성의 공동 발견자로 인정할 때가 많다.

천왕성 발견은 국제적으로 큰 반향을 일으켰다. 천왕성은 망원경과 과학의 시대에 처음 발견한 행성이었다. 게다가 태양과 토성 사이의 거리보다 두 배나 멀리 있기 때문에, 천왕성 발견과 더불어 태양계의 크기는 하룻밤 사이에 두 배나 커졌다. 해왕성 발견은 천왕성 발견과는 전혀 다른 의미로 충격이었다. 천왕성이 우연히 발견한 행성이라면 해왕성은 이미 질량과 형태, 위치까지 예측되어 있던 행성이었다. 과학은 사람에게 신의 힘을 주었다. 뉴턴의 법칙은 우리가 볼 수 있는 것뿐 아니라 우리가 볼 수 없는 것도 예측할 수 있게 해주었다.

어쩌면 21세기에 역사는 다시 반복되고 있을지도 모른다.

아홉 번째 행성

2016년 초, 두 명의 미국 행성 과학자들이 과학계를 충격에 빠뜨렸다. 두 과학자는 그때까지 한 번도 관측하지 못했던 행성이 태양계에서 가장 멀리 있다고 알려진 행성 너머에서 태양 주위를 돌고 있는데, 이 행성의 질량은 지구 질량의 10배 정도라고 주장했다. 그 행성에 붙일 만한 마땅한 이름이 없었기 때문에 패서디나에 있는 캘리포니아 공과대학교의 콘스탄틴 바티진Konstantin Batygin과 마이크 브라운Mike Brown은 자신들이 새로 발견한 행성에 '9번 행성'이라는 이름을 붙였다. 물론 2006년에 왜소행성으로 강등되기 전까지 9번 행성은 명왕성이었다.[8]

바티진과 브라운이 언급한 증거는 행성의 변칙 운동이 아니라 카이퍼대 천체KBO의 변칙 운동에 관한 것이었다. 앞에서 언급했듯 카이퍼대 천체들은 태양계에서 가장 바깥쪽 행성인 해왕성보다 더 먼 곳에서 태양계 행성들이 태어날 때 행성이 되지 못하고 남은 거대한 얼음 덩어리들이다.[9] 바티진과 브라운은 카이퍼대 가장 바깥쪽에서 어느 정도는 나란하게 늘어선 채로 돌고 있는 여섯 천체의 궤도가 아주 길다고 주장했다. 이 카이퍼대 천체들은 제각기 다른 방향을 향하지 않고, 아마도 예상할 수 있겠지만, 거의 비슷한 방향을 향하고 있었다. 카이퍼대 천체의 자전축은 모두 기존의 여덟 행성과 비교했을 때 30도 정도 아래를 향하고 있다. 바티진과 브라운은 이 천체들이 이렇게 독특한 특성을 갖게 된 이유는 아직 발견하지 못한 아주 먼 곳의 행성이 카이퍼대 천체들에게 중력을 미치고 있기 때문이라고 설명했다.[10]

카이퍼대 천체들에게 그런 영향을 미치려면 9번 행성은 엄청나게 크고 멀리 있어야 한다. 적어도 태양과 해왕성 거리의 20배에 달하는 곳에 있어야 한다. 바티진과 브라운은 9번 행성이 옆으로 길게 늘어진 타원 궤도로 공전하기 때문에 해왕성과 태양의 거리보다 7배 먼 곳에서 공전을 시작해 30배 먼 곳까지 갔다가 돌아올 것이라고 했다. 그렇게 긴 공전 궤도를 모두 돌려면 해왕성처럼 165년을 도는 것이 아니라 1만 5,000년을 돌아야 한다.

9번 행성은 다른 행성들처럼 45억 5,000년 전에 생성되었지만, 원시 목성이나 원시 토성 같은 거대한 행성과 우연히 만난 뒤에 태양계 끝으로 내동댕이쳐졌을 수도 있다. 아니면 가능성은 많지 않아도 다른 항성계에 속해 있던 행성이 태양계에 붙잡혔을 수도 있다. 성운 속에서 태양이 탄생할 때 태양 가까이에는 수백 개의 항성이 더 있었기 때문에 가까이 접근한 항성들은 서로의 행성을 교환할 수도 있었을 것이다. 우리 태양계에 외계 행성이 존재할 수 있다는 가정은 과학이 과학소설보다 훨씬 기묘할 때가 많다는 사실을 떠오르게 한다.

태양과 아주 멀리 떨어져 있기 때문에 당연히 9번 행성은 태양 빛을 거의 반사하지 않을 테니 세상에서 가장 큰 망원경을 사용해도 찾아내기가 쉽지 않을 것이다. 지금 9번 행성이 태양의 근일점*에 있다면 기존 관측에서 이미 발견해 기존 천체상existing celestial images에 있을 가능성이 컸다. 그와 달리 원일점**에 있다면 하와이 마우나케아에 있는 케크 천문대의 10미터짜리 쌍둥이 망원경처럼 세상에서 가장 큰 망원경이 있어야 발견할 수 있을 것이다. 그러나 지름은 지구의 3.7배 정도 되고 기온은 -226°C인 이 9번 행성을 찾으려면 미약한 행성의 열을 감지해줄 적외선 망원경을 사용해야 할지도 모른다.

정말로 9번 행성이 존재한다면 태양계는 행성을 거느린 2,000여 개 정도의 다른 항성계와 상당히 비슷한 항성계임이 밝

---

* 태양 주변을 도는 천체가 태양과 가장 가까워지는 지점.

** 태양 주변을 도는 천체가 태양과 가장 멀어지는 지점.

혀진 것이다. 가장 흔한 외계 행성은 질량이 지구와 해왕성 사이인 행성으로 지구보다 17배 정도 무겁다. 그런 슈퍼 지구가 한때 태양계 내부에 머물렀지만 추운 곳으로 쫓겨난 것이 맞다면, 다른 항성계에서는 흔한 이런 행성이 태양계에는 존재하지 않는 이유를 설명할 수 있을 것이다.

얄궂게도 브라운은 아홉 번째 행성이었던 명왕성이 왜소행성으로 강등되는 데 결정적인 역할을 했다. 그가 2005년에 머나먼 차가운 세계에서 찾은 왜소행성 에리스Eris 때문에 1930년부터 태양계 가장 바깥쪽을 도는 행성으로 인정받았던 명왕성은 카이퍼대에서 가장 큰 천체 가운데 하나일 뿐임이 밝혀졌다. 그런 명왕성을 대신할 행성을 제시함으로써 브라운은 행성을 죽인 죄책감을 조금은 덜었는지도 모르겠다.

물론 9번 행성은 그저 잘못 생각한 결과임이 밝혀질 수도 있다. 9번 행성에 회의적인 천문학자들도 있다. 그러나 우리가 보지 못하는 세계를 예측하고 보이지 않는 세계의 지도를 그릴 수 있게 하는 뉴턴의 중력 법칙은 지금도 계속 배당금을 받고 있다.

외계 행성

현재 우리가 알고 있는 외계 항성계는 수천 개에 달하지만 직접 눈으로 관찰한 외계 행성은 거의 없다. 외계 행성은 많은 수가 모항성에 미치는 중력의 영향을 간접적으로 측정해 그 존재를 확인한다. 그런 방법을 이용해 외계 행성을 관측할 수 있는 것은 모두 뉴턴의 중력 법칙이 내포하는 상호성 때문이다. 항성이 행성을 끌어당기는 힘과 똑같은 힘의 크기로 행성은 항성을 끌어당긴다. 물론 항성은 행성보다 훨씬 무겁고 쉽게 움직이지 않기 때문에 행성이 항성에 미치는 중력은 상대적으로 그 효과가 거의 나타나지 않는다. 하지만 항성도 행성에 이끌려 움직이는 것만은 분명하다.

즉 행성은 가만히 고정해 있는 항성 주위를 돌지 않는다는 뜻이다. 뉴턴은 계산을 수월하게 하려고 항성은 고정되어 있고 행성만 움직인다고 가정했다. 그러나 실제로는 공통 질량 중심 주위를 항성과 행성이 모두 돈다. 항성은 행성보다 훨씬 크기 때문에 공통 질량 중심은 항성의 중심에 훨씬 가까우며, 보통은 핵융합 반응이 일어나는 항성의 내부에 있다.[11] 항성-행성 계에서 행성은 공통 질량 중심을 아주 큰 궤도로 돌아야 하지만 항성은 아주 작은 궤도로 돈다.

여기서 또 한 가지 생각해봐야 할 것은 행성은 항성을 한쪽에서 잡아당긴 뒤에 궤도를 반 바퀴 돌아 다른 쪽에서 잡아당긴다는 것이다. 그 때문에 항성은 아주 조금 '흔들리게' 되는데, 아주 민감한 장비를 사용하면 이 움직임을 지구에서도 감지할 수 있다. 항성의 움직임은 경찰차가 다가오면 사이렌 소리가 아주 커지고(주파수가 높아지고) 멀어지면 작아지는 현상과 정확히 같은 원리를 따른다. 항성을 구성하는 원자가 방출하는 빛의 주파수는 항성이 가까이 다가오면 높아지고 멀어지면 낮아진다. 항성을 구성하는 수소 같은 원자의 '도플러 편이'*를 측정하면 항성이 지구를 향해 다가오는 속도와 멀어지는 속도를 측정할 수 있다.

행성의 중력이 항성을 잡아당겼을 때 나타나는 '항성 흔들림'에 의한 속도 변화는 행성이 목성만 한 크기라면 최대 초속 몇 미터 정도이고 지구만 한 크기라면 초속 10센티미터 정도에 불과하다. 다시 말해 지름이 100만 킬로미터가 넘는 뜨거운 가스 공이 우리를 향해 다가왔다가 물러나는 속도의 변화는 달리는 사람의 속도 아니면 거북의 속도라는 뜻이다. 기술력의 한계에도 불구하고 천문학자들은 고감도 '분광기'를 사용해 항성의 속도 변화를 감지하고 보이지 않는 행성을 찾아내고 있다.[12] 1990년대 중반부터 천문학자들은 2,000개가 넘는 외계 행성을 찾아냈으며, 당연히 가장 큰 목표는 지구형 행성을 찾는 것이다.[13]

보이지 않는 세계를 예측하는 뉴턴의 중력 법칙의 놀라운 힘을 가장 극적으로 확인할 수 있는 예는 항성이나 행성의 영역이 아니라 우주라는 더 큰 영역에서 찾을 수 있다. 20세기 말에 천문학자들은 우주를 구성하는 유일한 요소라고 믿었던 항성과 은하가 사실은 우주 전체로 보았을 때는 아주 일부에 불과하다는

---

* 도플러 효과 때문에 파동의 관측 주파수가 변하는 현상.

사실을 알고 깜짝 놀랐다. 이 세상에는 우리가 상상했던 것보다 훨씬 많은 물질이 있었다. 그리고 그 물질들은 대부분 우리 눈에는 전혀 보이지 않았다.

보이지 않는 우주

1960년대 말과 1970년대에 워싱턴 카네기연구소 지자기Terrestrial Magnetism부의 천문학자 베라 루빈Vera Rubin과 켄트 포드Kent Ford는 나선은하를 연구하기 시작했다. 소용돌이처럼 돌아가는 나선은하가 전체 은하에서 차지하는 비율은 약 15퍼센트이며, 우리은하도 나선은하이다. 루빈과 포드는 나선은하의 항성들이 '볼록한' 중심 주위를 도는 속도를 측정하기 시작했다.

두 천문학자가 측정하기로 한 것은 나선은하의 가장자리를 도는 항성들이었다. 그 항성들은 우리의 가시선line of sight*을 따라 움직이기 때문이다. 고감도 분광기를 이용해 두 사람은 누구보다 정확하게 항성의 속도를 측정할 수 있었다.

은하의 중심에서 멀어질수록 항성에 작용하는 중력의 힘은 약해진다. 따라서 루빈과 포드는 태양계의 행성들이 그렇듯이 은하의 항성들도 중심에서 멀어지면 공전 속도도 느려질 것이라

* 관찰하는 물체와 눈을 잇는 선.

고 예상했다.

그런데 관측 결과는 예상과 달랐다.

은하 중심에서 최대한 멀리 떨어진 항성들을 관찰한 두 천문학자는 항성들의 공전 속도가 거리에 상관없이 일정하게 유지된다는 사실을 알았다. 은하 외곽에 있는 항성들도 아주 빠른 속도로 공전하고 있었다. 그 정도 속도라면 빠르게 돌아가는 회전목마를 타다가 멀리 날아가는 아이들처럼 항성도 은하를 벗어나 우주 공간으로 멀리 날아가야 했다. 그렇게 빠르게 도는 항성을 붙잡을 수 있는 강력한 중력은 은하에 존재할 수 없었다.

하지만 항성들은 빠른 속도로 공전하면서도 멀리 날아가지 않았다.

현대 천문학자들도 19세기에 살았던 선배들처럼 뉴턴의 중력 법칙에 변함없는 신뢰를 보낸다. 뉴턴의 중력 법칙을 믿지 않기에는 지난 몇백 년 동안 거둔 성공이 너무도 굉장했기 때문이다.[14] 현대 천문학자들은 나선은하의 가장자리 항성들에게 나타나는 변칙 운동을 설명해야 했다. 그들은 천왕성의 변칙 운동을 언급하며 애덤스와 르 베리에가 제시했던 내용과 크게 다르지 않은 이유를 댔다. 나선은하의 항성들이 우주로 날아가지 않는 이유는 망원경으로는 볼 수 없는 물질이 항성을 붙잡고 있기 때문이라는 것이다. 그것도 아주 많은 물질이 항성들을 붙잡고 있기 때문이라고 했다.

놀랍겠지만 실제로 나선은하는 엄청난 수의 별 떼에 파묻힌

CD처럼 '암흑물질'이라는 광대하고도 둥근 구름에 파묻혀 있다. 암흑물질은 빛을 방출하지 않는다. 적어도 현재 활용할 수 있는 장비로 감지할 수 있을 만큼 충분한 빛을 방출하지 않는다. 암흑물질의 양은 관측 가능한 항성을 모두 합친 것보다 10배는 많다.

해왕성 발견은 단순히 우리가 태양계에 존재하는 행성을 지금까지 알지 못했다는 사실을 의미할 뿐이다. 그러나 암흑물질의 발견은 그보다 훨씬 심각한 의미를 담고 있다. 그것은 지금까지 우리가 우주를 구성하는 물질을 대부분 간과하고 있었음을 뜻한다.

사람들의 생각보다 우주에는 더 많은 것이 있음을 보여주는 첫 번째 단서는 1930년대에 찾았다. 패서디나 캘리포니아 공과대학교의 스위스계 미국 천문학자 프리츠 츠비키Fritz Zwicky는 은하단을 관찰하다 놀라운 발견을 했다. 은하단을 구성하는 은하들이 무한으로 날아가 버릴 만큼 빠른 속도로 소용돌이치고 있었던 것이다. 그와 비슷한 시기에 네덜란드에서도 얀 오르트Jan Oort라는 천문학자가 태양 가까이 있는 항성들은 태양의 궤도 안에 있는 보이는 물질들의 중력으로는 설명할 수 없을 만큼 빠른 속도로 우리은하의 중심 주위를 돌고 있음을 알았다.

츠비키는 은하단에는 분명 망원경으로 관측할 수 있는 것보다 훨씬 더 많은 물질이 있다고 결론 내렸고, 오르트는 망원경에서 보는 것보다 훨씬 더 많은 물질이 우리은하에 있을 것이라고 판단했다. 빠른 속도로 도는 은하와 항성을 붙잡아 둘 수 있는 이유는 암흑물질(츠비키는 이 물질을 독일어로 'Dunkle Materie'라고 했다)이 강한 중력을 발산하기 때문이라고 주장한 것이다.

우주에는 우리가 '놓친' 물질이 있다는 두 사람의 주장을 주류 천문학계는 받아들이지 않았다. 믿기 어려웠기 때문이다. 그러나 나선은하에서 항성을 관측한 루빈과 포드의 연구 덕분에 상황이 바뀌었다.[15] 아무리 믿기 어려워도 두 사람이 측정한 독특한—게다가 아주 많은—항성의 속도 변화 자료를 카펫 밑에 쓸어넣고 모른 척할 수는 없었다.

중력은 단순히 이 우주에는 암흑물질이 있음을 알려주는 것으로 끝내지 않는다. 암흑물질이 어떤 식으로 분포하고 있는지도 알려준다. 아주 먼 은하에서 지구로 오는 빛은 지나가는 경로에 존재하는 암흑물질의 중력 때문에 '굴절'된다(중력 렌즈 효과). 먼 은하에서 오는 빛이 이동하면서 약한 중력 렌즈 때문에 상이 굴절되는 정도를 측정하면 암흑물질이 어떤 식으로 분포되어 있는지 유추할 수 있다. 현재 칠레 고산지대(루빈 천문대)에는 중력 효과를 관측할 수 있는 망원경이 있다. 이 대형 시놉틱 관측망원경LSST은 망원경에 대한 개념을 뒤집은 반反망원경이다.[16] 이 망원경으로 빛을 모으면 어두운 상이 맺힌다.

암흑물질이 존재한다는 증거는 나선은하 외에도 또 다른 중요한 곳에서도 발견되었다. 우주는 138억 2,000만 년 전에 엄청난 폭발(빅뱅)과 함께 탄생한 후 지금까지 팽창하면서 점점 식어왔다. 차갑게 식은 잔해들은 우리은하를 비롯해 1,000억 개에 달하는 은하로 응축되었다. 그런데 이 가설에는 심각한 문제가 있다. 이 가설로는 우주의 매우 중요한 특성을 예측할 수 없다. 이 가설이 예측하는 우주에서는 우리가 존재할 수 없다.

은하는 빅뱅으로 만들어진 거대한 불덩이 중 다른 지역보다 아주 조금 더 조밀했던 지역에서 형성되었다(이 같은 '밀도 요동density fluctuation'은 빅뱅 직후에 일어난 '양자' 과정의 결과 우주에 각인되었다고 믿고 있지만 여기서 다룰 이야기는 아니다).[17] 아주 조금 더 조밀해진 지역은 아주 조금 더 중력이 세기 때문에 다른 지역보다 훨씬 빠른 속도로 물질을 끌어당길 수 있고, 한번 끌어당기기 시작하면 중력은 더욱 커져서 다른 곳보다 더욱 빠른 속도로 주변 물질을 끌어당길 수 있다. 그런데 중요한 문제가 있다. 그 과정이 너무도 천천히 진행된다는 것이다. 우주가 탄생한 시간부터 우리은하 같은 거대한 은하들이 탄생하기까지의 시간으로 138억 2,000만 년은 너무 짧다. 은하가 형성되려면 우리가 망원경으로 볼 수 있는 것보다 훨씬 많은 물질이 존재해야 한다. 다시 말해서 중력을 가해 은하의 생성 속도를 높여줄 물질이 있어야 하는 것이다. 바로 암흑물질 말이다.

우주에는 눈에 보이는 물질—당신과 나, 항성과 은하처럼 원자로 이루어진—보다 암흑물질이 훨씬 많다. 다섯 배에서 여섯 배 정도 많다. 실제로 '플랑크' 유럽 우주망원경이 빅뱅의 '잔광'을 관측한 뒤로 우리는 좀 더 분명한 자료를 확보했다. 우주의 질량-에너지는 4.9퍼센트를 원자가, 26.8퍼센트를 암흑물질이 가지고 있다(나머지 68.3퍼센트는 1998년에 발견한, 역시 보이지 않는 '암흑 에너지'가 가지고 있다. 암흑 에너지는 우주를 가득 메운 반동 중력이다. 하지만 이것도 지금 할 이야기는 아니다).[18]

암흑물질의 정체에 관해서는 당신만큼이나 나도 잘 모른다. 어쩌면 암흑물질은 아직 발견하지 못한 아원자 입자로 이루어져 있을 수도 있다. '초대칭supersymmetry'이 있다고 가정하는 물리학의 한 이론에서는 이 세상에는 전자기력을 '느끼지 못해' 빛이라고도 하는 전자기파를 방출하지 않는 새로운 기본 입자가 존재한다고 주장한다. '빅뱅의 불덩이'라는 험한 조건에서 생긴 '크기는 냉장고만 하고 질량은 목성만 한 블랙홀'이 암흑물질이라고 주장하는 물리학 이론도 있다.[19]

암흑물질이 정말로 '원시' 블랙홀이라면 암흑물질은 전 우주에 균일하게 퍼져 있을 테고, 우리와 가장 가까운 암흑물질은 태양계에서 가장 가까운 항성인 알파 센타우리Alpha Centauri까지의 거리보다 10배 정도 먼 30광년쯤 되는 거리에 있을 것이다. 암흑물질이 아원자 입자로 이루어져 있다면 지금 이 순간에도 암흑물질은 우리 몸을 통과해 지나갈 것이다. 아원자 입자는 안개를 뚫고 지나가는 총알처럼 우리 몸의 원자에 어떤 영향도 미치지 않는다. 암흑물질에 관해 분명히 확신할 수 있는 것은 하나밖에 없다. 암흑물질의 정체를 밝히는 날, 스톡홀름의 노벨 물리학상 수상자가 결정된다는 사실 말이다.

현대식으로 표현하자면 해왕성은 그 시대의 암흑물질이었다고 할 수 있다. 그러나 타임머신을 타고 19세기로 돌아가면 해왕성만이 유일한 암흑물질 행성이 아니었음을 알 수 있을지도 모른다. 그 시절에는 유령처럼 숨어서 쉽게 잡히지 않은 행성이 또 있었다. 그 행성의 이름은 불카누스Vulcanus이다.

불카누스

불카누스의 영어식 발음은 벌컨Vulcan이다. 벌컨이라고 하면 〈스타트렉〉에 나오는 고도로 논리적인 '미스터 스팍'의 조상들이 살던 행성이라고 생각할지도 모르겠다. 하지만 1960년대에 텔레비전 시리즈 〈스타트렉〉을 제작한 진 로든버리Gene Roddenberry가 뜬금없이 '벌컨'이라는 이름을 생각한 것은 아니다. 벌컨이라는 행성은 이미 존재하고 있었다. 아니, 적어도 르 베리어 같은 유명한 천문학자를 비롯해 19세기 천문학자들의 상상 속에서는 분명히 존재하고 있었다. 해왕성의 존재를 예측한 뒤에 르 베리어라는 별은 과학의 창공으로 날아올라 갔고, 1854년에 그는 파리 천문대 소장이 되었다. 하지만 마법처럼 태양계 끝에 있던 미지의 세계를 밝혀내며 피가 솟구쳐 오르는 희열을 느끼게 하던 업적은 그 후로는 전혀 달성하지 못했다. 해왕성을 발견한 후 여러 왕이 그를 궁전으로 초대했고, 과학자들이 그를 신으로 떠받들었다. 명성과 찬사에 도취된 르 베리에는 다시 한 번 해왕성을 발견했을 때의 희열을 느끼고 싶었다. 그러려면 그에 맞먹는 업적을 이룩해야 했다. 인간 세상을 깜짝 놀라게 할 신과 같은 선언을 또 한 번 할 수 있어야 했다. 그래서 이번에는 태양계 바깥쪽이 아닌 안쪽으로 시선을 돌렸다.

르 베리에는 수성과 금성, 지구와 화성으로 이루어진 태양계의 내행성들 궤도를 명확하게 밝힌다는 야심찬 계획을 세웠다. 내행성의 궤도를 완벽하게 이해하면, 어쩌면, 정말로 신문 1면을 도배할 새로운 변칙성이 발견될지도 몰랐다.

앞에서 살펴본 것처럼 행성은 태양의 중력뿐 아니라 다른 행성들의 중력에도 영향을 받는다. 그 때문에 한 행성이 영원히 같은 공전 궤도를 따라 움직이는 일은 일어나지 않는다. 여러 천체의 영향을 받는 행성의 공전 궤도는 오랜 시간이 흐르면 세차가 생겨 로제트 패턴rosette pattern* 같은 궤적을 남기게 된다. 이런 세차 현상은 행성이 항성에 가장 가까워지는 근일점에서 일어나기 때문에 천문학자들은 행성의 '근일점 세차 운동'이라는 용어를 사용한다.[20]

해왕성을 발견하기 3년 전인 1843년에 르 베리에는 네 개의 내행성을 집중적으로 연구하고 있었다. 네 행성의 공전 궤도를 정확히 예측하기 위해 그는 공을 들여서 태양계의 모든 행성이 각 행성에 가하는 중력의 크기를 계산했다. 그러나 안타깝게도

* 기하학적으로 그린 장미꽃 무늬.

그의 계산 결과는 관측 결과와 일치하지 않았다. 그는 행성들의 거리와 질량을 정확히 알지 못하기 때문에 결과가 다르게 나오는 것이라고 생각했다. 그래서 해왕성을 발견한 뒤 10년 동안 행성들의 중요한 정보를 좀 더 자세히 확보하는 일에 노력을 기울였다.

1852년에 지구와 태양의 거리를 가장 정확하게 예측한 근사치는 152,887,680킬로미터였다. 1858년에 르 베리에는 그 거리를 148,864,320킬로미터까지 좁혔다. 현재 측정값과 0.5퍼센트 정도의 오차밖에 없는 값이다. 그다음 해에 훨씬 더 정확한 거리를 알게 된 그는 드디어 내행성의 공전 궤도를 계산하기 시작했다.

르 베리에는 아주 긴 시간 동안 지루한 계산을 하고 또 했다. 하지만 16년 전만큼의 성공은 거둘 수 없었다. 그가 계산한 내행성의 공전 궤도는 천문학자들이 관측한 공전 궤도와 일치하지 않았다. 그러나 뉴턴의 중력 법칙을 확신했고, 자신의 수학적 직감을 믿었기에 자신의 계산을 포기하지 않았다. 그는 계산에 사용한 행성들의 질량과 거리에 문제가 있어서 아직도 정확한 값을 찾지 못한 것이라고 생각했다. 그는 한 번에 한 값씩, 질량과 거리를 바꿔 계산해 나갔다. 당연히 시간이 걸리는 일이었지만, 결국 그의 노력은 보답을 받았다. 그가 해야 할 일은 그저 간단한 변화를 주는 것뿐이었다. 지구와 화성의 질량을 조금씩 늘리자 모든 내행성의 공전 궤도를 예측할 수 있었다.

마침내 르 베리에는 모든 내행성의 공전 궤도를 예측했다. 단 한 행성을 빼고 말이다.

수성은 태양과 가장 가까운 곳에서 공전하는 내행성으로, 목성의 위성인 가니메데보다도 작다.

르 베리에의 계산대로라면 수성과 가장 가까운 금성의 중력 때문에 수성의 근일점은 100년에 5000분의 1만큼 기존 궤도에서 앞쪽으로 이동해야 한다. 이 문장을 천문학자들이 사용하는 난해하고 비밀스러운 용어로 표현하면 이렇다. 금성의 중력 때문에 수성의 근일점은 100년마다 280.6각초arc second만큼 앞으로 이동해야 한다. 각초는 각분arc minute의 60분의 1이며, 각분은 1도의 60분의 1이다. 르 베리에는 목성 때문에 수성에 생기는 세차는 100년에 152.6각초이며, 지구 때문에 생기는 세차는 83.6각초, 그리고 나머지 모든 행성 때문에 수성에 생기는 세차는 9.9각초라고 계산했다. 이 모든 계산 결과를 합하면 수성의 근일점 세차는 100년에 526.7각초가 되어야 했다.

그런데 실제 관측 결과는 그렇지 않았다.

당시에 수성을 자세히 관찰한 결과에 따르면 수성의 근일점은 100년에 565각초만큼 세차가 발생했다. 르 베리에의 계산과 실제 관측의 결과는 38각초의 차이가 났다(현대 관측 결과와 비교하면 43각초가 차이 난다).

38각초는 아주 적은 차이일 뿐이다. 그러나 르 베리에의 계산 결과는 실제 관측 결과와 차이가 있음을 보여주었다. 수성의 세차 운동은 100년에 38각초만큼 실제 값과 계산 값이 차이가 났다. 다른 말로 하면 태양계에서 수성을 제외한 모든 행성이 사라져 행성들에 의한 중력 효과가 모두 사라진다 해도 수성은 여전히 로제트 패턴을 그리며 공전한다는 뜻이었다. 로제트 패턴의 한 주기는 대략 300만 년이다. 중력의 영향을 미칠 행성들이 없는데도 로제트 패턴이 나타나는 이유는 도무지 설명할 방법이 없었다.

르 베리에는 자신의 행운을 믿을 수가 없었다. 드디어 천왕성이 보였던 변칙성을 다시 한 번 하늘에서 발견한 것 같았다. 수성의 공전 궤도 안쪽에 존재하는 보이지 않는 천체가 수성을 잡아당기고 있는 것이 분명해 보였다. 그는 아직 누구에게 말할 수는 없었지만 새로운 행성을 찾아낸 것이 아닐까 하는 기대를 품었다.

보이지 않는 천체의 질량을 측정하려고 르 베리에는 이 천체의 공전 궤도가 수성과 태양의 한가운데에 존재한다고 가정했다. 그의 계산 결과대로라면 수성의 변칙적인 세차 운동에 미지의 천체가 영향을 미치려면 미지의 천체는 질량이 수성과 비슷해야 했다. 하지만 그런 가정에는 분명히 문제가 있었다. 수성만큼 큰 천체라면 벌써 오래전에 천문학자들의 눈에 띄었을 것이다. 물론 미지의 천체가 태양 빛에 가려져 있을 가능성도 있었다. 그러나 달이 태양을 가리는 개기일식 때 태양 원반 가까이에서 희미하게 빛나는 항성들을 볼 수 있듯, 미지의 천체도 이 시기에는 모습을 드러내야 했다.

미지의 천체가 행성이 아니라면 어떤 존재일 수 있을까? 르베리에는 수성의 이해할 수 없는 행동이 태양과 수성 사이에서 공전하는 소행성 무리 때문인지 고민했다. 정말로 소행성 무리라면 그중에는 태양 앞을 '지날' 때 사람들 눈에 띌 만큼 큰 천체가 있을 것이 분명했다.

그런데 믿기 어렵게도 그런 천체를 이미 발견한 사람이 있었다. 프랑스 시골 마을 의사였던 에드몽 모데스트 레스카볼트Edmond Modeste Lescarbault는 천문학에 열정이 있었다. 19세기 초에 발견된, 화성과 목성 사이에서 태양 주위를 도는 소행성대에 관해 살펴보던 레스카볼트는 소행성이 숨어 있는 장소가 또 있을지 궁금해졌다.[21] 파리에서 서쪽으로 65킬로미터 떨어진 오르제르 앙 보체에서 4인치 반사망원경으로 하늘을 관찰하던 그는 수성이 태양 앞을 지나가며 만드는 검은 반점을 목격했다. 수성보다 더 가까운 거리에서 태양 앞을 지나가는 소행성이 있다면 분명히 그 소행성의 그림자도 태양 표면에서 관찰할 수 있을 거라고 생각했다.

1858년 3월 26일 토요일, 레스카볼트는 수술을 여러 건 해야 했다. 그런데 한 환자가 오지 않아 잠시 쉴 틈이 생겼고, 그 시간을 이용해 반사망원경으로 태양을 관찰했다. 태양 광선에 실명하지 않으려고 그는 태양의 상을 카드 위에 맺히게 했다. 그리고 곧바로 특이한 점을 발견했다. 태양 가장자리에 아주 작은 검은 점이 있었던 것이다. 레스카볼트는 그 점의 정체를 알고 싶어 계속 망원경을 들여다보고 싶었지만 다음 환자가 도착했기 때문에 관측을 멈춰야 했다. 수술을 끝낸 뒤 곧바로 망원경으로 달려온 그는 그때까지도 태양의 상 위에 검은 점이 남아 있는 모습을 보고 안심했다. 그는 검은 반점이 태양의 반대쪽으로 이동하며 사라질 때까지 계속 태양의 상을 관찰했다. 검은 반점이 태양을 가로지르는 데 걸린 시간은 레스카볼트의 추정에 따르면 1시간 17분 9초로, 태양과 가장 가까운 곳에서 공전하는 소행성의 이동 속도와 일치하는 값이었다.

흥미롭게도 레스카볼트는 태양 표면을 지나가는 검은 반점을 발견한 뒤 아무 것도 하지 않았다. 그저 9개월 뒤에 신문에서 르 베리에가 수성과 태양 사이에 천체가 숨어 있을 것이라고 믿는다는 기사를 읽고 파리 천문대에 편지 한 통을 썼을 뿐이다.

르 베리에는 시골 의사의 주장을 진심으로 믿지는 않았다. 하지만 해왕성 발견으로 누렸던 성공을 다시 재현할 수도 있다는 생각에 레스카볼트를 만나러 가지 않을 수 없었다. 르 베리에는 1859년 12월 31일에 파리에서 기차를 타고 오르제르 앙 보체로 갔다. 레스카볼트에게 알리지도 않고 그의 집을 찾아가는 동안 그는 자신이 만나게 될 사람은 시골의 별 볼 일 없는 아마추어 천문 애호가일 뿐이라고 생각했다. 하지만 그가 만난 사람은 정밀한 과학 관측 장비를 갖춘 일류 관측가였다. 레스카볼트의 관측 기록을 철저히 검토한 파리 천문대 소장은 시골 의사의 발견을 굳게 믿게 되었다.

그러니까 믿을 수 없게도 르 베리에는 또 한 번 성공했다. 해왕성 발견에 이어 또다시 새로운 천체를 발견한 것이다. 그는 수성과 태양 사이에 있는 행성의 존재를 예측해냈다. 정말로 사람들 사이에 우뚝 솟은 신이 된 것이다.

파리로 돌아온 르 베리에는 레스카볼트의 관측 자료를 수식으로 변환하는 작업을 했다. 새 행성이 태양 주위를 원 궤도를 그리며 공전한다면 행성의 공전 주기는 20일이어야 했다. 따라서 그 행성이 태양의 표면을 지나가는 모습을 1년 동안 여러 차례 지구에서 관찰할 수 있어야 했다.

르 베리에는 새로운 행성을 발견했다고 발표했고, 전 세계는 깜짝 놀랐다. 1860년 2월에는 새 행성에 이름까지 생겼다. 그리스 신들이 살았던 올림포스산에서 화로를 지키는 불과 대장간의 신 '불카누스'*였다. 새로운 행성은 태양이라는 불덩어리에서 결코 도망칠 수 없으니 불카누스라는 이름은 정말 적절한 이름처럼 보였다. 그렇게 세계는 불카누스를 얻었다.

다른 천문학자들, 특히 태양의 흑점을 관찰하던 사람들은 자신들도 태양 앞을 지나가는 불카누스를 본 적이 있지만 그것을 행성이라고 인지하지는 못했다고 선언했다.[22] 1860년, 3월 29일과 4월 7일 사이에도 태양 앞쪽을 지나가는 새 행성을 관찰할 기

* 그리스 신화에서는 헤파이스토스라는 이름으로 나온다.

회가 있었다. 인도의 마드라스, 오스트레일리아의 시드니와 멜버른에서 천문학자들은 매일 태양 원반에서 눈을 떼지 않고 새 행성이 지나가는 순간을 기다렸다. 하지만 새 행성은 모습을 드러내지 않았다.

그로부터 몇 년이 흘렀다. 계속해서 새 행성을 목격했다는 사람들이 나왔고, 그와는 반대로 아무리 태양을 쳐다보아도 그런 행성을 발견하지 못했다는 사람들도 있었다. 무언가를 목격했다고 진술한 사람들의 관측 결과는 그 누구도 다시 검증하지는 못했다.

1869년 8월 7일에는 개기일식이 있었다. 다시 한 번 여러 사람이 불카누스를 보았다고 보고했다. 그러나 이번 개기일식에서는 천체사진술astrophotography 분야의 선구자인 한 미국인이 아이오와주 벌링턴에서 결정적인 증거를 촬영했다. 벤저민 앱소프 굴드Benjamin Apthorp Gould는 태양을 감싸고 있는 하얀 안개 같은 코로나corona* 사진을 마흔두 장 찍었다. 코로나는 개기일식 때만 볼 수 있다. 굴드의 사진은 새 행성의 모습을 전혀 담고 있지 않았다.

새 행성설에 결정적인 타격을 가한 것은 1878년 7월 29일의 개기일식이었다. 천문학자들은 미국 최초 대륙 횡단 철도인 유니언퍼시픽 철도 위를 달려 미국 중서부에 있는 와이오밍주 롤

---

* 태양 대기의 가장 바깥층을 구성하고 있는 부분.

링스로 갔다. 그 시대 가장 뛰어난 관측가들이 포함된 천문학자들이었다. 하필이면 라이트 형제가 선구적인 비행을 하기 전날에 공기보다 무거운 물체는 공중에 뜰 수 없다고 선언함으로써 역사에 남은 워싱턴 해군천문대의 사이먼 뉴컴Simon Newcomb, 1868년 10월 20일에 윔블던의 자기 집 정원에서 헬륨이 태양에도 있음을 발견한 노먼 로키어Norman Lockyer도 있었다. 헬륨은 그때까지 우주에서만 발견된 유일한 원소였다. 심지어 세계적으로 유명한 발명가 토머스 에디슨Thomas Edison도 천문학자들을 따라 롤링스로 이동했다.

롤링스에서 천문학자들은 가장 적절한 관측 장소를 찾으려고 장비를 들고 부지런히 움직였다. 롤링스에는 구름 덮인 하늘과 쉴 새 없이 부는 바람에 먼지와 모래가 정신없이 흩날리고 있었다. 그러나 그 모든 악재와 제대로 기능하지 않는 장비에도 불구하고 많은 천문학자가 개기일식을 관찰했고 사진 기록을 남겼다. 천문학자들 가운데 새 행성을 본 사람은 단 한 명뿐이었다.

그 천문학자는 미시건주 앤아버 천문대Ann Arbor Observatory의 소장 제임스 크레이그 왓슨James Craig Watson이었다. 왓슨은 수성의 공전 궤도 안쪽에서 태양 주위를 도는 작고 불그스름한 반점을 보았다고 보고했다. 그의 발표는 즉시 전 세계에 알려졌다. 르베리에가 새로운 행성을 예언하고 20년이 지난 지금, 마침내 불카누스가 그 모습을 드러낸 것인지도 몰랐다.

그런데 문제가 있었다. 왓슨 외에는 누구도 불카누스를 본 사람이 없었다는 것이다. 아니, 그보다는 다른 사람들도 그 불그스름한 반점을 보기는 했는데, 그 반점의 정체를 행성이라고 인지한 사람은 없었다고 하는 것이 더 정확했다. 반점을 본 다른 천문학자들은 그 반점이 희미한 빛을 내는 항성인 게자리 세타θ 별이라고 했다. 왓슨은 자신이 전적으로 틀렸고, 다른 사람들이 전적으로 옳은 것처럼 보이는 순간에도 고집을 꺾지 않았다. 불과 42세의 나이에 걸린 심각한 감염으로 세상을 떠나는 순간까지도 그는 자신이 분명 불카누스를 발견했다고 확신했다.

하지만 이제 균형은 깨졌다. 천문학계는 불카누스가 단 한 번도 존재한 적이 없다는 데 의견을 같이 했다. 불카누스는 과도한 상상력이 만들어낸 허구일 뿐이었다. 과학에 대한 열망이, 사람의 망상이 얼마나 놀라운 힘을 발휘할 수 있는지를 보여주는 증거일 뿐이었다. 불카누스는 이제 반쯤 잊힌 역사의 각주로, 그리고 〈스타트렉〉의 스팍의 탄생지로서만 남아 있을 뿐이다.

풀리지 않은 수수께끼

불카누스 같은 행성이 있을지도 모른다는 생각은 사실 전혀 허황되지 않았다. 우리은하에서는 수천 개의 행성이 항성 주위를 도는 것으로 알려져 있는데, 그 가운데 많은 수가 불카누스 같은 행성이다.

이 우주에 태양과 수성과의 거리보다 훨씬 가까운 곳에서 모행성 주위를 도는 거대한 기체 행성들이 있다는 사실은 현대 천문학이 전혀 예상하지 못했던 발견이다. 그렇게 뜨거운 목성형 행성들은 현재 관측되는 위치에서 형성될 수 없었을 것이다. 모행성과 그토록 가까이 있는 목성형 행성은 너무 뜨거워져서 중력이 원자를 제대로 붙잡고 있을 수 없다. 그런 행성은 빠른 속도로 기체 원자를 잃어버린다. 천문학자들은 뜨거운 목성형 행성은 당연히 수성보다는 훨씬 먼 곳에서 탄생해야 한다고 믿는다. 행성이 될 원반들은 파편과 계속 마찰하기 때문에 나선형으로 소용돌이치면서 안쪽으로 들어온다. 오늘날 과학자들은 태양계 생성 초기에도 행성들의 그런 '이주'가 있었으리라고 믿고 있다. 목성과 토성 같은 행성들은 행성 간 의자 뺏기 게임을 한참 한 뒤에야 지금의 위치에 정착했을 것이다.

다른 항성계의 행성과 비교하면 우리 태양계는 행성들이 매우 독특하게 배열해 있는 것처럼 보인다. '외계 행성계'의 행성들은 절반 이상이 수성과 태양의 거리보다 훨씬 가까운 곳에서 모행성 주위를 공전한다. 우리은하에도 다른 항성계에는 불카누스 같은 행성이 아주 많다. 물론 '관측 편향observational bias' 때문에 불카누스형 행성이 아닌 행성을 잘못 관측했을 수도 있다. 천문학자들은 모항성의 흔들림이나 모행성의 빛 가림 현상으로 외계 행성을 감지한다. 모항성에 가까이 있는 행성은 공전 주기가 훨씬 짧기 때문에 천문학자들이 좀 더 수월하고 빠르게 찾아낼 수 있다.

어쩌면 우리 태양계도 예전에는 평범한 행성계였을지도 모른다. 태양계 탄생 초기를 재현한 컴퓨터 시뮬레이션에서는 많은 행성이 태양 가까이에서 돌고 있었지만, 행성들끼리 충돌하면서 결국 수성만이 태양 옆에 남았다. 이 재현 결과가 사실이라면 과거에는 정말로 불카누스가 있었다는 뜻이다. 안타깝게도 인류는 45억 5,000만 년 전에 그 존재를 놓쳤고 말이다.

르 베리에는 1877년 9월 23일에 세상을 떠났다. 그는 해왕성을 발견해 천왕성의 기이한 움직임을 설명했고, 태양계의 크기를 확장했다. 그러나 안타깝게도 불카누스가 자신의 손에서 가차없이 빠져나감으로써 수성의 세차 문제가 자신에게 패배를 안겨주었다는 사실도 알고 있었다.

20세기가 되자 X선과 방사능, 사람의 힘으로 나는 비행기 같은 놀랍도록 경이로운 기술이 수없이 등장했다. 수성의 세차 문제는 호기심이 느껴지는 수수께끼였지만, 분명히 아주 중요한 문제는 아니었다. 수성의 세차 문제를 연구하느라 밤을 지새우는 사람은 아무도 없었다. 사실 아무도 그 문제를 진지하게 고민하지 않았다. 누구도 수성의 세차 문제가 우리에게 말하는 바를 눈치채지 못했다. 놀랍게도, 믿을 수 없게도, 그 문제가 뉴턴이 중력에 관해 틀린 말을 했다는 사실을 지적하고 있음을 알아챈 사람은 오랫동안 아무도 없었다.

그러다가 마침내 한 사람이 그 사실을 알아채고 뉴턴의 중력 법칙을 대체할 더 나은 이론을 고안하겠다며 나섰다. 알베르트 아인슈타인이었다. 그런데 뉴턴의 중력 법칙에 잘못된 점이 있다는 사실을 깨닫기 전에 아인슈타인은 더욱 근본적인 어떤 것, 즉 뉴턴이 중력을 설명하기 위해 가져다 썼던 공간과 시간이라는 개념에 분명 틀린 점이 있다는 사실을 먼저 깨달았다.

2부

아인슈타인

5장

우리의 시간은 다르게 흐른다

광선을 따라잡는다면 어떤 일이 일어날까

뉴턴에게 공간과 시간은 서로 대화도 하지 않고,

결혼도 하지 않은 채, 따로 떨어져 살아가는 존재들이었다.

— 런던 임페리얼 칼리지 교수 로베르토 트로타[1]

우리 이론에서 빛의 속도는 물리적으로 무한히

엄청난 속도라는 역할을 맡고 있다.

— 알베르트 아인슈타인[2]

*

"광선을 따라잡는다면 어떤 일이 일어날까?"

이런 의문이 떠올랐던 열여섯 살 때 아인슈타인은 아마도 위대함을 향한 길 위에 한 발을 내디뎠을 것이다. 안타깝게도 아인슈타인은 자신이 이토록 중요한 질문을 어떤 상황에서 하게 되었는지를 누구에게도 말해주지 않았다. 그러니 우리는 그저 추론할 수밖에 없다. 이 질문을 했던 1896년 초에 그는 취리히에서 서쪽으로 50킬로미터 떨어진 아라우에서 학교에 다녔고, 요스트 빈텔러Jost Winteler 교수의 집에서 하숙을 하고 있었다.

이 질문을 했던 날, 아인슈타인은 아마도 하숙하던 다락방 창문으로 흘러 들어오는 햇살을 받으며 깨어났을 것이다. 흔들리는 피나무 가지에 잘린 햇빛은 수많은 파편이 되어 아인슈타인의 침대 옆 벽 위로 흩어지며 요란한 만화경 같은 모습을 연출했을 것이다. 아직은 소년답게 그는 벽에 손을 뻗어 정신없이 흔들리는 빛을 잡으려고 애썼을 것이다. 벽지 위에서 끊임없이 변하는 빛의 향연에 넋이 빠져 누군가 방문을 두드려 마법을 깨뜨리기 전까지는 이불을 걷고 일어날 생각도 하지 못했을 것이다. 빈텔러 교수의 예쁜 딸, 열여덟 살의 마리 빈텔러는 "아인슈타인, 아빠가 아침 먹으러 오래."라고 말했을 것이다. 그때 마리는 아인슈타인을 좋아하고 있었다.

아마도 그날 학교에 간 아인슈타인은 천장이 높은 아라우 칸

토날 학교의 강의실에 앉아 멍하니 아레강을 쳐다보고 있었을 것이다. 나는 상상해본다. 창문을 두드리던 비가 갑자기 멈췄고, 두툼한 구름이 갈라지면서 작은 스위스 마을을 뒤덮은 밤과 같은 어둠을 뚫고 마치 성서에 나오는 빛기둥이 천국에서 내려오듯 하늘에서 빛줄기가 내려왔다. 하늘에서 내려온 빛줄기가 시커먼 강물에 부딪히자 강물은 수많은 다이아몬드가 흩뿌려진 것처럼 반짝이기 시작했다. 아인슈타인은 반짝이는 강물에 매혹되어 교류 발전기의 배선 회로를 설명하는 강의에 전혀 집중하지 못했다. 그런 아인슈타인의 몽상을 깬 건 아우구스트 투크슈미트August Tuchschmid 박사의 고함이었다. "아인슈타인 군. 자네를 이토록 지루하게 하다니, 내가 진심으로 사과하지. 그래도 남은 30분 동안은 넓은 아량을 발휘해 조금은 강의에 집중해주기를 바라네."

나는 또 이런 상상을 해본다. 그날 밤 아인슈타인은 마리 빈텔러의 손을 잡고 십대 아이들답게 깔깔대며 데이트를 했다. 두 사람은 물웅덩이를 밟아가며 좁은 골목길을 내달렸다. 옷이 젖는 것 따위는 신경도 쓰지 않았고, 어느 순간 멈춰 서서 입맞춤을 했다. 마리에게 키스하면서 아인슈타인은 양옆 가장자리에 쭉 늘어선 채 으스스한 초록빛을 뿜어내는 가스등을 보았다. 멀어질수록 계속 작아져서 저 멀리 한 점에서 수렴하는 모습을. 그리고 발밑에 고인 칠흑처럼 어두운 물웅덩이 위로 비치는 두 사람의 모습, 지구에서 벗어나 하늘 높이 자유를 찾아 둥실 떠오른 것 같은 달의 모습을 보았다. 아인슈타인은 키스를 멈추고 고개를 들었고, 마리는 영문을 알 수 없어 그의 이름을 불렀다.

"알베르토?"

온종일 아인슈타인은 빛에 사로잡혀 있었다. 그날은 내내 빛에 관해서만 생각했다. 묵직한 한 가지 질문에서 벗어날 수 없었다. 우리는 빛에 관해 무엇을 잘못 알고 있는 걸까? 그의 질문에는 이미 답이 들어 있었다. 그러나 그 질문은 너무 애매하고 부정확해서 그의 사유는 한 발짝도 앞으로 나갈 수가 없었다.

마리가 다시 아인슈타인을 불렀지만 아인슈타인의 마음은 40만 킬로미터는 떨어진 곳으로 날아가 있었다. 달빛은 머나먼 우주를 날아 우리 눈에 닿는다. 아인슈타인은 차가운 진공 속에서 1시간에 10억 킬로미터라는 빠른 속도로 이동하는 빛의 여행 과정을 상상하며 흥분을 주체할 수 없었다. 갑자기 그는 자신이 어떻게 질문해야 하는지 깨달았다. 빛을 새롭게 이해하려면 어떤 질문을 해야 하는지 알게 되었다. 도대체 왜 그때까지 그 질문을 하지 않았는지 스스로도 믿을 수가 없었다.

"알베르토? 무슨 생각 해?"

아인슈타인이 미처 대답하기 전에 마리는 지금 아인슈타인이 하는 생각은 자신이 절대로 이해할 수도 추측할 수도 없다는 사실을 깨달았다. 아인슈타인은 열여섯 살밖에 되지 않았지만 다른 사람들과는 다른 방식으로 세상을 보았고, 다른 모든 사람과 다른 방식으로 생각했다. 밤늦게까지 공부하는 아인슈타인의 책에는 상형문자처럼 생긴 알 수 없는 기호가 잔뜩 적혀 있었다. 자신은 절대로 아인슈타인이 있는 곳으로 가지 못할 테고, 절대로 그의 세계에 들어가지 못하리라는 사실을 마리는 알았다. 이제 곧 자신에게 흥미를 잃은 아인슈타인이 자신과 헤어질 것임을 예감한 마리는 울기 시작했다.

"무슨 생각을 하느냐고?"

아인슈타인이 꿈에서 깨어난 듯 대답했다.

"응."

마리는 코트 소맷자락으로 눈물을 닦았지만 아인슈타인은 그 사실을 눈치채지 못했다.

"광선을 잡을 수 있다면 어떻게 될까를 생각하고 있었어."[3]

아인슈타인의 말에 마리는 눈을 흘기며 남자친구의 손을 잡고 집을 향해 걷기 시작했다.

"넌 정말 엉뚱한 아이야."

물론 이 이야기는 나의 상상일 뿐이다. 그러나 상상은 얼마나 재미있는가! 열여섯 살의 아인슈타인이 빛에 관한 결정적인 질문을 생각해냈을 때, 이 세상 사람들은 호수 표면에서 퍼져 나가는 파동처럼 빛도 파동임을 알고 있었다. 하지만 빛 파동은 빛의 마루와 마루 간격이 사람의 머리카락 너비보다도 훨씬 좁기 때문에 정말로 빛이 파동임을 분명하게는 확인할 수 없었다. 1801년에는 마침내 영국 의사 토머스 영Thomas Young이 기발한 실험으로 빛의 파동성을 밝혔지만,[4] 그 실험 이후에도 빛이 정확히 무엇인지를 조금이라도 아는 사람은 아무도 없었다.

1863년에 이런 상황은 완전히 바뀌었다. 스코틀랜드 물리학자 제임스 클러크 맥스웰James Clerk Maxwell이 전기와 자기 현상을 모두 설명하는 깔끔한 여러 방정식을 발표했기 때문이다. 정말 엄청난 업적이었다. '맥스웰 방정식들'은 전기'장'이 어떤 식으로 자기'장'으로 바뀌는지, 자기'장'이 어떤 식으로 전기'장'으로 바뀌는지를 보여준다. 전기와 자기를 깔끔하게 하나로 통합한 맥스웰의 업적은 하늘과 땅을 한데 합친 뉴턴의 '통합'과 사람의 세상과 동물의 세상을 한데 합친 다윈의 '통합'에 이어 세 번째로 위대한 과학의 '통합'으로 인정받고 있다.[5]

자신이 만든 우아한 방정식을 검토하던 맥스웰은 한 가지 예상치 못한 사실을 발견했다. 방정식대로라면 텅 빈 공간에 스며드는 자기장과 전기장 사이로 퍼져 나가는 파동이 있어야 했다. 놀라운 사실은 또 있었다. 그 파동은 진공 속에서는 빛의 속도로 이동해야 한다는 놀라운 특성이 있었다. 그 같은 사실이 의미하는 바를 깨달은 맥스웰은 경악했다. 빛은 반드시 '전자기파'여야 한다는 뜻이었다. 맥스웰은 전기력과 자기력의 관계뿐 아니라 전기력과 자기력 그리고 빛의 관계까지 밝혀낸 것이다.[6]

그로부터 20년 안에 맥스웰의 이론은 기술적으로도 놀라운 성공을 거두었다. 독일 물리학자 하인리히 헤르츠Heinrich Hertz는 맥스웰의 방정식을 이용해 실제로 전자기파를 인공적으로 만들어냈다. 1886년 11월에 헤르츠는 전자 불꽃을 '송신기'로 이용해

'전파'를 보내는 데 성공했다.[7] 송신기에서 보낸 전파가 헤르츠의 실험실 반대편에 있던 전선 코일에 닿자 전류가 흘렀다. 전선 코일이 '수신기'로 작동한 것이다.

수십억 사람들이 서로 만나지 않고도 끊임없이 대화하는 현대의 초연결 세상은 1886년 11월에 시작되었다. 20세기 미국 물리학자 리처드 파인먼은 "인간사라는 긴 관점에서 보았을 때, 그러니까 지금으로부터 1만 년 후 사람들의 관점으로 보았을 때, 19세기에 일어난 가장 중요한 사건은 맥스웰의 '전자기 역학 법칙'의 발견이라는 것에 의문을 제기하는 사람은 거의 없을 것이다."라고 했다.[8]

맥스웰의 이론은 이렇듯 모든 면에서 성공을 거두었지만 물리학에 아주 심각한 문제를 하나 던져주었다. 맥스웰의 이론은 갈릴레오와 뉴턴의 운동 법칙과 공존할 수 없었다.

모든 파동은 매질medium, 媒質이 있어야 퍼져 나갈 수 있다. 물 파동은 물이 있어야 하고, 소리 파동은 공기가 있어야 한다. 빛은 '에테르'라고 부르는 가상의 매질 속에서 퍼져 나간다.[9] 에테르의 존재로 인해 피할 수 없는 결과는 이것이다. 한 사람이 측정한 광선의 속도는 측정자가 매질 안에서 이동하는 속도에 좌우될 수밖에 없다는 것이다. 지금 당신이 범선의 갑판 위에 서 있다고 생각해보자. 얼굴을 스치고 지나가는 바람의 속도는 배가 바람이 부는 방향으로 가고 있느냐 반대 방향으로 가고 있느냐에 따라 달라진다. 그런데 맥스웰 방정식은 이상하게도 빛을 운반하는 매질에 관해서는 어떠한 언급도 하지 않는다. 맥스웰 방정식이 담고 있는 속도는 오직 하나, 진공 속을 움직이는 빛의 속도뿐이다. 맥스웰 방정식이 표현하는 빛의 속도는 변하지 않고 일정하며, 빛이 속해 있는 세상에 전혀 영향을 받지 않았다.

이 같은 상황이 의미하는 바는 명확했다. 맥스웰 방정식에는 오류가 있으니 수정해야 한다는 것이었다. 어쨌거나 맥스웰 방정식은 과학계에 이제 막 들어온 신참이었고 뉴턴의 중력 법칙은 거의 200년 동안 군림해온 고참이었다. 누구도 중력 법칙이 예측한 결과에 어긋나는 현실을 발견한 적이 없으니 누구든 신참을 의심할 수밖에 없었다. 그때 아인슈타인이 등장했다. 아인슈타인은 맥스웰 방정식을 확증한 헤르츠의 놀라운 업적뿐 아니라 방정식의 아름다움에도 매혹되어, 맥스웰 방정식은 분명히 옳다는 확신을 갖게 되었다.

뉴턴은 공책에 "플라톤은 나의 친구다. 아리스토텔레스도 나의 친구다. 그러나 나의 가장 친한 친구는 진리다."라고 적었다. 얄궂게도 아인슈타인이 전임자의 업적에 의문을 품는 만용을 부렸을 때, 그도 이 문장에 100퍼센트 동의했을 것이다. 열여섯 살 때 "광선을 잡을 수 있다면 어떻게 될까?"라는 중요한 질문을 할 수 있었던 이유는 아인슈타인의 가장 친한 친구가 진리였기 때문이다.

불가능한 것 보기

맥스웰은 빛 파동이란 서로 직각으로, 그리고 빛 파장의 진행 방향과 직각으로 진동하는 전기장과 자기장으로 구성된 복잡한 괴물이라고 했다. 전기장은 자기장이 소멸하면서 생성되고, 자기장은 전기장이 소멸하면서 생성된다. 실제로 한 장field의 소멸이 다른 장의 생성으로 이어진다는 점에서 자기장과 전기장은 번갈아 가며 끊임없이 자동 생성되는 전자기파를 만들어낸다고 할 수 있다.

여기에서 전자기장을 자세하게 살펴볼 이유는 없다. 그저 빛 파동은 호수 위를 퍼져 나가는 물 파동과 같다고 생각하는 것으로 충분하다. 물 파동을 따라잡는다면 파동은 길게 늘어선 사진 속 파도처럼 정지해 있는 것처럼 보일 것이다. 하지만 맥스웰 방정식은 정적인 전자기파를 허용하지 않는다. 스위스 아라우에서 십대였던 아인슈타인이 떠올린 문제가 바로 이것이었다. 간단히 표현하자면 바로 이런 문제다. 광선을 잡으면 우리는 불가능한 무언가를 보게 될 것이다. 물리학의 법칙에 따르면 결코 존재할 수 없는 무언가를 말이다.

이 역설은 어떻게 풀어야 할까? 맥스웰의 이론이 옳다면 빛 파동을 설명하는 방법은 하나밖에 없음을 아인슈타인은 깨달았다. 빛의 속도로 이동하면 불가능한 무언가를 보게 될 것이다. 그에 따른 결과는 하나뿐이다. 그 무엇도 빛의 속도로는 이동할 수 없다는 것. 대답은 이렇게 간단했다. 하지만 뉴턴의 법칙은 물체가 어떤 속도로든 이동할 수 있다고 말한다. 뉴턴의 운동 법칙은 궁극적인 우주의 제한 속도에 관해서는 아무것도 말하지 않는다.

결국 빛의 속도로 이동하는 물체는 이 세상에 아무것도 없다고 말하는 것은 엄청난 대가를 치를 수밖에 없는 선언이었다. 인류 역사상 가장 위대한 과학자인 뉴턴의 세계관을 뒤집겠다는 선언이기 때문이다. 당연히 누구도 쉽게 할 수 있는 일이 아니었다. 엄청나게 많은 증거를 제시해야만 가능한 일이었다. 열여섯 살 때 올바른 질문을 한 뒤로 맥스웰의 전자기 이론과 뉴턴의 운동 법칙을 조율하려고 아인슈타인이 9년이나 애써야 했던 이유는 바로 그 때문이었다. 그러다가 1905년 봄이 되었고, 아인슈타인은 마침내 준비가 되었다.

천국 같은 특허국

스물여섯 살이던 1905년에 아인슈타인은 1902년부터 베른에 있는 스위스 연방 특허국 3등 기술심사관으로 근무하고 있었다. 크람하세 49번지 3층의 방 두 개짜리 아파트에서 살고 있던 그에게는 세르비아에서 온 아내 밀레바 마리치Mileva Marić와 한 살 된 아들 한스 알베르트가 있었다. 아인슈타인보다 네 살 많은 밀레바는 취리히의 스위스 연방 공과대학교에서 아인슈타인과 함께 물리학을 공부한 유일한 여자 동기였다. 두 사람의 사랑을 두 집안에서는 달가워하지 않았다. 특히 1902년에 두 사람이 결혼도 하지 않고 아이를 낳았을 때는 상황이 더 나빠졌다. 밀레바는 아기를 낳으려고 노비사드로 돌아갔다. 그곳에서 아인슈타인과 주고받은 편지로만 이름이 남은 두 사람의 첫째 아기 리제를은 태어난 지 18개월 되었을 때 사망했거나, 밀레바 집안 사람들이 입양을 보내버렸다. 아인슈타인도, 밀레바도 리제를의 존재를 스위스 친구들에게는 알리지 않았기 때문에 리제를이 실제로 어떻게 되었는지는 두 사람만이 알았다.

특허국은 아인슈타인의 인생을 구했고, 아인슈타인은 죽을 때까지 감사히 여겼다. 대학에서 강사나 교수가 되려고 애썼지만 번번이 실패한 아인슈타인은 본인도 인정한 것처럼 특허국에 취직하지 못했다면 굶어 죽었을지도 몰랐다. 특허국이 제공해준 수입과 적절한 지위 덕분에 1903년에 마침내 밀레바와 결혼할 수 있었다. 리제를을 잃었다는 상실감은 시작부터 나쁜 영향을 미쳤고 두 사람의 결혼 생활 내내 그늘로 작용했지만, 특허국에서 근무했던 기간은 아인슈타인 인생에서 가장 행복한 시절 가운데 하나로 손꼽을 수 있을 것이다.[10]

3등 기술심사관이라는 자리는 아인슈타인에게 생활비를 제공해주었을 뿐 아니라 새롭게 시작된 전자시대의 최신 기술을 접할 기회도 주었다. 아인슈타인의 전기 장비에 관한 지식은, 안타깝게도 그의 아버지가 밀라노에서 벌였다가 실패한 전등 사업에서 얻었다. 어떤 경로로 얻었든 간에 아인슈타인은 그 지식을 겐페르가스Genfergass의 베른 중앙 기차역 부근에 새로 지은 우편·전신 관리국 꼭대기 층에서 유용하게 사용했다. 그의 상사인 프리드리히 할러가 많은 자율권을 부여해주었기에 아인슈타인은 매달 특허를 신청하는 발전기, 전동기, 변압기 같은 전기 장비의 미묘한 설계상 결함을 찾아낼 수 있었다. 일주일에 48시간 특허국 심사관으로 근무하는 일은 머리를 쥐어짜는 힘든 두뇌 노동은 아니었다. 대학에서 강의를 했다면 아마도 신경써야 할 일이 아주 많았을 것이다. 두뇌를 사용하는 일에 여유가 있었기 때문에 그는 창조적인 생각을 해나갈 수 있었다. 그리고 정말로 새로운 것을 창조해냈다.

과학사를 다룬 책들은 대부분 1905년을 아인슈타인의 '기적의 해'라고 적는다. 물리학자 에이브러햄 파이스Abraham Pais는 "그 이전이든 그 이후든 누구도 1905년의 아인슈타인처럼 단기간에 물리학의 지평선을 그토록 넓게 확장한 사람은 없었다."라고 했다.[11] 그 누구도 아인슈타인만큼 물리학의 영역을 넓게 확장하지는 못했다. 물론 아이작 뉴턴은 예외인지도 모르겠다. 하지만 아이작 뉴턴이 '기적의 해'를 만드는 데는 18개월이 필요했지만 아인슈타인은 불과 3개월이면 충분했다. 물리학의 풍경을 완전히 뒤바꾼 매우 중요한 네 편의 과학 논문을 3월 17일부터 6월 30일 사이에 완성하는 기적을 행한 것이다.

아인슈타인 스스로도 "매우 혁명적인" 논문이라고 말했고 1921년에 그에게 노벨 물리학상을 안긴 첫 번째 논문에서 그는 빛이 파동이라는 사실에 의문을 제기하고, 원자가 '광자quanta'라는 작은 덩어리 형태로 빛을 뱉어낸다고 했다.[12] 두 번째 논문은 취리히 대학교에서 받은 박사학위 논문이었다. 그는 액체 속에서 물질이 확산하는 모습을 근거로, 20세기에 접어들었을 때조차도 보편적으로 받아들여지지 않았던 원자의 존재를 입증하고, 원자의 실제 크기를 밝혔다.[13] 세 번째 논문에서는 1827년에 식물학자 로버트 브라운Robert Brown이 현미경으로 관찰해 '브라운 운동'이라 불리게 된 현상을 다뤘다. 물에 띄운 꽃가루가 춤추듯 정신없이 브라운 운동을 하는 이유는 물 분자가 꽃가루에 계속 부딪히기 때문이라고 했다.[14] 그리고 마지막 네 번째 논문에서는 빛을 붙잡을 수 없는 이유를 설명했다.[15]

아인슈타인이 놀라운 논문을 쓸 수 있었던 것은 기폭제가 되어준 미켈레 베소Michele Besso 덕분이었다. 아인슈타인은 1905년 5월 중순에 베소를 만났다. 아인슈타인보다 여섯 살 많았던 베소는 아인슈타인이 취리히 공과대학교에서 교수가 되기 위해 공부하던 1896년부터 가까운 친구가 되었다. 당시 베소는 빈터투어 부근에서 기계공학자로 일하고 있었다. 음악을 사랑했던 두 사람은(아인슈타인은 능숙한 바이올리니스트였다) 토요일 오후에는 셀리나 카프로티Selina Caprotti의 집에서 만나 사람들과 함께 음악을 연주했다.[16]

베소는 아인슈타인에게 읽어야 할 책을 소개해주었을 뿐 아니라 물리학의 토대를 이루는 철학 문제에 대해 오랫동안 토론했다. 무엇보다도 베소는 아인슈타인의 생각을 냉정하게 평가해주는 비평가 역할을 해주었다. 5월 중순에 베소를 찾아가 붙잡을 수 없는 빛의 성질에 관해 토론했던 날을 아인슈타인은 "정말 아름다운 날이었다. 우리는 그 문제의 모든 측면을 살펴보았다……."라고 회상했다.[17] 아인슈타인은 두 사람이 얼마나 오랫동안 대화를 나누었는지, 어디에서 대화를 했고, 얼마나 열띤 토론을 했는지는 말하지 않았다. 그 토론으로 어두운 방에 빛이 들어오는 것만 같았고 갑자기 모든 것이 선명해졌다고만 말했다. "갑자기, 문제가 어디에 있는지 이해할 수 있었다."

그날 밤 집에 돌아온 아인슈타인은 아내 밀레바와 그 이야기를 나누었을지도 모른다. 하지만 계속 혼자서 그 문제를 생각하고, 뉴턴의 방식을 모든 각도에서 다시 살펴보며 잠을 이루지 못했을 수도 있다. 그도 아니면 새벽까지 맹렬하게 공책을 채우면서 부엌 식탁에 앉아 있었는지도 모른다. 그날 아인슈타인이 무엇을 했는지는 기록으로 남아 있지 않다. 녹초가 될 때까지 집안일을 하느라 정신이 없었던 밀레바는 일기를 쓸 수 없었다. 이 무렵에 밀레바는 그 어떤 기록도 남기지 않았고, 그 이후로도 살면서 기자들을 만나 이야기를 나눈 적이 전혀 없었다.

그러나 다음날 베소를 만난 아인슈타인은 몹시 흥분해서 '안녕'이나 '고마워' 같은 통상적인 인사도 없이 곧바로 "그 문제를 완전히 풀었어. 시간이라는 개념을 분석해야 한다는 게 내가 찾은 답이야. 시간은 절대적으로 정의할 수 없고, 시간과 신호 속도*는 떼려야 뗄 수 없는 관계임이 분명해."라고 말했다.[18]

무한 속도와 빛의 속도

아인슈타인은 빛을 잡을 수 없다면 빛의 속도에 관해서는 무엇을 말할 수 있을지 물었다. 그 질문에 답하려면 비유가 도움이 될 것 같았다. 수학에서 무한은 어떤 수보다 큰 수를 의미한다. 만약 어떤 물체가 무한 속도로 이동한다면 당연히 그 물체를 붙잡을 수 없다. 빛을 붙잡을 수 없다는 것은 빛이 알 수 없는 이유로 우리 우주에서 무한 속도의 역할을 하고 있음이 분명하다는 뜻이다. 더글러스 애덤스는 "가급적 나쁜 소식은 배제한 채 자기 자신의 특별한 법칙을 따르며 움직이는 빛보다 빠른 속도로 이동할 수 있는 것은 아무것도 없다."고 말했다.[19]

무한 속도라는 비유는 유용하다. 어떤 물체가 무한 속도로 이동한다면 우리가 이동하는 속도와 우리가 이동하는 방향(무한 속도로 움직이는 물체를 향해 가는가, 그와는 반대로 가는가)은 전혀 중요하지 않다. 무한이라는 놀라운 속도와 비교하면 우리가 이

* 정보를 가진 파동의 전달 속도.

동하는 속도는 무시해도 된다. 그와 마찬가지로 어떤 물체가 무한 속도로 이동한다면 그 물체가 우리를 향해 오는지, 우리에게서 멀어져 가는지에 상관없이 무한 속도로 이동하는 물체는 어쨌든 무한 속도로 움직이는 것처럼 보일 테니 우리의 속도는 무시해도 좋을 것이다. 즉 빛의 속도가 무한 속도의 역할을 한다면 빛의 속도는 광원이나 관찰자의 속도와 상관없이 늘 동일할 것이라는 뜻이다. 관찰자의 운동 상태와 상관없이 빛의 속도는 누구에게나 고집스러울 정도로 일정하리라는 것, 그것이 맥스웰의 이론이 의미하는 바였다.

일반적인 사실은 그렇다 치고 세부적인 내용은 어떨까? 실제로 이동 속도와 상관없이 모든 사람이 측정하는 빛의 속도가 같을 수 있을까?

속도**라는 것은 그저 주어진 시간에 한 물체가 이동한 거리를 나타내는 단위다. 고속도로를 한 시간에 100킬로미터 달린 자동차의 속도를 생각해보라. 움직이는 속도와 상관없이 모든 사람이 빛의 속도를 동일하게 측정한다면 관찰자가 측정한 거리와 시간에 분명 무슨 일이 벌어져야 했다.

아인슈타인이 발견한 것은 관찰자의 시간과 거리에 실제로

** 역자는 속도velocity로 옮겼지만, 실제로 본문의 단어는 속력을 뜻하는 'speed'이다. 속력과 속도의 차이를 살펴보면, 본문에 나와 있는 것처럼 방향성과 빠르기를 한꺼번에 표현하는 단어는 벡터양인 속도이며, 스칼라양인 속력은 빠르기만을 나타낸다. 그러나 빛의 속도라는 표현을 많이 쓰기 때문에 특별히 구별할 필요가 없을 때는 속도라는 표현을 썼다.

일어나는 일이었다. 다시 말해서 관찰자를 지나쳐서 앞으로 나가는 물체는 움직이는 방향의 길이가 줄어든 것처럼 보이며, 그와 동시에 시간의 흐름도 느려진 것처럼 보인다는 것이다. 팬케이크처럼 납작해진 물체가 슬로모션으로 움직이는 것처럼 보인다는 뜻이다.[20]

관찰자의 운동 상태와 상관없이 공간은 빛의 속도에 맞게 축소되고 시간은 느려지기 때문에 관찰자 모두 주어진 시간에 이동한 거리의 비는 모두 같아진다. 마치 빛의 속도를 일정하게 유지하려고 우주가 거대한 음모를 꾸미고 있는 것만 같다.

물론 공원을 산책하거나 빠른 속도로 자동차를 타고 가는 사람들이 공간과 시간의 왜곡을 경험할 수는 없다. 공간과 시간이 바뀌는 모습을 관찰하려면 빛의 속도에 상당히 가까운 속도로 이동해야 한다. 빛의 속도는 보잉 747 여객기의 속도보다 100만 배는 빠르기 때문에 평범한 세상에서 빛의 속도로 움직일 수 있는 물체는 전혀 없다.

시간이 느려지는 현상

그런데도 우리는 평범한 세상에서 시간 지연 현상을 관찰할 수 있다. 정말이다. 1971년에 아주 정확한 '원자시계' 두 개를 똑같은 시간에 맞추고 한 개는 집에 두고 다른 한 개는 여객기에 싣고 전 세계를 돌았다. 그런 다음 두 시계를 비교하자, 전 세계를 여행하고 돌아온 시계가 집에 있던 시계보다 아주 조금 느려졌음을 확인할 수 있었다. 아인슈타인이 정확하게 예측한 것처럼 움직이는 물체의 시간은 분명히 느려졌다.

시간이 느려지는 현상은 우주비행사도 경험한다. 러시아 물리학자 이고르 노비코프Igor Novikov의 말처럼 "초속 8킬로미터로 움직이는 살류트Salyut 소련 우주정거장에서 1년간 생활하고 1988년에 돌아온 우주비행사들은 100분의 1초만큼 미래로 들어왔다."[21]

시간 지연 현상은 '뮤온muon'이라는 우주선cosmic ray*을 관측할 때 훨씬 뚜렷하게 관찰할 수 있다. 뮤온은 엄청나게 빠른 속도로 이동하는 원자핵인 우주선이 지구의 상층부 대기에 있는 공기 분자에 부딪혔을 때 생성되는 아원자 입자다. 실제로 빛의 속도에 가까운 시간으로 이동하면 시간이 느려지고 공간이 축소되는 것을 보여주는 이 아원자 증거는 지금도 우리 몸을 통과하고 있다.

뮤온은 지표면에서 12.5킬로미터 상공의 대기에서 생성된 뒤에 아원자 비처럼 쏟아져 내린다. 그런데 뮤온에게는 한 가지 문제가 있다. 생성된 뒤에 일정한 시간이 지나면 소멸하고 만다는 것이다. 뮤온의 소멸 시간은 150만분의 1초 정도 된다. 따라서

---

* 우주에서 끊임없이 지구로 내려오는 매우 높은 에너지의 입자선을 통틀어 이르는 말.

원칙적으로 뮤온은 생성된 뒤 500미터도 이동하지 못하고 소멸해야 한다. 상층부 대기에서 생성된 뮤온 가운데 12.5킬로미터 아래의 지표면에 도달하는 입자는 단 한 개도 없어야 한다.

하지만 뮤온은 지표면에 도달한다.

생성되자마자 소멸하는 뮤온이 지표면에 도달할 수 있는 이유는 뮤온의 이동 속도가 빛의 속도의 99.92퍼센트에 달하기 때문이다. 우리 관점에서 보면 뮤온은 슬로모션의 세계에서 살아간다. 실제로 뮤온의 시간은 우리 시간보다 25배나 느리게 흐른다. 뮤온이 소멸되리라고 깨닫는 시간이 실제보다 25배 길어진다는 뜻이다. 이제는 소멸할 시간임을 깨달을 때 뮤온은 이미 지표면에 도달한다.

물론 이 현상을 보는 또 다른 관점도 있다. 뮤온의 입장에서 보는 것이다. 뮤온이 느끼는 시간은 정상적인 속도로 흘러간다. 우리에게는 우리가 멈춰 있고 뮤온이 움직이는 것으로 보이지만, 뮤온에게는 뮤온이 멈춰 있고 우리가 움직이는 것으로 보이기 때문이다. 뮤온의 눈에는 우리가 뮤온이 움직이는 방향으로 줄어드는 것처럼 보인다. 아니, 우리가 줄어든다기보다는 지표면이 빛의 속도의 99.92퍼센트의 속도로 자기에게 다가오는 것처럼 보인다. 뮤온에게는 우리뿐 아니라 지구의 대기도 원래 두께의 25분의 1로 줄어드는 것처럼 보인다. 그렇기 때문에 뮤온은 소멸되기 전에 지표면에 닿는다.

어떤 관점으로 보든(뮤온의 시간이 느려진다는 우리의 관점으로 보나, 대기가 줄어든다는 뮤온의 관점으로 보나) 뮤온은 결국 지표면에 도달한다. 이것이 바로 아인슈타인의 이론이 발휘하는 마술이다.

미국 유머 작가 데이브 배리Dave Barry는 말했다. "찍찍이(벨크로)를 빼면 시간은 이 우주에서 가장 놀라운 수수께끼다. 볼 수도 없고 만질 수도 없는데 아무 일도 하지 않은 배관공이 시간을 썼다며 한 시간에 75달러를 청구하게 하니 말이다."

당신의 시간과 나의 시간은 다르다

움직이는 시계는 느려지며(시간 지연 현상), 움직이는 자ruler는 줄어든다(로렌츠-피츠제럴드 수축)*는 깨달음은 실재를 보는 우리의 관점을 뒤흔드는 엄청난 혁명이었다.[22] 아인슈타인과 동시대를 살았던 위대한 물리학자들이 정확히 같은 사실을 알고 있었지만 아인슈타인이 도달한 결론에 이르지 못했던 것은, 그 같은 생각이 너무도 급진적인 전복이었기 때문이다. 하지만 그 누구도 아인슈타인이 뉴턴을 의심할 정도로 무례하고 뻔뻔하리라는 생각은 하지 못했다.

뉴턴은 상당히 실용적인 이유로 우주에는 '절대 공간'이 존재

* 어떤 관측자에 대하여 v라는 속도로 운동하는 물체는 그 관측자의 위치에서 본 운동 방향의 비율로 길이가 수축해 보인다는 가설.

한다고 생각했다. 그림을 그리는 거대한 캔버스처럼 거대한 우주 드라마가 펼쳐지는 배경으로서 '절대 공간'이 존재한다고 믿었다. 화가의 캔버스에 핀을 두 개 꽂아놓고 두 사람이 우주의 다른 공간에서 핀 사이의 거리를 재면 두 사람이 측정한 거리는 같을 것이라고 믿었다.

하지만 아인슈타인은 절대 공간 같은 것은 없음을 보여주었다.

뉴턴은 절대 공간뿐 아니라 절대 시간도 믿었다. 우주 어딘가에는 이 세상 모든 시간을 관장하는 거대한 시계가 있다고 생각했다. 절대 시간이 존재하기 때문에 이 세상 모든 사람이 측정하는 두 사건 사이의 시간 간격은 모두 동일할 수밖에 없다고 생각했다.

그러나 아인슈타인은 절대 공간이 없음을 보여준 것처럼 절대 시간도 없음을 보여주었다. 소설가 그레이엄 그린Graham Greene은 "시간에 관해서는 당신에게 할 수 있는 말이 없다. 당신의 시간과 나의 시간은 다르니까."라고 했다.

정확히 맞는 말이다. 한 사람의 시간 간격은 다른 사람의 시간 간격과 같지 않고, 한 사람의 공간 간격은 다른 사람의 공간 간격과 다르다. 시간과 공간은 움직이는 모래와 같다. 우주의 토대를 이루고 있는 바위는 빛의 속도다.

이 모든 이야기가 왠지 애매하게 느껴진다면, 그 이유는 정말로 애매하기 때문이다. 아인슈타인은 열여섯 살 때 그저 광선을 따라잡으면 어떻게 될까를 상상해보는 것으로 엄청난 발견에 이르는 여정을 시작했다. 어린 아인슈타인의 질문은 결국 뉴턴의 운동 법칙에 결함이 있음을 밝히고, 어떻게 하면 뉴턴의 운동 법칙을 대체할 새로운 법칙을 찾을 수 있는지에 대한 단서를 주었다. 그러나 아인슈타인이 찾아야 하는 이론은, 추정은 최소여야 하며 낮이 지나면 밤이 오는 것처럼 공간과 시간에 관한 필연적인 사실을 모두 설명할 수 있는 일관된 이론이어야 했다. 1905년 5월에 베소를 만나 중요한 대화를 나눈 뒤에 몇 주 동안 아인슈타인이 매달렸던 일은 바로 그런 이론을 만들어내는 것이었다.

특수 상대성 이론의 두 가지 근거

아인슈타인은 두 주춧돌 위에 '특수 상대성 이론'이라고 알려질 이론을 구축했다.[23] 주춧돌 하나는 빛의 속도는 광원이나 관찰자와 상관없이 일정하다는 주장이고, 다른 하나는 '상대성'이라고 하는 원리다.

17세기에 갈릴레오는 등속 직선 운동에는 이상한 점이 있음을 깨달았다. 그 무엇도 바꾸지 않는다는 것이다. 당신이 친구에게 공을 던진다고 생각해보자. 공을 던지는 장소는 친구에게서 20걸음 떨어진 운동장일 수도 있고 20걸음 떨어진 배의 갑판일 수도 있다(배는 파도가 치지 않는 잔잔한 물 위를 일정한 속도로 움직이고 있다). 두 경우 모두 완벽하게 동일한 방법으로 공기를 가르며 공이 날아갈 것이다.

이 같은 일반적인 관찰을 근거로 갈릴레오는 서로에 대해 일정한 속도로 이동하는 사람들에게 적용되는 운동 법칙은 모두 같다는 결론을 내렸다. 〈스타트렉〉의 물질 전송기가 당신을 전등이 완전히 꺼진 배의 객실에 데려다 놓았다고 해보자. 그때 당신을 향해 날아오는 공이 바다 위를 항해하는 배의 객실에서 날아오는 것인지 단단한 땅에 서 있는 건물 안에서 날아오는 것인지를 판단할 수 없다는 뜻이다. 전문 용어로 표현하자면 갈릴레오가 죽은 뒤에 뉴턴이 좀 더 세심하게 다듬어 완성한 세 가지 운동 법칙은 모든 등속 직선 운동에 '변함없이' 적용할 수 있다는 뜻이다. 뉴턴의 운동 법칙으로는 당신이 '등속 운동'을 하고 있는지 아닌지 알 수 없다. 아이작 뉴턴의 절대 공간에 대한 운동이라고 정의할 수 있는 절대 운동이 뉴턴의 운동 법칙에서는 아무 의미가 없는 이유는 그 때문이다.

아인슈타인은 '갈릴레오의 상대성'을 확장했다. 아인슈타인의 상대성 이론은 운동 법칙만이 아니라 모든 물리 법칙이 등속 운동에 대해 '변화 없음'을 밝혔다. 즉 이 세상에는 빛의 전파를 비롯한 그 어떤 실험으로도 우리가 움직이고 있는지 정지해 있는지를 밝힐 방법이 없다는 뜻이다.

앞에서 살펴본 것처럼 에테르는 빛이 파동의 형태로 퍼져 나가는 가상의 매질로, 과학자들은 에테르와의 상호작용을 이용하면 빛의 운동을 측정할 수 있다고 믿었다. 그런데 아인슈타인의 상대성 원리가 에테르를 과학계에서 완전히 추방해버렸다.[24] 아인슈타인은 에테르의 실체를 밝혔다. 에테르는 그저 환상이었다. 물리학자들이 안타깝게도 실수로 발을 들인 뒤부터 오랫동안 헤매고 다닌 막다른 골목이었다. 뉴턴의 '절대 공간'처럼 에테르는 19세기 물리학자들이 믿고 있던 틀린 생각이었다. 빛이 확산하는 데 굳이 매질은 필요 없었다. 빛은 전자기장에서 저절로 생성되는 파동이었다.

절대 속도를 측정할 수 있는 절대 공간이라는 확고한 배경이 사라졌을 때 의미를 갖는 개념은 '상대 속도'뿐이다. 지금 당신 옆을 지나간 사람이 공간은 줄어들고 시간은 느려지는 것처럼 보인다면, 그 사람에게 당신이 어떻게 보일지 궁금할 수도 있을 것이다. 그 답은 "그 사람 눈에도 당신이 똑같이 보인다."이다. 그 사람에게도 당신의 공간은 이동하는 방향으로 줄어들고 당신의 움직임은 당밀을 헤치고 나가는 것처럼 느리게 보인다. 운동은 오직 상대성만이 중요하기 때문에 두 관찰자는 정확히 같은 현상을 관찰한다. 당신은 그 사람에 대해 일정한 속도로 상대적으로 움직이며, 그 사람도 당신에 대해 일정한 속도로 상대적으로 움직인다(물론 서로 움직이는 방향은 반대다). 따라서 우리는 알베르트 아인슈타인처럼 이런 농담을 할 수 있다. "취리히는 언제 이 기차에 도착하지?"

지금까지 살펴본 내용을 요약하면, 시간과 공간에 관한 혁명적인 이론을 구축할 때 아인슈타인에게 필요한 것은 단 두 가지 원리(상대성 원리와 빛의 속도는 변하지 않는다는 원리)뿐이었다.[25] 이 믿을 수 없게 단순한 두 원리를 가지고 아인슈타인은 궁극적으로는 모든 것이라고 할 수 있는 생각을 유추해냈다.

세상에서 가장 단순한 시계

아인슈타인은 시간을 연구하기 위해 먼저 시간을 실용적으로 정의했다. 그는 아이처럼 단순하면서도 명쾌하게 말했다. "시간은 시계로 측정하는 것이다."[26] 시간을 이렇게 정의하면 한 가지 의문이 생긴다. '그렇다면 시계는 무엇인가?'

아인슈타인은 이 세상에 존재할 수 있는 가장 단순한 '시계'를 상상했다. 그 시계는 광원과 평면거울—광원에서 위쪽으로 조금 떨어진 곳에 놓인—로 이루어져 있다. 시계는 광원에서 나간 빛이 평면거울에 도착한 뒤에 반사되어 다시 광원으로 돌아오는 순간 '째깍' 소리를 낸다.

이제 이 시계가 기차에 실려 당신 옆을 지나간다고 생각해보자. 물론 기차 안에 있는 시계를 보려면 당신에게 투시력이 있거나 기차가 투명해야겠지만 일단 그런 장애들은 잊자. 지금 우리가 하려는 것은 상대성의 기본 토대를 살펴보려고 고안한 '사고 실험'이니까 말이다. 중요한 것은 이것이다. 광원에서 나온 빛이 거울로 이동하는 동안 기차가 앞으로 달려갈 테니 광원과 거울은 당신에 대해 상대적으로 움직일 것이다. 따라서 당신이 보기에 빛은 수직으로 위로 움직이는 것이 아니라 비스듬하게 위로 움직일 것이다. 광원에서 나간 빛이 거울에 닿는 순간에도 빛은 수직으로 아래로 내려오지 않고 비스듬하게 내려올 것이다. 철도 옆에서 기차 안에 있는 시계를 보는 관찰자의 눈에는 빛이 단순히 위아래로 움직이는 것이 아니라 이등변삼각형의 두 변을 따라 이동하는 것처럼 보일 것이다. 빛은 단순히 위아래로 움직이는 것보다 더 먼 거리를 이동해야 하기 때문에 움직이는 시계가 '째깍' 소리를 내는 데 걸리는 시간은 가만히 있는 시계가 '째깍' 소리를 내는 데 걸리는 시간보다 길어진다. 움직이는 시계가 실제로 더 느리게 가는 것이다.

움직이는 시계에 적용한 기하학을 이용하면, 철도 옆에 서 있는 사람이 볼 때 움직이는 기차 안에 있는 자의 길이가 움직이는 방향으로 줄어든다는 것을 보여줄 수 있다.

이제부터는 이런 추론을 아주 추상적인 시계와 자에 적용해 보자. 원자가 아주 작은 시계와 자의 역할을 한다고 생각해보는 것이다. 아인슈타인의 논리는 빠져 나갈 데가 없다. 아인슈타인의 논리는 피할 방법이 없다. 결국에는 부딪혀 튕겨 나오는 빛으로 분석하게 될 모든 시계는 궁극적으로 아인슈타인이 고민했던 간단한 시계로 귀결된다.[27]

관찰자가 하는 상대적인 운동 상태에 따라 시간 지연 현상과 공간 수축 현상은 어디에서나 일어난다. 한 사람의 시간은 다른 사람의 시간과 같지 않다.[28] 한 사람의 공간은 다른 사람의 공간과 다르다. 시간과 공간의 측정은 신호 속도, 즉 빛의 속도와 떼려야 뗄 수 없는 불가분의 관계를 맺고 있다. 그러기 때문에 실재는 빛의 속도의 완강한 불변성에 엄청나게 큰 영향을 받는다.

아인슈타인이 상대성에 관한 논문을 쓰는 데는 5주라는 시간이 필요했다. 논문을 쓰는 동안 그는 뉴턴의 세계관을 버리고 자기 자신의 세계관을 정립했다. 특허국 동료였던 요제프 자우터에게 한 말처럼 아인슈타인은 "말로 표현할 수 없는 기쁨을 느꼈다."[29]

아인슈타인의 논문 「움직이는 물체의 전기 역학에 관하여On the electrodynamics of moving bodies」는 1905년 9월 28일에 출간되었다. 과학 논문은 보통 마지막에 논문을 쓰면서 참고한 과학자들의 논문 목록을 싣는다. 그러나 아인슈타인의 논문에는 그런 참고 목록이 없다. 실제로 그가 논문에 언급한 과학자는 뉴턴, 갈릴레오, 맥스웰, 헤르츠뿐인데 그것도 각 과학자의 이론을 소개하면서 언급했을 뿐이다. 그외에는 아인슈타인의 생각에 영향을 미친 과학자는 없었다. 적어도 본질적으로 영향을 미친 사람은 없었다. 그때까지 새로운 실재의 단편을 본 과학자는 많았다. 그러나 전체로서 새로운 실재를 본 과학자는 없었다. 모든 것을 한데 묶는 근본 원리를 파악한 과학자는 없었다.

그런 과학자들은 중력의 역제곱 법칙에 관해 어느 정도 알고 있던 핼리와 렌, 훅의 상황과 크게 다르지 않았다.(61쪽 참고) 그러나 단편을 보는 것만으로는 부족하다. 뉴턴처럼 질량과 힘을 제대로 정의하고 근본적인 '운동 법칙'을 완성하려면 가장 높은 곳에 올라가 전체를 파악할 수 있는 새의 눈이 필요하다. 그런 통찰력이 없다면 이룰 수 있는 것은 아무것도 없다. 그런 통찰력은 오직 뉴턴에게만 있었다. 아인슈타인처럼 뉴턴이 자기 시대의 세계관을 근본적으로 바꿀 수 있었던 것은 그 때문이다.

아인슈타인의 논문에 없는 것은 참고 논문 목록만이 아니었다. 보통 과학 논문의 저자는 조언을 해준 사람과 생각을 다듬을 수 있도록 토론해준 사람들에게 감사의 글로 고마움을 표현한다. 그러나 아인슈타인은 완벽한 아웃사이더였다. 과학계의 그 누구에게도 알려지지 않은 채, 베른에 있는 스위스 특허국에서 철저하게 고립된 상태로 혼자 연구했다. 논문에서 그가 고마움을 표현한 사람은 단 한 명뿐이었다. "변함없이 나를 지지해주고 함께 고민하고 토론해준 나의 친구이자 동료인 미켈레 베소, 나를 위해 너무도 많은 값진 의견을 주었습니다."

4차원 시공간

우주를 세운 주춧돌이 빛의 속도라는 생각은 그저 한 사람의 시간은 다른 사람의 시간과 다르고, 한 사람의 공간은 다른 사람의 공간과는 다르다는 의미에서 끝나지 않는다. 그보다 훨씬 중요한 의미가 있다. 빛의 속도가 우주의 주춧돌이라면 한 사람의 공간은 다른 사람의 공간과 시간이며, 한 사람의 시간은 다른 사람의 시간과 공간이라는 의미를 갖게 된다.

모든 것이 천천히 흐르는 일상의 우주에서 이 같은 사실을 분명하게 느낄 수는 없다. 그러나 빛의 속도에 가까운 속도로 이동하는 세상에서는 분명히 느낄 수 있다. 공간과 시간은 탄력이 있어서 한계 없이 무한히 늘어날 수 있을 뿐 아니라 서로 바뀔 수도 있다. 왜냐하면 시간과 공간은 시공간이라는 한 실재의 두 측면이기 때문이다.

우리는 남과 북, 동과 서, 위와 아래로 뻗어 있는 3차원 공간과 과거와 미래를 나타내는 시간이라는 1차원으로 이 세상이 이루어져 있다고 생각한다. 그러나 실제로는 공간 차원과 시간 차원이 한데 뒤엉켜 시공간이라는 4차원 세계를 만든다. 3차원 세상에서 살아가는 우리로서는 4차원을 온전하게 인지할 수 없다. 3차원이라는 느린 길 위에서 살아가는 우리는 4차원 실재가 우리 3차원 세상에 드리운 '그림자'만을 인지할 수 있을 뿐이다. 시간은 4차원의 한 그림자이며, 공간은 4차원의 다른 세 가지 그림자이다.

스위스 공과대학교에 다닐 때 아인슈타인은 헤르만 민코프스키Hermann Minkowski라는 수학자의 강의를 들었다. 아인슈타인을 '게으른 개'라고 부른 것으로 유명한 교수다. 훗날 제자가 세운 업적에 기뻐하던 민코프스키는 아인슈타인의 천재성을 인정했을 뿐 아니라, 아인슈타인이 자신의 이론에서 미처 발견하지 못했던 사실까지 찾아냈다. 민코프스키는 "이제부터 공간 그 자체와 시간 그 자체는 그저 그림자로 사라져버릴 테고, 공간과 시간의 결합만이 살아남을 것이다."라고 했다.

스티븐 호킹Stephen Hawking과 함께 연구했고, 노벨 물리학상을 받은 영국 수학자 로저 펜로즈Roger Penrose는 "상대성 이론의 가장 중요한 교훈은 공간과 시간이 서로 독립적으로 존재하는 개념이 아니라 서로 결합해 시공간으로 묘사되는 4차원을 만든다는 것인지도 모른다."라고 했다.[30]

이 세상에 시공간이 존재하는 것은, 즉 시간이 공간의 특성을 일부 공유한다는 것은, 평범한 2차원 지도 위에 지형을 그려 넣을 수 있듯 4차원 지도 위에 우주에서 일어나는 사건들을 그려 넣을 수 있다는 뜻이다. 우리의 관점으로는 4차원 지도 위에서 시간은 흘러가는 것처럼 보인다. 그러나 하늘을 나는 새의 눈으로 4차원 지도를 볼 수 있는 아인슈타인이 볼때 시간은 흘러가지 않는다. 4차원 시공간 지도 위에는 우주가 탄생한 빅뱅에서부터 우주의 소멸에 이르는 동안에 일어난 모든 사건이 동시에 펼쳐져 있다. 4차원 시공간의 지도 위에는 한 사람의 일생에서 일어난 사건들이 사슬처럼 펼쳐져 있다. 뱀처럼 지도 위를 가로지르며 펼쳐진 이 사건의 사슬을 물리학자들은 '세계선world line'이라고 부른다.

독일 물리학자 헤르만 바일Hermann Weyl은 1949년에 "객관적인 세상은 발생하는 것이 아니라 단순히 존재하는 것이다. 내 몸의 세계선은 시간과 함께 끊임없이 변하는 공간 속에 잠시 머물다 사라지는 형상으로 발현된다. 내 몸의 세계선을 따라 기어 올라가는 이 세상의 일부를 나는 오직 의식이라는 시선으로만 볼 수 있을 뿐이다."라고 했다. 바일은 시간을 흐르는 것으로 경험하는 우리의 감각은 물리학이 아니라 생물학으로만 설명할 수 있음을, 사람의 뇌가 실재reality를 처리하는 과정에서 시간을 느끼는 것임을 분명하게 깨닫고 있었다.[31] 아인슈타인은 "실재란 아주 오랫동안 사라지지 않고 있지만 사실은 그저 환상에 불과하다." 라고 했다.

이 세상 모든 사건이 4차원 시공간 지도에 기록되어 있다는 생각은 1955년에 절친한 친구 베소가 죽었을 때 아인슈타인을 위로해주었다. 그때 아인슈타인은 슬픔에 잠긴 베소의 가족에게 편지를 썼다. "이제 베소는 나보다 조금 더 앞서 이 이상한 세상을 떠났습니다. 그의 떠남은 어떤 의미도 없습니다. 우리처럼 물리학을 믿는 사람들은 과거니 현재니 미래니 하는 시간의 구분이 단지 고집스럽게도 사라지지 않는 환상임을 알고 있으니까요."

질량과 에너지

시간과 공간은 물리학의 거의 모든 개념을 떠받드는 초석이다. 따라서 시간과 공간이 단단한 바위가 아니라 움직이는 모래라면 다른 개념들도 역시 움직이는 모래일 수밖에 없다. 전기장과 자기장을 생각해보자. 공간과 시간이 시공간의 두 측면일 뿐이듯, 전기장과 자기장도 전자기장의 두 측면에 불과하다. 실제로 맥스웰 이론에 존재하는 역설을 해결할 수 있었던 건 아인슈타인의 이런 통찰력 덕분이다.

맥스웰은 관찰자가 전하를 띤 전자 같은 물체와 나란히 움직이면 전자는 관찰자에 대해 상대적인 운동을 하지 않기 때문에 관찰자는 전기장을 느낀다고 했다. 그러나 전하를 띤 물체가 관찰자에 대해 상대적인 운동을 하면 관찰자는 전기장과 자기장을 동시에 느낀다. 그와 마찬가지로 자석과 나란히 움직이면 관찰자는 자기장을 느낀다. 그러나 자석이 관찰자에 대해 상대적인 운동을 한다면 관찰자는 자기장과 전기장을 느낀다.

보는 관점에 따라 전기장을 느낄 때도 있고 느끼지 못할 때도 있다는 것이 정말로 가능할까? 또 관점에 따라 자기장을 느낄 수도, 그렇지 못할 수도 있다는 것이 정말로 말이 되는 것일까? 아인슈타인은 전기장과 자기장은 전자기장이라는 하나의 장이 갖는 두 가지 다른 측면이기 때문에 전자기장을 생성하는 물체와 관찰자의 상대 속도에 따라 두 측면을 보게 되는 비율이 달라진다는 사실을 깨달았다.

그런데 아인슈타인은 전기장과 자기장, 공간과 시간이 각각 한 동전의 양면임을 깨달았을 뿐 아니라, 질량과 에너지도 같은 존재의 두 가지 다른 측면임을 깨달았다.[32] 아마도 이 마지막 통합이 특수 상대성 이론이 갖는 모든 의미 가운데 가장 위대한 점일 수도 있다.

$E=mc^2$

상대성 이론의 기본 원리를 설명하는 아인슈타인의 논문이 실릴 1905년 9월 28일자 『물리학 연보Annalen der Physik』의 출간 준비를 하던 잡지 편집자들은 아인슈타인이 보내온 세 쪽짜리 보충 원고를 받았다. $E=mc^2$이라는 이 세상에서 가장 유명한 물리학 법칙은 그 보충 원고에 적혀 있었을 수도 있다.[33]

아인슈타인이 밝힌 이 방정식은 너무 특이했고 누구도 예상하지 못한 결과를 담고 있었다. 질량이 소리 에너지, 열 에너지, 전기 에너지처럼 그저 에너지의 한 형태일 뿐이라니. 물체를 형성하는 질량이 사실은 에너지를 가장 압축한 형태에 불과하다니. 질량(m)에 아주 큰 수인 c(물리학자들은 일반적으로 빛의 속도를 c라고 쓴다)의 제곱을 곱한 값이 에너지(E)와 같다는 아인슈타인의 공식은 실제로 아주 작은 질량도 엄청난 양의 에너지를 간직하고 있음을 밝혔다.

한 형태의 에너지가 또 다른 형태의 에너지로 바뀐다는 사실은 이 세상을 구성하는 기본 특성 가운데 하나다. 예를 들어 전선을 통해 흐르는 전기 에너지는 전구에서 빛 에너지로 바뀌고, 음식물에 들어 있는 화학 에너지는 우리의 근육으로 들어가 운동 에너지로 바뀐다. 화학 에너지는 빛 에너지나 열 에너지로 바뀔 수도 있다. 1945년 8월의 히로시마와 나가사키는 에너지가 무시무시하고 끔찍한 형태로 전환될 수 있음을 세상에 알린 예라고 할 수 있다.

그런데 아인슈타인의 $E=mc^2$은 두 가지 방법으로 해석할 수 있다. 질량은 에너지의 한 형태일 뿐 아니라 에너지에는 유효질량*이 있다고 말이다. 다시 말해서 소리 에너지, 열 에너지, 화학 에너지, 무엇보다도 운동 에너지는 질량을 가지고 있다는 뜻이다.

물체에는 내재된 질량(보편적으로는 '정지 질량'이라고 부른다)도 있지만 운동을 통해서도 질량이 생긴다. 즉 물체가 움직이는 속도가 빨라지면 그 물체의 질량이 늘어나는 것이다. 버스 정류장에 가만히 서 있는 것보다 버스를 타고 이동할 때 질량은 더 커진다. 머그잔도 차가운 커피보다는 뜨거운 커피를 담고 있을 때 질량이 더 커진다. '기온'은 눈에 보이지 않는 작은 분자들의

* 결정 내 전자의 운동을 결정하는 전자의 겉보기 질량.

운동을 측정하는 값으로, 차가운 커피 속 분자보다 뜨거운 커피 속 분자들의 움직임이 훨씬 활발하다. 그래서 온도가 높을 때 질량이 더 크다. 물론 이런 질량 증가를 분명히 인지하려면 물체의 이동 속도가 빛의 속도에 가까워야 한다. 일상생활에서 질량 증가를 경험하지 못하는 이유는 그 때문이다.

어쨌거나 물체의 이동 속도가 빨라지고 그 결과로 질량이 증가하면 그 물체는 쉽게 밀어 옮길 수가 없게 된다. 실제로 물체의 이동 속도가 빛의 속도에 도달하면 질량은 무한히 커진다. 하지만 그런 일은 있을 수 없다. 우주에는 한 물체의 질량을 무한히 크게 바꿀 수 있을 만큼 많은 에너지가 존재하지 않는다. 바로 여기에 광선을 잡을 수 없는 이유가 있다.[34] 아인슈타인의 특수 상대성 이론은 아름답고 매끄러운 완전체다.

정지 질량이 없고 우주 한계 속도로 여행하는 빛의 경우 시간은 거의 정지한 것처럼 느려진다. 따라서 우주의 시작과 함께한 빛의 탄생, 우주의 끝과 함께할 빛의 죽음은 동시에 일어나는 사건이다. 우크라이나 수학자 유리 이바노비치 마닌Yuri Ivanovitch Manin은 "우리를 시공간과 묶어주는 것은 시간이 멈추고 공간이 의미를 잃을 때 빛의 속도로 날아가지 않게 막아주는 정지 질량이다. 빛의 세상에는 시간의 순간이나 시간의 한 점 같은 것은 없다. 빛으로 짜인 존재라는 것은 '아무 곳도 아닌 곳'에서 '아무 때도 아닌 때'에 살고 있다는 뜻이다. 그런 존재를 의미 있게 말할 수 있는 것은 시와 수학뿐이다."라고 했다.

상대성 일반화하기

특수 상대성 이론은 뉴턴의 절대 시간과 절대 공간이라는 개념을 철저히 무시한다. 그래서 뉴턴의 물리학이 일상의 모든 영역에서 일어나는 현상을 근사하게 설명해주고 있다 해도 어딘가 잘못된 것이 분명하다는 사실을 드러내 보였다. 뉴턴의 이론은 우리가 보는 실재의 모습을 급진적으로 바꾸었지만 몇 가지 문제가 있었다.

첫 번째 문제는 동일한 물리 법칙(동일한 운동 법칙과 동일한 광학 법칙, 무엇보다도 동일한 빛의 속도에 관한 법칙)을 따르면서 서로에 대해 일정한 속도로 움직이는 사람들의 공간과 시간을 측정할 수 있어야 한다는 것이다. 서로에 대해 일정한 속도로 움직이는 상황은 실제 세상에서는 거의 생기지 않는다. 실제 세상에서 관찰자는 늘 자신의 속도를 바꾼다. 자동차를 타고 달리다가 신호등에 정지 신호가 켜지면 멈춰야 하고 주행 신호가 켜지면 가야 한다. 하늘을 향해 발사된 로켓은 지구를 공전하는 데 필요한 속력에 도달할 때까지 계속해서 빨라져야 한다.

아인슈타인이 해결해야 하는 과제는 명확했다. 아인슈타인은 동일한 물리 법칙의 지배를 받으면서도 다양하게 속도가 변하는('가속도' 운동을 하는) 사람들의 공간과 시간을 측정할 방법을 찾아야 했다. 이 사람들에게 작용하는 물리 법칙은 언제나 같아야 했다. 떨어지고 있는가, 회전하고 있는가, 점점 더 빨라지는 자동차 안에서 몸이 뒤로 쏠려 의자에 몸이 딱 붙어 있는가 등의 이동 방법에 상관없이 말이다. 다시 말해서 아인슈타인은 자신의 '특수' 상대성 이론을 '일반' 상대성 이론으로 바꿔야 했다.[35]

아인슈타인은 당연히 일반 상대성 이론을 구축하고 싶었을 것이다. 물리 법칙이 보편 법칙으로서의 위상을 획득하려면 당연히 보는 사람의 관점과 상관없이 성립해야 한다. 다시 말해 막대자석 옆에 앉아 있든, 일정한 속도로 막대자석 옆을 지나가든, 가속도 운동을 하며 지나가든 관찰자가 관찰하는 자기력의 기본 법칙은 같아야 한다.

특수 상대성 이론은 가속도 운동을 설명하지 못한다는 문제 외에도 훨씬 더 심각한 또 다른 문제가 있었다. 뉴턴의 중력 이론과 본질적으로 부딪치는 부분이 있다는 것이다.

뉴턴의 중력 법칙은 태양처럼 거대한 물체에서 나오는 중력의 힘이 거리가 얼마나 떨어져 있든 영향을 미친다고 전제한다. 그것은 어느 장소에 머물든 거대한 물체의 중력은 그 즉시 느낄 수 있다는 뜻이며, 중력의 효과가 무한 속도로 퍼져 나간다는 뜻이다. 그러나 특수 상대성 이론에서는 이 세상 그 무엇도, 심지어 중력조차도 우주의 한계 속도인 빛의 속도를 능가해 퍼져 나갈 수 없다.

뉴턴의 중력 이론과 아인슈타인의 특수 상대성 이론의 차이는 태양이 사라졌을 때 확연히 드러난다. 물론 태양이 사라지는 일이 쉽게 일어나지는 않겠지만 어쨌거나 태양이 사라진다고 해보자. 뉴턴의 법칙대로라면 지구는 그 즉시 태양이 사라졌음을 느끼고 머나먼 우주로 날아가 버릴 것이다. 그러나 아인슈타인의 특수 상대성 이론에 따르면 태양에서 출발한 빛이 지구에 도달하려면 시간이 걸릴 테니, 그 시간 동안 지구는 하던 운동을 즐겁게 계속할 것이다. 태양이 사라진 뒤에도 8분 30초가 흘러야만 지구는 태양이 사라졌음을 인정하고 태양계를 떠나 다른 별들을 향해 출발할 것이다.

아인슈타인은 빛이 정한 우주 한계 속도와 중력 이론을 통합하는 방법은 '장field'이라는 개념을 도입하는 것임을 깨달았다. 장이라는 개념은 19세기 영국 과학자이자 전기학의 선구자인 마이클 패러데이Michael Faraday가 발명했다.[36] 자석 가까이 철 조각을 가져간 패러데이는 자석 밖으로 보이지 않는 역장force field이 펼쳐진 것처럼 강력한 힘이 철을 잡아당긴다는 느낌을 강하게 받았다. 패러데이는 자석 주위에 철가루를 뿌려보았고, 실제로 역선line of force이 존재함을 확인했다.

패러데이는 자석이 직접 철 조각에 힘을 가하는 것은 아니라고 생각했다. 그보다는 〈스타트렉〉의 견인광선(트랙터 빔)처럼 자석 주위에 자기를 띤 역장이 생기고, 이 역장이 철에 힘을 가한다고 생각했다. 힘을 가하는 주체가 자석이냐 자기장이냐 하는 문제는 얼핏 생각하기에는 중요한 차이가 아니라고 생각할 수도 있다. 그러나 장〔정확히는 물리적인 전자기파(빛)가 진동하며 지나가는 전자기장〕이 실제로 존재한다는 설정은 역장이 존재함

을 의미할 뿐 아니라 이 장이 특정한 속도로 외부로 퍼져 나갈 수 있음을 뜻한다.[37]

역장과 역선이 있는 중력장을 참고해 아인슈타인은 질량(물체)이 중력장을 만들고, 이 중력장이 다른 질량(물체)에 중력을 가한다는 이론을 만들 필요가 있었다. 중력도 장이 있어야 특정한 속도로 이동할 수 있을 뿐 아니라 빛이 우주의 한계 속도라는 설정과 맞아떨어지기 때문이다.

그런데 특수 상대성 이론과 양립할 수 있는 중력장 이론을 구축하는 일은 아인슈타인에게 두 번째 문제일 뿐이었다. 그에게는 세 번째 문제도 있었다. 뉴턴의 중력 이론에서 중력을 생성하는 '근원'이 질량이기 때문에 생기는 문제였다. 아인슈타인은 형태에 상관없이 에너지라면 모두 유효질량이 있기 때문에 중력을 발산한다는 사실을 깨달았다. 다시 말해서 중력의 근원은 궁극적으로 질량이 될 수 없었다. 중력을 만드는 것은 에너지였다.

아인슈타인은 특수 상대성 이론을 완성한 1905년에도 이런 문제들을 인지하고 있었음이 거의 분명하다. 그리고 1907년 10월이 되면 이제 더는 그 문제를 그대로 내버려 두면 안 될 상황이 된다. 왜냐하면 독일 물리학자 요하네스 슈타르크Johannes Stark가 그에게 『방사능과 전자공학 연감*The Yearbook of Radioactivity and Electronics*』에 실을 수 있도록 특수 상대성 이론을 포괄적으로 요약해달라고 요청했기 때문이다.

그때 아인슈타인은 여전히 스위스 특허국에서 일하고 있었다(1906년 4월 1일에는 3등 기술심사관이 아니라 2등 기술심사관으로 승진했다). 퇴근하고 집에서 작업을 하던 아인슈타인은 두 달 안에 원고를 완성했고, 1907년 12월 1일에 슈타르크에게 원고를 보냈다. 총 다섯 부분으로 이루어진 원고에서 그는 1장에서 4장은 특수 상대성 이론의 기본 원리와 특수 상대성 원리 때문에 공간·시간·물질·에너지에 나타나는 효과를 설명하는 데 할애했다. 마지막 5장의 제목은 '상대성 원리와 중력'이었다.

그때도 다른 물리학자들은 반직관적인 특수 상대성 이론을 이해하려고 애쓰고 있었지만, 아인슈타인은 이미 특수 상대성 이론은 시작에 불과하다는 사실을 분명히 깨닫고 있었다. 그해 12월 말에 친구인 수학자 콘라트 하비히트Conrad Habicht에게 보낸 편지에서 자신이 또 다른 상대성 이론을 고민하고 있다고 썼다. 하지만 추신에서 "하지만 지금으로서는 해낼 수 없을 것 같아." 라고 고백했다.[38]

마치 앞날을 내다본 듯한 발언이었다. 실제로도 상대성 원리를 중력으로 확장하겠다는 아인슈타인의 목표가 달성되어 '일반' 상대성 이론을 완성하려면 그로부터 8년의 시간이 더 필요했다. 아인슈타인이 특허국 창문 밖을 멍하니 쳐다보다 문득 번뜩이는 영감을 얻지 못했다면, 일반 상대성 이론은 그보다 훨씬 뒤에야 완성되었을 것이다.

6장

떨어지는 사람을 위한 시

중'력'이란 환상일 뿐이며 모든 것은 시공간의 왜곡일 뿐이다

하늘을 나는 새를 관찰하는 물리학자는 벼랑에서 떨어진다고
해도 자신의 쌍안경에 대해서는 조금도 걱정하지 않는다.
당연히 쌍안경도 같이 떨어지고 있을 테니까.

— 헤르만 본디[1]

어떤 의미로는 중력이란 존재하지 않는다고 볼 수 있다.
행성과 항성을 움직이는 원동력은 공간과 시간의 왜곡이다.

— 미치오 카쿠[2]

*

떨어지는 사람은 자신의 몸무게를 느끼지 못한다. 1907년, 아인슈타인에게 찾아온 이 깨달음이야말로 새롭고 혁명적인 중력 이론 체계의 초석이 되어주었다. 그러나 광선은 붙잡을 수 없다는 깨달음이 그렇듯, 이런 깨달음도 아인슈타인이 어떤 상황에 있을 때 불현듯 생각한 것인지는 정확하게 알려져 있지 않다. 우리로서는 그저 추측해볼 수밖에 없다. 우리가 알고 있는 것은 그때 아인슈타인이 스위스의 수도에서 살았고, 그곳에서 직장에 다녔다는 것뿐이다. 아인슈타인은 그저 "어느 날 갑자기 돌파구를 찾았다. 그때 나는 베른에 있는 내 사무실에 앉아 있었다."라고 했다.

그래서 나는, 마지막으로 살펴봐야 할 특허 신청서를 보며 책상에 앉아 있는 그날의 아인슈타인을 상상했다. 아인슈타인은 그 특허 신청서를 끝까지 다 읽었다.

특허 신청 번호: 47242
신청자: 베를린 아에게 사
베른, 뇌겔리 & Co.,
교류 기계

아인슈타인은 흡수지에 만년필 펜촉을 살며시 눌러 잉크를 닦고 서류함에서 스위스 특허국 로고가 찍힌 종이 한 장을 꺼냈다. 잠시 펜을 들고 1, 2초 정도 생각을 가다듬다가 갑자기 거침없이 (어느 정도는 통렬하게) 써나가기 시작했다. "의견 1: 특허를 신청한 내용이 부정확하고 불명확하며, 제대로 준비가 되어 있지 않음."[3]

아인슈타인은 두 번째 의견은 쓰지 못했다.

그때 갑자기 전기 충격을 받은 것처럼 비명을 지르며 벌떡 일어났다. 건너편 건물의 기울어진 지붕 위를 지붕 수리공이 빠르게 달려가고 있었다. 그 사람은 두 손을 마구 휘저으며 거침없이 점점 더 빠른 속도로 달려갔다. 수리공은 5층 건물 위에서 번잡한 겐페르가스 거리로 떨어지기 직전 마지막 순간에 지붕 가장자리에서 날아올라 깃대를 잡았다. 깃대는 너무 약해 보였지만 수리공이 움켜잡은 깃대는 구부러졌을 뿐 부러지지는 않았다. 너무나도 놀라운 기적 같은 일이었다.

나는 그 놀라운 광경을 새로 지은 베른 우편·전신 관리국 건물 맨 위층에서 아인슈타인이 지켜보는 장면을 상상해본다. 아인슈타인은 지붕 수리공이 무사히 동료들 옆으로 돌아간 뒤에야 안심하고 다시 의자에 앉았을 것이다. 심장이 심하게 두방망이질 쳤기 때문에 아인슈타인은 한참이 지난 뒤에야 특허 신청서를 다시 들여다볼 수 있었을 것이다.

거절 의견을 너무 가혹하게 쓴 걸까? 어쩌면 아인슈타인은 뮌헨에서 처절하게 실패한 아버지의 사업에 영향을 받고 있는

지도 몰랐다. 엘렉트로테크니셰 파브리크 J. 아인슈타인 앤 시에Elektrotechnische Fabrik J. Einstein & Cie는 뮌헨 중심부를 빛으로 밝히려는 야심을 품고 아에게 사를 비롯한 여러 공격적인 회사들과 경쟁을 벌였고 처절하게 실패했으니까. 아니, 아인슈타인은 정직한 것일 뿐 이런 평가는 복수와는 아무 상관이 없었다. 그래도 '의견 2'에는 47242번 특허 기각 이유를 좀 더 온화한 말투로 신중하고 객관적으로 적어 나갔다. 특허 심사를 끝내고 의자에 기댄 아인슈타인은 이제 텅 빈 서류함을 만족스러운 표정으로 쳐다보았다.

아인슈타인의 상사이자 구원자인 프리드리히 할러는 취리히에 출장을 갔고, 친구이자 동료인 요제프 자우터는 상사가 없는 틈을 타 (그가 짐작하기로는) 주말에 베어피트 공원에 놓고 온 자신이 가장 좋아하는 우산도 찾고 아내에게 줄 결혼기념일 선물도 사려고 외출하고 없었다(자우터의 말에 아인슈타인은 살짝 죄책감을 느꼈다. 지금까지 아인슈타인은 밀레바에게 결혼기념일 선물을 사준 적이 한 번도 없었기 때문이다).

어쨌거나 그 때문에 사무실은 조용하고 고요했다. 아인슈타인은 의자에 기대 앉아 생각했을 것이다. 조금 전에 목격한 놀라운 일을 다시 되돌아보면서 지붕 수리공이 처할 수 있었던 여러 운명을 생각했다. 수리공은 지붕 아래쪽으로 재빠르게 달려와, 구부러지기는 하지만 자기 몸무게를 감당할 수 있는 깃대를 잡는다. 또는 지붕 아래쪽으로 재빠르게 달려와 깃대를 잡지만, 깃대는 결국 사람의 몸무게를 감당하지 못하고 부러져버린다.

지붕 수리공이 5층 건물 아래로 떨어지는 상상을 하자 위장이 조이는 것만 같았다. 아인슈타인은 책상을 움켜잡고 제대로 숨을 쉬려고 애썼다. 높은 곳에서 떨어지면 시간이 정지한 것처럼 천천히 흐르고 살아온 모든 순간이 눈앞에 펼쳐진다는 말을 들은 적이 있다. 하지만 영원히 떨어진다면 어떻게 될까?

아인슈타인은 낙하 속도를 늦출 공기도 바람도 없는 곳에서 떨어지는 상황을 상상했다. 시간과 공간, 항성과 하늘, 그밖에 모든 것의 중간 지점에서 떨어진다고 상상했다. 결국 자기 자신이 떨어지고 있음을 잊을 때까지 떨어지는 상황을 상상했다.[4]

그러다 갑자기 번개처럼 깨달음이 찾아왔다.

아인슈타인은 벌떡 일어났고 의자는 뒤로 내동댕이쳐졌다. 그는 자신이 새로운 실재를 구축할 수 있음을 깨달았다. 아인슈타인은 바로 이 순간을 자기 인생에서 가장 행복했던 순간이라고 부르게 된다. 아무도 없는 사무실에서 아인슈타인은 정말로 크게 웃었을 것이다. 정말로 큰소리로 웃었을 것이다.

떨어지는 사람은 자기 몸무게를 느낄 수 없다!

지붕 아래를 향해 달리는 지붕 수리공을 보면서 아인슈타인은 번뜩이는 영감을 얻었을까? 아니, 그보다는 덜 극적인 사건을 목격하고 그토록 놀라운 사실을 깨달았는지도 모른다. 정확한 사실을 알지 못하니 여러 가지로 상상해볼 수 있어 재미있기는 하지만, 정말로 어떤 사건이 아인슈타인에게 영감을 주었는지 우리로서는 결코 알지 못할 것이다. 아인슈타인이 우리에게 해준 말은 그저 1907년의 어느 순간에 뉴턴의 세계관을 전복할 길로 들어설 무해한 생각을 떠올렸다는 것뿐이다.

그런데 떨어지는 사람은 자기 몸무게를 느끼지 못한다는 깨달음이 그토록 중요한 통찰인 이유는 무엇일까? 그 이유를 알고 싶다면 다음과 같은 상상을 해보는 게 좋겠다.

한 남자가 승강기 안에 있다. 갑자기 승강기 줄이 끊어진다.[5] 남자는 즉시 자신이 자유낙하운동을 하고 있음을 깨닫는다. 승강기 줄이 끊어지기 전에 남자는 승강기 바닥에 놓여 있던 저울 위에 올라가 있었다(물론 현실에서 있을 법한 이야기는 아니다!). 승강기 줄이 끊어지는 순간, 70킬로그램을 가리키던 저울의 눈금은 0킬로그램을 가리켰다. 이것이 바로 떨어질 때는 몸무게를 느낄 수 없다는 말의 의미다.

뉴턴의 중력 법칙에 따르면 중력은 거리가 멀면 약해질 뿐 완전히 사라지는 법은 없기 때문에 중력이 미치지 않는 영역으로 갈 수 있는 방법은 없다.

그러나 아인슈타인의 중력 법칙에서는 아주 쉽게 중력이 없는 영역으로 넘어갈 수 있다. 그저 자유낙하만 하면 된다. 자유낙하를 하는 순간 중력도 몸무게도 사라져버린다.

중력을 느끼지 못한 채 자유낙하하는 상황은 어떤 행성의 중력도 느끼지 못한 채 텅 빈 우주에 떠 있는 상황과 구별할 수 없다. 이 같은 사실이 중력 법칙과 특수 상대성 이론에 다리를 놓아준다. 두 상황 모두 특수 상대성 이론의 법칙들이 적용되기 때문이다.

자유낙하운동을 할 때 저울의 눈금이 0이 되는 이유는 자유낙하하는 사람이 저울을 향해 내려가는 것만큼의 속도로 저울도 사람에게서 멀어져서 밑으로 떨어지기 때문이다. 다시 말해 몸무게가 70킬로그램인 사람과 그보다 무게가 훨씬 적게 나가는 저울이 정확히 같은 속도로 낙하운동을 하기 때문이다.

중력을 받는 물체들은 그 물체가 70킬로그램인 사람이냐, 사람의 무게를 재는 저울이냐에 상관없이 모두 같은 속도로 낙하한다는 사실은 17세기에 갈릴레오가 가장 먼저 깨달았다. 전설에 따르면 갈릴레오는 피사의 사탑으로 올라가 무거운 물체와 가벼운 물체를 동시에 떨어뜨려, 두 물체가 땅에 동시에 닿는다는 사실을 사람들에게 보여주었다고 한다.

물론 지구에서 그런 실험을 할 때는 물체의 표면적에 비례해 증가하는 공기의 저항력 때문에 상황이 복잡해질 수밖에 없다. 하지만 우주에서는 상황이 다르다. 1972년에 아폴로 15호 우주선의 선장 데이비드 스콧David Scott은 공기가 없는 달에서 갈릴레오의 실험을 해보았다. 같은 높이에서 깃털과 망치를 떨어뜨린 것이다. 두 물체를 떨어뜨린 월면에서는 동시에 흙먼지가 피어올랐다.

중력을 받은 물체는 질량에 상관없이 모두 같은 속도로 낙하한다는 것은 정말 기이한 일이다. 냉장고처럼 무거운 물체와 나무 의자처럼 가벼운 물체가 동시에 같은 힘을 받는다면 어떻게 될까? 우리가 하는 모든 실험에서는 냉장고처럼 무거운 물체의 속도를 높이려면(즉 가속도를 높이려면) 작은 물체보다 훨씬 더 큰 힘을 가해야 한다고 말한다.[6] 왜냐하면 무거운 물체는 자신의 운동 상태를 유지하려는 '관성'이 크기 때문이다. 관성이라는 저항력이야말로 물체가 '질량'을 갖게 하는 근본 원인이다.

그런데 물체에 가하는 힘이 중력일 때는 이상한 일이 벌어진다. 질량이 클수록 같은 속도로 움직이게 하려면 더 큰 힘이 필요한 것은 변함없는 사실이지만, 중력은 마치 질량이 큰 물체에게는 더 큰 힘을 발휘하도록 자기 힘을 조절하는 것처럼 보인다. 질량이 큰 물체도 질량이 작은 물체와 정확히 같은 속도로 떨어지도록 자신의 힘을 조절하는 것처럼 보이는 것이다. 다시 말해서 질량이 두 배 큰 물체에는 두 배 더 큰 중력이 작용하고, 질량이 세 배 큰 물체에는 세 배 더 큰 중력이 작용하는 등, 질량이 커진 만큼 중력도 그에 비례해 커지는 것처럼 보인다. 피사의 사탑 위로 올라가 속을 가득 채운 냉장고와 가벼운 나무 의자를 떨어뜨려 보라. 조금 더 안전한 실험을 원한다면 공기 저항이 없는 달에 가서 냉장고와 나무 의자를 떨어뜨려 보자. 냉장고와 의자는 데이비스 스콧이 떨어뜨린 망치와 깃털처럼 동시에 월면에 도착할 것이다.

과학적으로 말해서 물체를 움직이지 못하게 하는 저항력은 '관성 질량(m_i)'이 결정한다〔이 사실은 뉴턴의 제2법칙에 구체적으로 표현되어 있다. 이 법칙에 따르면, 힘(F)을 받는 물체의 가속도는 힘을 관성 질량으로 나누면 구할 수 있다(F/m_i)]. 다시 과학적으로 표현해보자면, 물체에 작용하는 중력의 힘은 '중력 질량(m_g)'이 결정한다.

관성 질량이 두 배 큰 물체는 움직이지 않으려는 저항력도 두 배 크다. 그러나 낙하할 때는 두 배 더 큰 중력을 받기 때문에 질량이 작은 물체와 똑같은 속력으로 떨어진다. 즉 움직이지 않으려는 물체의 저항력은 관성 질량이 결정하고, 물체에 작용하는 중력은 물체의 중력 질량에 비례해 정확하게 증가한다. 이는 중력 질량(m_g)과 관성 질량(m_i)이 동일하다는 말과 같다.

갈릴레오 이후로 사람들은 움직임에 대한 물체의 저항력과 중력 때문에 경험하는 힘은 전적으로 다른 힘이라고 믿었다. 두 힘은 분명 아무 상관이 없는 것처럼 보였다. 하지만 아인슈타인은 그런 모든 사람의 믿음이 잘못된 것이며 사람들이 눈앞에서 펼쳐지는 일을 제대로 보지 못한다는 사실을 깨달았다. 이 깨달음이야말로 아인슈타인이 얼마나 놀라운 천재인지를 보여주는 증거다. 떨어지는 사람은 몸무게를 느끼지 못한다. 즉 중력을 받으며 떨어지는 모든 물체의 가속도는 동일하다는 것은 단 한 가지 사실을 의미한다. 중력 질량과 관성 질량은 동일하다는 것, 다시 말해서 중력은 가속도라는 사실 말이다.

앞에서 살펴본 것처럼 1907년에 아인슈타인은 서로에 대해 일정한 속도로 움직이는 사람들뿐 아니라 서로에 대해 가속도 운동을 하는 사람들의 관점에서도 세상을 묘사하려면 상대성 원리를 일반화해야 한다는 사실을 알고 있었다. 그는 또한 뉴턴의 중력 법칙이 자신의 특수 상대성 이론과는 양립할 수 없기 때문에 새로운 중력 이론을 만들어야 한다는 사실도 알고 있었다. 놀랍게도 상대성 이론을 일반화하자 그 자체로 새로운 중력 이론이 되었다. 하나를 해결하자 하나가 덤으로 해결된 것이다.

아인슈타인의 핵심 통찰력은 강력하고도 간단해서 조금만 생각해보아도 이해할 수 있다. 중력과 가속도가 같다면 중력이 각 물체의 질량에 맞춰 크기를 조절할 필요도 없다. 모든 물체는 질량에 상관없이 같은 속도로 떨어지는 것이 당연하다. 전적으로 자연스럽게, 자동적으로 그렇게 되어야 한다. 이것이 바로…….

로켓 맨

지구 같은 행성의 중력에서 멀리 벗어난 우주선에서 한 우주비행사가 잠에서 깨어났다고 가정해보자. 우주선은 중력가속도 1g로 움직이기 때문에 우주비행사는 지구 표면 위에서처럼 발을 선실 바닥에 붙인 채 움직일 수 있었다.[7] 만약 우주선 창문이 온통 깜깜해서 밖을 볼 수 없다면 이 우주비행사는 자신이 지구에 있는 어느 방에 있다고 생각할 것이다. 아인슈타인의 생각은 여기서 멈추지 않았다. 그는 우주비행사로서는 자신이 지구 표면에 있는 것이 아님을 입증할 방법이 전혀 없다고 했다. 실제로 중력을 가속도와 구분할 방법이 전혀 없기 때문이다.

그럼 이제 이 우주비행사가—지루했거나 그저 호기심 때문일 수도 있는데—갈릴레오와 데이비드 스콧이 했던 실험을 재현한다고 생각해보자. 망치와 깃털을 가져온 우주비행사는 두 물체를 어깨 높이까지 들어올렸다가 동시에 놓았다. 두 물체는 같은 속도로 떨어져 선실 바닥에 동시에 닿았다. 자신이 우주선에 있다는 사실을 모르고 지구 표면에 있다고 생각하는 우주비행사는 두 물체가 동시에 바닥에 닿은 이유는 모든 물체를 같은 속도로 떨어지게 하는 중력 때문이라고 믿었다.

하지만 우리는 그렇지 않다는 사실을 알고 있다. 우리는 우주비행사가 지구 표면이 아니라 그 어떤 행성의 중력도 닿지 않는 우주 공간에 떠 있음을 알고 있다. 우주비행사가 망치와 깃털을 동시에 놓았을 때 이동한 것은 두 물체가 아니라 우주선의 선실 바닥이었다. 우주선의 선실 바닥이 중력가속도 1g의 속도로 위로 올라가 망치와 깃털에 동시에 부딪힌 것이다. 어떻게 이런 일이 가능할까?

이런 사실이 우리에게 알려주는 것은 무엇일까? 만약에 중력이 정말로 가속도라면 물체가 질량에 상관없이 같은 속도로 떨어지는 이유를 설명하려는 시도가 아주 시시해진다는 것이다. 모든 물체를 동시에 떨어지게 하려고 중력이 굳이 자기 힘의 크기를 조절할 필요가 없어지게 되기 때문이다. 아인슈타인이 중력이 가속도임을 깨달은 것이 살면서 떠올린 가장 행복한 기억이라고 말한 것은 정말 당연하다.

아인슈타인은 중력이 다른 힘과 같지 않음을 깨달았다. 중력은 환상이다. 중력은 가속도 운동을 하고 있으면서도 그 사실을 깨닫지 못하는 우리가 만들어낸 환상이었다. 아인슈타인은 '중력을 가속도와 구별할 수 없다'는 말로 등가원리Principle of Equivalence를 규정했다. 바로 이 등가원리가 아인슈타인의 중력 이론을 떠받치는 초석이다.

그렇다면 우리는 왜 가속도를 중력으로 착각하는 것일까? 그 이유는 아인슈타인이 깨달은 것처럼 사람의 인지 능력에는 한계가 있기 때문이다. 창문 밖을 보지 못하는 우주비행사처럼 우리의 인지 능력에도 한계가 있어서 우리가 처한 실재를 완벽하게는 볼 수 없다. 우리가 존재하는 실재는 뒤틀린 시공간이다. 이제부터 뒤틀린 시공간이 무엇을 의미하는지를 잠시 살펴보자.

선가속도는 구부러진 공간이다

밖을 볼 수 없는 우주선의 그 우주비행사는—또다시 지루하거나 호기심을 느껴—다른 실험을 시작했다. 이번에는 레이저를 이용했다. 레이저를 가져와 바닥에서 1미터 높이에 있는 선반 위에 레이저를 올려놓았다. 우주비행사가 레이저를 켜자 레이저 빔이 선실을 수평으로 가로질렀고 선실 벽에 밝은 파란 점이 생겼다. 벽으로 걸어간 우주비행사는 파란 점이 선실 바닥에서 1미터 높이보다 낮은 곳에 맺혔음을 확인했다. 선실을 가로지르는 동안 레이저 광선은 아래쪽으로 구부러진 것만 같았다.[8]

우리는 우주선이 중력가속도 1g로 움직이고 있음을 알고 있다. 따라서 광선이 선실을 가로지르는 동안 바닥은 위쪽으로 가속도 운동을 했다. 그러니 우리는 광선이 선실 바닥에서 1미터가 채 되지 않는 곳에 닿는 것이 당연하다는 사실을 안다. 그러나 영문을 알 수 없는 우주비행사는 자신이 지구의 표면에서 중력을 받고 있다고 믿기 때문에 중력이 있으면 빛은 경로가 휘어진다고 생각했다. 즉 중력이 빛을 휘어지게 만든다는 결론을 내린 것이다.

그렇다면 중력은 왜 빛을 휘게 하는 걸까? 빛이 갖는 뚜렷한 특성 가운데 하나는 두 점 사이를 통과할 때면 언제나 가장 짧은 경로를 택한다는 것이다. 일반적으로 가장 짧은 경로는 직선이다. 그러나 항상 그렇지는 않다는 사실을 아인슈타인은 깨달았다.

두 언덕 사이에 있는 거친 바위 지형을 걸어가는 도보 여행자가 있다. 그는 경험이 풍부한 여행자였기에 두 언덕을 가로지르는 가장 짧은 길을 찾을 수 있다. 이제 한 여자가 초경량 항공기를 타고 도보 여행자가 걷는 지형 위를 날아가고 있다고 생각해보자. 그 여자는 도보 여행자가 입고 있는 화려한 옷 때문에 남자의 경로를 따라 날아갈 수 있었다. 여자의 눈에 도보 여행자는 구불구불한 곡선 길을 따라 걷고 있었다.

이 이야기에서 알 수 있듯이 언덕과 같은 지형에서는 두 지점을 잇는 가장 짧은 길이 직선이 아니다. 두 지점을 잇는 가장 짧은 길은 구불구불하고 복잡한 곡선이다.

두 지점을 잇는 가장 짧은 경로가 직선이 아닐 수도 있다는 사실은 레이저 광선이 선실을 가로지르는 동안 아래쪽으로 구부러진 모습을 확인한 우주비행사에게도 의미가 있다. 도보 여행자가 지나는 언덕 지형처럼 우주선의 선실이 구부러진 공간이라면 두 지점을 잇는 가장 짧은 길은 곡선일 수밖에 없다.

따라서 중력이 빛을 구부리는 이유는 중력이 뒤틀린 공간이기 때문이라고 할 수 있다. 중력은 뒤틀린 공간이다. 뉴턴의 세계관으로는 이토록 크게 바뀌는 중력의 모습은 상상하기 힘들다.

회전 가속도는 뒤틀린 공간이다

앞에서 살펴본 우주선은 직선 가속도 운동을 한다. 그런데 가속도 운동은 형태와 상관없이 모두 구부러진 공간과 관계가 있음이 밝혀졌다. 이제부터 회전 운동을 하는 물체를 생각해보자.

속도(운동 방향이나 속도 혹은 그 둘 모두)를 바꾸는 물체는 '가속도' 운동을 한다. 회전 운동을 하는 물체의 모든 요소는 일정한 속도로 직선 운동을 하려고 하지만, 움직일 때마다 중심 힘에 이끌려 직선을 따라 움직이지 못하고 이동 방향을 바꾸기 때문에 원을 그리며 움직이게 된다.

1미터짜리 자를 회전목마 가장자리에 쭉 두르고 회전목마의 지름 위에도 늘어놓아 보자. 회전목마의 지름이 5미터라면 지름에 놓을 자는 다섯 개, 가장자리에 두를 자는 열여섯 개 정도가 필요하다. 초등학교 때 배운 것처럼 원주는 원의 지름 곱하기 π(약 3.14)이다.

이제 회전목마가 돌아간다고 생각해보자. 그냥 빨리 도는 것이 아니라 회전목마 가장자리를 이루는 모든 지점이 거의 빛의 속도에 가까울 만큼 엄청나게 빨리 돈다고 가정해보자. 아인슈타인의 특수 상대성 원리에 따르면 회전목마의 가장자리를 두른 자들은 이동하는 방향으로 길이가 줄어들 것이다. 따라서 회전목마가 회전하는 속도에 따라 회전목마의 가장자리에는 1미터 자를 20개, 50개, 많으면 100개까지 놓을 수 있다. 그렇다면 회전목마의 지름에 놓은 자는 어떨까? 지름에 놓인 자들은 회전하는 방향이 아니라 회전하는 방향과 수직인 방향으로 움직인다. 따라서 지름의 자들은 이동하는 방향으로 수축하지 않기 때문에 다섯 개만 있어도 지름을 모두 덮을 수 있다.

빛에 가까운 속도로 움직이는 회전목마의 원주는 왜 지름 곱하기 π보다 훨씬 커지는 것일까? 그 이유는 종이처럼 평평한 표면에서만 원의 둘레를 지름 곱하기 π로 구할 수 있기 때문이다.

구와 같은 3차원 물체 위에 원을 그린다고 생각해보자. 이 원의 둘레는 지름 곱하기 π보다 작다. 그와는 반대로 트램펄린처럼 구와는 반대 방향으로 구부러진 물체 위에 그린 원의 둘레는 지름 곱하기 π보다 크다. 회전목마의 둘레가 지름 곱하기 π보다 큰 이유는 그 때문이다. 회전목마가 차지하고 있는 공간은 뒤틀린(구부러진) 곡선이다.

따라서 직선 운동이냐 원 운동이냐에 상관없이 가속도 운동의 결과는 모두 같다. 가속도는 구부러진 곡선 공간과 관계가 있다. 중력은 구부러진 공간이기 때문에 회전하는 물체의 가속도도 중력을 흉내낼 수 있다. 영화 〈2001 스페이스 오디세이〉에는 이 같은 사실을 아주 잘 보여주는 유명한 장면이 나온다. 지구 궤도를 도는 거대한 바퀴 모양의 우주정거장이 원 운동을 하면서 원의 둘레에 해당하는 우주정거장 가장자리에 인공 중력을 생성해 사람들이 우주정거장 안에서도 걸어다닐 수 있게 해준 것이다.

물론 실제로 중력은 그저 뒤틀린 공간이 아니다.

특수 상대성 이론은 한 사람의 공간은 다른 사람의 공간과 시간이며, 한 사람의 시간은 다른 사람의 시간과 공간이라고 한다. 그래서 시간과 공간은 완벽하게 이어진 시공간의 두 측면이라는 사실을 헤르만 민코프스키는 깨달을 수 있었다. 다시 말해 중력은 그저 뒤틀린 공간이 아니라 뒤틀린 시공간이었다.

민코프스키의 시공간 개념은 중력을 이해하려면 반드시 알아야 하는 개념이었다. 천재적인 아인슈타인조차도 이 점은 예상하지 못했다.

뒤틀린 시간

중력은 뒤틀린 시공간이기 때문에 공간을 가지고 놀 뿐 아니라(빛의 경로를 구부린다) 시간도 엉망으로 만든다.

마주 놓인 두 거울 사이로 레이저 광선이 수평으로 왔다갔다하면서 시간을 알려주는 가상의 '시계'가 있다고 해보자. 광선이 거울에 닿을 때마다 빛을 감지한 거울에서는 '째깍' 소리가 난다. 이 시계가 지구 위에 있다면 중력은 빛을 구부리기 때문에 당연히 레이저 광선은 직선 경로로 거울 사이를 왔다갔다하지 않고 곡선 경로로 움직일 것이다.

이런 가상의 '시계'가 두 개 있고, 그중 하나는 다른 시계보다 지표면에서 훨씬 높은 곳에 있다고 생각해보자. 지표면 가까이 있는 시계는 높이 있는 시계보다 육중한 지구에 더 가깝기 때문에 조금 더 강한 중력을 느낄 것이다. 그 말은 지표면 가까이 있는 시계의 거울 사이를 움직이는 광선이 높은 곳의 광선보다 좀 더 구부러진 곡선 경로로 이동한다는 뜻이다. 좀 더 구부러진 경로로 이동한다는 것은 좀 더 먼 길을 가야 한다는 뜻이다. 따라서 지표면 가까이 있는 시계의 광선이 두 거울 사이를 왔다갔다하는 시간은 높은 곳에서 왔다갔다하는 시간보다 더 오래 걸릴 것이다. 즉 지표면 가까이 있는 시계가 위쪽 시계보다 느리게 간다는 뜻이다. 한마디로 시간의 흐름은 중력이 강할수록 더 느려진다.[9]

믿기지 않겠지만, 이는 건물 아래층에 사는 것이 위층에 사는 것보다 천천히 늙는다는 뜻이다. 낮은 층이 지구의 질량에 좀 더 가까워 몸이 느끼는 중력의 세기도 조금 더 크기 때문이다. 실제로 2010년에 미국 표준기술연구소National Institute of Standards and Technology, NIST의 물리학자들은 한 계단이라도 낮은 곳에 서 있는 사람이 그보다 높은 계단에 서 있는 사람보다 천천히 나이 든다는 사실을 보여주었다.[10] 물론 지구의 중력은 상대적으로 아주 약해서 그 차이는 매우 미미하다. 하지만 극도로 민감한 원자시계를 이용해 두 사람의 시간이 실제로 다르게 흐른다는 사실을 분명하게 측정할 수 있다.

소수만이 이해할 수 있는 이런 중력 효과가 일상생활과는 거의 관련이 없다고 생각한다면 다시 생각해보는 게 좋을 것이다. 위성항법과 스마트폰은 아주 길게 늘어난 타원 궤도로 지구 주위를 돌고 있는 '범지구위치결정시스템GPS'들이 보내오는 자료를 이용한다. GPS는 시계를 탑재하고 있는데, 위성이 지구에 좀 더 가까이 다가와 더 강한 중력을 느끼면 시계는 느려진다. 스마트폰 같은 지상 장비가 이런 일반 상대성 이론의 효과를 교정하지 않는다면 GPS는 당신이 있는 위치를 정확히 파악할 수 없을 것이다.

다시 말해서 많은 사람이 자신도 모르게 매일같이 일반 상대성 이론이 옳은지를 평가하는 실험에 참여하고 있다는 뜻이다. 일반 상대성 이론이 틀렸다면 GPS 시스템은 날마다 당신의 위치를 50미터 정도 틀리게 파악할 것이다. 하지만 현실에서는 10년이 지난 뒤에도 GPS는 일반 상대성 이론이 얼마나 정확한지를 보여주면서 당신의 위치를 5미터 내외의 오차로 정확하게 찾아낼 것이다.[11]

중력이 시간을 늦춘다는 사실을 보여주는 방법은 또 있다. 이제 한 사람이 우주선이 아니라 지구에 있는 방 안에 있다고 생각해보자. 이 사람은 천장을 향해 파란색 레이저 광선을 쏘았고, 이상한 광경을 목격했다. 레이저 광선이 닿은 천장에 파란색이 아니라 빨간색 점이 맺힌 것이다. 레이저 광선의 색이 바뀐 이유는, 지구의 질량과 가까워 중력이 강하고 시간이 느리게 가는 곳에서 레이저 광선이 출발했기 때문이다. 위-아래로 진동하는 빛 파동은 시곗바늘과 같다. 따라서 중력이 세면 빛의 파동은 느려진다. 빛이 얼마나 빠르게 진동하는지는 빛의 '색'을 보면 알 수 있다. 빨간색 빛은 파란색 빛보다 더 적게 진동한다. 빨간색 빛이 파란색 빛보다 더 느린 속도로 움직이는 것이다.

지구에서는 위로 올라갈수록 생기는 '중력 적색 이동' 현상이 거의 나타나지 않는다. 위 이야기는 내가 과장한 것일 뿐, 실제로 지구에서는 파란색 빛이 빨간색 빛으로 바뀔 만큼 높이에 따른 중력 차가 크지 않다. 그러나 아주 정교한 실험에서는 적색 이동 현상이 분명하게 나타난다. 1959년에 미국 과학자 로버트 파운드Robert Pound와 글렌 레브카Glen Rebka는 22.6미터 높이의 탑 위로 쏘아올린 레이저 광선에서 중력 적색 이동을 확인했다. 그 정도로 짧은 거리라면 적색 이동 폭이 아주 좁을 텐데도 적색 이동을 관찰한 것은 정말 대단한 업적이다. 그에 반해 엄청나게 응축되어 있기 때문에, 표면 중력이 아주 강한 '백색 왜성white dwarf'*이 발산하는 빛에서는 적색 이동 현상을 비교적 쉽게 관찰할 수 있다.

중력은 그저 뒤틀린 공간이 아니다. 중력은 뒤틀린 시공간이기 때문에 시간에도 영향을 미친다. 뒤틀린 공간 부분은 빛의 경로를 휘게 한다. 뒤틀린 시간 부분은 시간을 늦춘다.

뒤틀린 시공간

우리는 뒤틀린 시공간에서 살고 있으며, 뒤틀린 시공간은 중력이라는 사실을 아인슈타인이 깨닫는 데는 조금 시간이 걸렸다.

---

* 밀도가 높고 흰빛을 내는 작은 별.

하지만 아인슈타인 외에 다른 사람들은 그 사실을 전혀 깨닫지 못했다. 쉽게 깨닫기에는 너무나도 미묘했기 때문이다.

지능이 있는 개미 종족이 있다. 이들은 트램펄린 표면에서 살고 있는데 무슨 이유인지는 몰라도 이 2차원 표면 밖으로는 절대 나갈 수 없는 상황이라고 가정해보자. 이 개미들은 트램펄린 표면 위에서는 동서남북 어디로든 갈 수 있지만 자신들 주위의 세 번째 차원, 즉 트램펄린의 위와 아래는 인지하지 못할 것이다. 이제 트램펄린 위에 볼링공을 하나 놓아보자. 트램펄린의 한쪽 끝에서 다른 쪽 끝으로 걸어가는 동안 개미들은 자신들이 지나가는 길이 볼링공 쪽으로 쏠린다는 사실을 깨달았다. 개미들은 이런 독특한 쏠림이 일어나는 이유를 분명하게 알고 싶었다. 곰곰이 생각한 끝에 한 가지 이유를 생각해냈다. 볼링공이 자신들을 끌어당기는 힘을 발산하고 있다고 생각한 것이다. 개미들은 그 힘에 '중력'이라는 이름도 붙였다.

그러나 개미들의 신과 같이 3차원 트램펄린을 모두 볼 수 있는 존재는 개미들의 관점과는 사뭇 다를 것이다. 그런 존재의 눈에는 볼링공 때문에 움푹 꺼진 트램펄린이 보일 것이다. 트램펄린의 한쪽 끝에서 다른 쪽 끝으로 가려는 개미들은, 언덕 지형을 지나가는 도보 여행자들이 곡선 경로를 따라 움직이듯, 자연스럽게 볼링공 주위에 형성된 최단 경로인 곡선을 따라 이동해야 한다.[12]

우리가 처한 상황도 트램펄린 위의 개미와 거의 다르지 않다.

우리는 3차원 세상에 살고 있기 때문에 3차원 세상이 묻혀 있는 4차원이라는 전체 실재는 인지하지 못한다. 볼링공이 2차원 트램펄린 표면 위에 움푹 꺼진 곳을 만드는 것처럼 태양은 4차원 시공간에 움푹 꺼진 곳을 만든다. 하지만 우리는 그런 모습을 볼 수 없기 때문에 지구가 원 궤도—좀 더 정확히 말하면 타원 궤도—를 그리며 태양 주위를 도는 이유를 태양에서 어떤 '힘'이 뻗어 나와 지구를 움켜잡기 때문이라고 생각한다. 하지만 그런 힘은 존재하지 않는다. 트램펄린 위에 있는 볼링공이 힘을 발산하지 않듯 지구와 태양을 이어주는 눈에 보이지 않는 고무줄은 없다.

다른 힘을 받지 않는 물체의 자연스러운 움직임은 곡선인 시공간에서 최대한 직선에 가까운 길을 따라가는 것이다. 룰렛판 위에서 돌아가는 룰렛공처럼 지구가 원을 그리며 태양 주위를 도는 이유는 그 때문이다. 미국 물리학자 미치오 카쿠Michio Kaku는 "어떤 점에서 중력은 존재하지 않는다고 할 수 있다. 행성과 항성을 움직이게 하는 것은 공간과 시간의 뒤틀림이다."라고 했다.[13]

이 같은 사실은 아인슈타인의 중력 이론이 갖는 가장 중요한 본질을 드러낸다. 미국 물리학자 존 휠러John Wheeler는 "물질은 시공간이 어떤 식으로 구부러져야 하는지를 말해주며, 구부러진 시공간은 물질이 어떤 식으로 움직여야 하는지를 말해준다."고 말했다. 그런데 휠러의 말은 실재를 너무 단순화했다. 실제로 시공간을 비트는 것은 에너지다. 질량-에너지는 그저 에너지의 한 형태일 뿐이다. 하지만 휠러의 말을 너무 트집 잡을 필요는 없다. 휠러는 일반 상대성 이론의 정수만을 뽑아 간결하게 표현한 것뿐이니까.

이 같은 생각을 문자 그대로 지구로 가져오면, 지구 주위에도 시공간이 만든 움푹 꺼진 계곡이 있어야 한다. 따라서 지구에 사는 우리에게는 그 계곡 바닥, 즉 지구의 중심으로 굴러떨어지는 것이 자연스러운 운동이다.[14] 하지만 지구 표면은 우리가 중심으로 떨어지는 것을 막아준다. 지각이 우리가 해야 하는 자연스러운 운동을 방해하는 것이다. 지면에서 위쪽으로 향하는 힘이 우리가 중력을 경험하는 방법이다.

뉴턴의 중력 이론과 아인슈타인의 중력 이론은 놀라울 정도로 대비를 이룬다. 뉴턴의 중력 이론에서 지구는 변하지 않는 상태로 직선 운동을 하고 싶어 한다. 질량을 가진 물체는 외부 힘을 받지 않을 때 직선 운동을 하는 것이 당연하기 때문이다. 그러나 태양의 중력 때문에 지구는 '관성' 운동을 하지 못하고 직선 궤도에서 벗어나 타원 궤도로 태양 주위를 돈다. 그와는 대조적으로 아인슈타인의 중력 이론에서는 태양이 주변에 있는 시공간이라는 직물을 비튼다. 이런 시공간 위에서 지구는 가장 짧은 길을 따라 이동하려고 한다. 왜냐하면 질량을 가진 물체는 가장 짧은 경로로 이동하는 것이 자연스럽기 때문이다. 비틀어진 시공간에서 이런 '관성' 운동의 가장 자연스러운 형태는 타원과 관계가 있다.

뉴턴은 사과가 떨어지는 '원인'을 설명해줄 수 없었다. 그저 사과와 달을 끌어당기는 힘이 같다는 것만 밝혔을 뿐이다. 『프린키피아』에서 뉴턴은, 자신은 "가설은 세우지 않는다."고 했다. 그러나 아인슈타인은 중력이 생기는 원인을 설명했다. 지구는 주위의 시공간을 변형하고, 사과와 달은 변형된 시공간에 반응한다.

뉴턴은 "한 물체가 진공 속에서 어떠한 매질의 도움 없이 멀리 떨어진 다른 물체에 작용하고, 두 물체가 서로에게 운동과 힘을 전달할 수 있다는 주장은 나로서는 너무 터무니없다고 생각한다. 철학의 문제를 제대로 생각할 수 있는 유능한 사람이라면 절대 그런 생각을 하지 않을 것이다."라고 했다.[15] 이런 뉴턴의 생각이야말로 터무니없다. 아인슈타인은 비틀린 시공간이 멀리 떨어진 물체들의 운동을 중재한다고 했다. 그래도 뉴턴이라면 그런 아인슈타인의 말을 듣고 중력의 원인이 밝혀졌다며 기뻐했을 것이다.

뉴턴과 아인슈타인이 공간과 시간을 바라보는 시각은 더욱 크게 차이가 난다. 뉴턴은 공간을 우주라는 드라마가 펼쳐진 수동적인 배경으로, 시간을 신과 같은 보편 시계에서 째깍거리며 움직이는 시곗바늘로 생각했다. 하지만 아인슈타인은 절대 시간이나 절대 공간 같은 것은 없다고 생각했다. 그는 시간과 공간은 신축성 있게 늘어나거나 줄어들며, 둘이 한데 합쳐져 이음새가 없는 시공간을 이룬다는 사실을 깨달았다. 물질은 시공간의 모양을 결정한다. 그리고 시공간은 물질의 운동 형태를 결정한다. 물질의 운동 형태는 시공간의 모습을 바꾸고, 바뀐 시공간은 물질의 운동 형태를 바꾼다. 물질과 시공간은 복잡하고도 복잡한 춤을 추고 있다. 시공간은 우주의 수동적인 배경이 아니라 많은 일을 해내는 능동적인 존재다.

뉴턴의 시간과 공간 개념이 실용적임은 굳이 말할 것도 없다. 뉴턴은 두 물체 사이의 거리라고 정의할 때만 공간을 분명하게 설명할 수 있음을 알았다. 물론 분명히 거리와 공간은 관계가 있다. 그런데 뉴턴은 그런 식으로 공간을 정의하면 공간과 시간을 수학으로 정확히 설명할 방법이 없다는 사실 또한 알고 있었다. 그런데도 우주의 가장 명확한 특징들을 설명하는 데는 절대 공간과 절대 시간이라는 개념만으로도 충분하다는 사실을 깨달은 것, 그것이 뉴턴의 천재성이었다.

우주의 소리, 중력파

우주라는 드라마에서 능동적으로 배우 역할을 하는 시공간이 그 모습을 가장 강렬하게 드러내는 방식 가운데 하나가 바로 '중력파'이다. 질량을 가진 물체가 움직이면 시공간도 흔들린다. 시공간이 흔들리면 호수에서 파동이 퍼져 나가듯 시공간에서도 파동이 밖으로 퍼져 나간다. 시공간이라는 직물이 잔물결처럼 움직이는 것이다.

아인슈타인은 '중력파'에 관한 입장을 거듭 번복했다. 1916년에는 중력파가 존재한다고 여겼지만 곧바로 철회했다가, 1936년에는 다시 존재한다고 말했다. 그리고 2015년 9월 14일, 아인슈타인이 중력파를 처음 예측한 뒤로 거의 100년이 흐른 뒤에 지구에서 처음으로 중력파가 감지되었다.

태어날 때부터 소리를 듣지 못하던 사람이 하루아침에 소리가 들리게 되었다고 생각해보라. 천문학자들의 상황이 바로 그랬다. 고대부터 현대까지 천문학자들은 우주를 '볼' 수만 있었다. 그런데 이제 마침내 우주를 '들을' 수 있게 된 것이다.

언론은 무슨 일이든 과장하기 마련이다. 그러나 중력파 발견이 1608년의 망원경 발명 이후 천문학자들이 이룩한 가장 중요한 업적이라는 언론의 말은 전혀 과장이 아니다. 중력파를 발견했다는 것은 '우주의 소리'를 발견했다는 의미니까 말이다.

2015년 9월 14일에 일어난 일은 정말 특이한 사건이다. 지구에 박테리아보다 복잡한 유기체가 전혀 없던 시절, 아주 먼 곳에 있는 한 은하에서 거대한 두 블랙홀이 서로를 향해 죽음의 나선 춤을 추고 있었다. 두 블랙홀 가운데 하나는 태양보다 질량이 29배 무겁고, 또 다른 하나는 36배 무거웠다. 두 블랙홀은 빛의 속도의 절반에 해당하는 속도로 서로의 주위를 마지막으로 한 바퀴 돌았다. 그리고 서로 부딪쳐 하나가 되었고, 3 태양 질량이 파괴되면서 중력파로 바뀌었다. 큰 충격을 받은 시공간의 파동은 해일처럼 밖으로 퍼졌다. 어찌나 엄청난 힘이었던지, 아주 짧은 시간이었지만 두 블랙홀의 충돌은 우주의 모든 항성을 합친 것보다 50배나 큰 힘을 외부로 뿜어냈다.

시공간은 강철보다 10억에 10억에 10억을 곱한 것만큼이나 단단하다. 블랙홀 같은 엄청난 존재가 충돌하는 극적인 사건이 일어나야 간신히 감지할 수 있는 이유는 그 때문이다. 문제는 호수 위로 퍼져 나가는 파동처럼 블랙홀의 충돌로 만들어진 파동도 순식간에 사라진다는 것이다. 13억 년을 날아 2015년 9월 14일에 지구에 도착한 중력파는 너무나도 미약했다.

그럼 이제부터 레이저 간섭계 중력파 관측소Laser Interferometer Gravitational-Wave Observatory, LIGO로 가보자. 흔히 '라이고'라고 부르는 이 관측소는 사실 레이저 광선으로 만든 4킬로미터짜리 거대한 검출기 두 개로 이루어져 있다. 하나는 루이지애나주 리빙스턴에 있고, 다른 하나는 워싱턴주 핸퍼드에 있다.[16] 미국 동부 하절기 시간으로 2015년 9월 14일 오전 5시 51분에 처음에는 리빙스턴에서, 그리고 6.9밀리초 후 핸퍼드에서 두 검출기는 원자 지름의 1억분의 1만큼 확장하고 수축하기를 반복했다.[17] 뉴욕 컬럼비아 대학교의 재너 레빈Janna Levin은 "신호는 극미했지만 그 전파원은 어마어마하게 거대했다. 감도는 미약했지만 그 보상은 어마어마했다."라고 했다.[18]

파동은 10킬로미터쯤 떨어진 곳에서 자동차가 행인을 치는 일 같은 일상적인 사건의 신호가 아니다. 이 점을 분명히 하려고 두 검출기를 2,500킬로미터 정도 떨어뜨려 놓았기 때문에 라이고의 물리학자들은 그날 두 검출기가 감지한 파동이 중력파임을 알 수 있었다. 게다가 새로 태어난 블랙홀이 자리를 잡을 때처럼 파동의 주파수가 솟구쳐 올랐다가 급감했기 때문에 중력파의 기원이 지구가 아니라는 사실도 알 수 있었다. 그날 감지한 파동은 아인슈타인의 일반 상대성 이론이 예측한 내용과 틀림없이 맞아떨어졌다.

그때까지 아인슈타인의 상대성 이론은 태양계처럼 중력이 약한 환경에서만 시험에 통과했을 뿐, 블랙홀의 가장자리처럼 중력이 아주 강한 곳은 살펴본 적이 없었기 때문에 블랙홀의 중력파를 감지한 것은 정말 놀라운 일이었다. 중력파 검출은 일반 상대성 이론이 옳음을 또 한 번 멋지게 입증해 보였다. 전 세계 언론은 즉시 아인슈타인이 옳았음을 널리 알렸다. 그런데 사실 중력파 검출은 아인슈타인이 옳았음과 함께 틀렸음도 입증하는 증거였다. 중력파가 존재한다는 사실에서 그는 옳았다. 하지만 자신의 중력 이론이 예측한 존재를 부정했다는 점에서는 틀렸다. 아인슈타인은 블랙홀의 존재를 확신하지 못했다.

블랙홀은 빛이든 물체든 한번 그 선을 넘으면 밖으로 빠져나올 수 없는 가상의 막으로 둘러싸인 천체다. 종마다 내는 소리가 다른 것처럼 새로 태어난 블랙홀의 '사건 지평선event horizon'* 에서 흘러나오는 소리도 블랙홀마다 다르다. 2015년 9월 14일에 들려온 소리는 블랙홀의 사건 지평선이 내는 소리였기에 우리는 블랙홀의 존재를 확신할 수 있게 되었다.[19]

라이고에 관해 누구보다 많은 책임을 진 사람은 세 명이었다. 히피 같은 차림새에 스티븐 호킹과 블랙홀을 두고 대부분은 그 자신이 이긴 내기를 했던 것으로 유명한 캘리포니아 공과대학교의 이론물리학자 킵 손Kip Thorne, 1940년대에 뉴욕에서 하이파이 사운드 시스템을 구축하느라 애쓰다가 결국 우주의 소리를 들을 음향 시스템을 구축한 매사추세츠 공과대학교의 실험물리학자 라이너 '라이' 바이스Rainer 'Rai' Weiss(바이스는 늘 '라이고'의 터널 안을 걸어다니며 말벌이나 쥐 같은 불청객을 쫓아냈다), 그리고 이 두 사람보다 복잡했고 불운했던 스코틀랜드 출신의 물리학자 로널드 드레버Ronald Drever가 그들이다.

작고 땅딸막했으며, 언제나 슈퍼마켓 쇼핑 봉지에 서류를 잔뜩 넣어 들고 다녔고, PHP 용지에 끈적한 지문과 차 자국을 잔뜩 묻혀놓기 일쑤였던 드레버는 천재 실험가였다.[20] 기술적인 문제가 생기면 킵 손은 꼼꼼하게 계산해서 답을 찾았지만, 드레버는 간단하게 다이어그램을 그려 킵 손과 같은 답을 찾아냈다. 프로젝트의 공동 책임을 맡는 일이 체질적으로 불가능했던 드레

* 일반 상대성 이론에서 그 너머의 관찰자와 상호작용할 수 없는 시공간 경계면. 보통 블랙홀의 특성으로 언급된다.

버는 안타깝게도 1997년에 해고되었다. 그는 자신에게 벌어진 사건들 때문에 슬퍼하며 혼란스러운 채로 캘리포니아 공과대학교에서 가까운 패서디나에 머물렀다. 요령이 부족하고 미혼이었고 미국에는 진짜 친구가 한 사람도 없었던 이 스코틀랜드 남자는 결국 치매에 굴복하고 만다. 『블랙홀 블루스*Black Hole Blues*』에서 재너 레빈은 드레버의 슬픈 이야기를 이렇게 전한다. 어찌할 바를 모르고 당혹스러워하던 드레버를 캘리포니아 공과대학교 동료였던 피터 골드라이히Peter Goldreich가 뉴욕 JFK 공항으로 데려가 드레버의 동생이 있는 글래스고로 보내버렸다고 한다. 스코틀랜드로 돌아간 드레버는 요양병원에서 지내야 했고, 노벨상위원회는 그에게 수상의 영광을 줄 수 있는 시기를 놓치고 말았다.

라이고는 기술이 이룩한 경이로움이다. 각 사이트에는 지름이 1.2미터인 L자 관이 있는데, 우주보다 더 진공인 상태에서 메가와트급 레이저 광선이 움직인다. 관의 두 끝에는 사람의 머리카락보다 고작 두 배 굵은 광섬유에 42킬로그램짜리 거울이 매달려 있어 레이저 광선의 99.999퍼센트를 다시 반대쪽으로 돌려보낸다. 거의 움직이지 않는 이 거울들이 지나가는 중력파를 감지한다. 이 검출기는 중국에서 발생한 지진도 감지할 만큼 민감하다. 레빈은 "거울은 천체들의 조수 당김, 굳건하게 제자리를 지키며 투덜거리는 지구의 웅성거림, 원소들 속에 남아 있는 열기, 양자적 진동과 레이저의 압력을 받으면 움직인다."라고 했다.

라이고는 분명 기술이 이룩한 경이로움이지만 누구나 그 가치를 제대로 아는 것은 아니다. 레빈의 책에는 그것을 알려주는 일화가 실려 있다. 어느 날 한 남자가 루이지애나 배턴루지로 가는 비행기 안에서 옆에 앉은 라이고 과학자에게 지금 비행기가 지나가는 곳 바로 아래에 타임머신을 만드는 정부 비밀 기관이 있다고 했다. 그 남자는 라이고 과학자에게 자신은 모르는 것이 없다는 말투로 말했다. "한쪽에서는 미래로 갈 수 있고 다른 쪽에서는 과거로 갈 수 있는 기계가 저곳에 있어요."

라이고가 중력파를 검출하면서 천문학은 새로운 시대의 막을 올렸다. 평생 아무것도 듣지 못하던 사람이 갑자기 청력을 얻은 것과 다름없어진 것이다. 하지만 그 청력은 아직 조악하고 미숙하다. 청각의 가장자리에서 과학자들은 멀리서 들려오는 천둥소리를 들었다. 하지만 아직 새소리도 음악 소리도 아기 울음소리도 듣지 못했다. 그래도 라이고를 비롯해 전 세계 여러 곳에서 중력파를 감지하는 능력이 빠른 속도로 증가하고 있으니, 곧 놀라운 소식이 들려올지도 모른다.

2016년 2월 11월에 라이고가 중력파를 직접 검출했음을 발표하면서 과학계는 흥분에 빠졌지만 사실 중력파의 간접 증거는 PSR B1913+16이라는 '쌍성 펄서binary pulsar 계'*에서 이미 관측했다. 쌍성 펄서 계에서는 극도로 조밀한 '중성자별' 두 개가 서

* 펄서란 1초에 1회 이상 회전하면서 규칙적으로 강한 빛과 약한 빛을 내는 중성자별을 말하는데, 이러한 펄서와 펄서 혹은 보통 별과 펄서로 이루어진 쌍성계를 말한다.

로를 향해 나선으로 돌면서 점차 궤도 에너지를 상실한다.

거대한 항성이 수명을 다하고 폭발할 때 중성자별이 생성된다. 폭발할 때 항성의 바깥층은 '초신성supernova'이 되어 우주로 멀리 퍼져 나가지만, 항성의 중심부는 내부로 붕괴해 극도로 조밀한 중성자별이 된다. 중성자별은 보통 부피는 에베레스트산만 하지만 질량은 태양만 하다(중성자별에 관해 좀 더 자세히 알고 싶다면 283쪽을 보면 된다).

PSR B1913+16의 중성자별 가운데 하나는 엄청나게 빠른 속도로 자전하면서 우주의 등대처럼 외부로 전파를 방출한다. PSR B1913+16를 자세히 관찰한 미국 천문학자 러셀 헐스Russell Hulse와 조셉 테일러Joseph Taylor는 두 중성자별이 중성자파를 방출할 경우에 정확히 줄어들어야 하는 속도대로 두 중성자별의 속도가 줄어들고 있음을 확인했다. 이 발견으로 두 사람은 1993년 노벨 물리학상을 받았다.

구부러진 공간에 관한 수학

물질은 시공간을 구부러지게 하며 '구부러진 시공간은 중력'이라는 통찰을 중력에 관한 이론으로 바꾸기 위해 아인슈타인은 곡선인 공간에 관한 복잡한 수학을 정립해야 했다. 하지만 그는 취리히에 있는 스위스 연방 공과대학교에 다닐 때 수학 시간이면 강의실에 들어가지 않고 전자공학 연구실에서 건전지나 축전기, 검류계 등을 만지작거리며 시간을 보냈다. 그는 "그게 얼마나 큰 실수였는지는 나중에야 깨달았다. 그때를 얼마나 후회하는지 모른다."라고 했다.[21]

다행히 스위스 연방 공과대학교에서 아인슈타인은 자신보다 한 학년 위의 수학과 학생 마르셀 그로스만Marcel Grossmann을 만나 평생 친구가 되었다. 그로스만의 아버지는 지인에게 부탁해 아인슈타인이 꿈의 직장인 스위스 연방 특허국에 취직할 수 있게 도왔다. 그로스만 자신은 중요한 곡선 공간의 기하학을 알고 있었다. 그래서 아인슈타인이 중력과 시공간의 뒤틀림이라는 혁명적인 생각을 엄중한 수학 용어로 표현할 수 있게 도움을 주었다.

구부러진 공간에 관한 수학은 여러 수학자가 발전시켰는데, 그 가운데 가장 중요한 사람은 19세기에 활동한 카를 프리드리히 가우스Carl Friedrich Gauss와 베른하르트 리만Bernhard Riemann이다. 곡선 공간에 관한 기하학이 나오기 전까지 수학에서 다룬 기하학은 고대 그리스 수학자 유클리드(『유클리드의 눈동자에 건배*Here's Looking at Euclid!*』라는 멋들어진 책 제목에 나오는 그 수학자다)가 정리한 평면에 관한 기하학뿐이었다.[22] 서기전 3세기에 나온 유클리드의 『원론*Elements*』에는 직선과 각에 관한 자명한 공리axiom가 다섯 개 나온다. 이 다섯 공리를 이용해 유클리드는 '삼각형의 내각의 합은 언제나 180°이다.'와 같은 정리theorem를 세웠다.

유클리드의 다섯 번째 공준公準*은, 평행선은 결코 만나지 않는다는 것이다. 가우스와 리만은 이 공준이 구처럼 곡선인 표면에 그린 기하학에서는 성립하지 않음을 보여주었다. 예를 들어 구의 경우, 적도에서 북쪽으로 출발한 두 직선은 계속 평행인 상태를 유지하지 않고 결국 북극점에서 만난다.

베를린에 간 아인슈타인

뒤틀린 시공간이 중력임을 밝히려는 노력—상대성 이론을 일반화하려는—은 8년 동안이나 이어졌다. 그리고 그 8년 사이에 아인슈타인은 베른을 떠나 베를린으로 갔다.

아인슈타인은 독일 남부 도시 울름에서 태어났다. 하지만 독일의 군국주의에 실망하고는 스무 살이던 1896년에 독일 국적을 포기했다. 그래도 1914년 베를린 대학의 교수 제안을 받아들였다. 히틀러가 정권을 잡고 독일에서 유대인이 더는 살아갈 수 없게 되자 어쩔 수 없이 미국으로 떠나야 했던 1933년까지, 그는 베를린에서 지냈다.

아인슈타인을 베를린으로 유혹한 사람은 막스 플랑크Max Planck와 발터 네른스트Walther Nernst였다. 독일은 물론이고 전 세계

* 『원론』에 나오는 공리 가운데 기하학과 관계가 있는 공리.

적으로 과학계의 거장이었던 두 사람은 아인슈타인으로서는 거절할 수 없는 매혹적인 제안을 들고 취리히를 찾아왔다. 월급도 많고 가르칠 의무도 없는 대학 교수직을 제안한 것이다. 그때 베를린은 빠른 속도로 과학계의 중심지로 부상하고 있었다. 매일 세계 유수의 과학자들과 대화를 나누는 것이 일상이 될 정도로 많은 과학자가 한데 모이는 장소였다. 과학계 인사를 전혀 찾아볼 수 없는 척박한 스위스 특허국에서 수년 동안 일해야 했던 아인슈타인에게는 엄청나게 구미가 당기는 장소일 수밖에 없었다. 게다가 베를린은 실패한 결혼생활에서 벗어날 수 있는 도피처가 되어줄 터였다.

아인슈타인이 과학계라는 높은 곳을 향해 상승할수록 밀레바는 육아와 가사노동이라는 힘든 세계로 떨어질 수밖에 없었다. 점점 달라지는 두 사람의 처지가 부부 사이를 틀어지게 했는지는 잘 알 수 없지만, 근본적으로 아인슈타인은 결혼생활에 적합한 사람이 아니었다. 과학 연구에 극도로 집중해야 하는 상황에서 다른 일에는 신경쓸 수 없었을 것이다. 그에게는 일상에 관심을 기울일 여유도, 가족과 잘 지내려고 노력할 시간도 분명히 없었을 것이다.

뉴턴은 이 문제를 결혼하지 않는 것으로 해결했다. 알려진 대로라면 그 누구하고도 의미 있는 관계를 맺지 않았다. 그에 반해 아인슈타인은 자신이 인습을 신경쓰지 않는다는 사실을 자랑스러워했으면서도 사실 인습에 굴복했고, 의무감에 밀레바와 결혼했다. 하지만 두 사람은 밀레바가 세르비아에 있는 가족에게 돌아가 낳은 아기가 사라지고도 한참 뒤에 결혼했다. 두 사람의 아이가 어떻게 되었는지 모른다는 사실과, 아기의 존재를 가족 외에는 아무도 모른다는 사실은 분명 두 사람에게 큰 상처였을 것이다. 하지만 두 사람이 행복하고 충만한 결혼생활을 할 수 없었던 가장 큰 이유는 따로 있었다. 아마도 스위스 연방 공과대학교의 순진한 두 학생이 꿈꾸었던 평등하고 이상적인 결혼생활이 결코 불가능했기 때문일 것이다.

취리히를 떠난 아인슈타인은 곧바로 베를린으로 가지 않고 유럽 전역을 돌며 물리학자 친구들을 만났다. 1914년 4월, 아인슈타인은 마침내 프로이센의 수도 베를린에 도착했고, 곧바로 그의 가족도 베를린으로 왔다. 하지만 7월 초가 되면서 부부 사이는 더없이 나빠져, 결국 밀레바가 아이들을 데리고 취리히로 돌아가 버린다. 두 사람은 1919년에야 이혼하지만, 그때 이미 결혼생활은 끝이 났다.

베를린에서 아인슈타인은 그보다 몇 년 전에 불륜 상대인 사촌 엘자와 다시 만났다. 아인슈타인이 이혼할 가능성은 많지 않았지만 엘자는 아인슈타인을 위해 살림을 맡았다. 그녀는 밀레바가 할 수 없었던 일, 즉 저명한 남자와 함께하는 특권을 누리기 위해 어떠한 요구도, 심지어 시간조차도 요구하지 않아야 하는 상황을 받아들였다.

아인슈타인은 밀레바에게 심술궂게 굴었다. 그런데도 취리히로 돌아가는 아내와 두 아들을 배웅 나갔던 기차역에서는 눈물을 흘렸다. 하지만 달렘 지역 교외에 있는 텅 빈 아파트로 돌아와서는 곧바로 책상에 앉아 연구를 시작했다. 그는 세상에서 가장 원하던 상황을 맞이했다. 집안일을 하고 가족을 돌봐야 한다는 책임에서 완전히 벗어난 독신 남자가 된 것이다. 아인슈타인의 친구 야노스 플레슈Janos Plesch는 "아인슈타인은 저절로 눈이 떠질 때까지 잤고, 이제는 잠을 자야 한다는 소리를 들을 때까지 깨어 있었다. 먹을 걸 줄 때까지 배를 곯았고, 그만 먹으라고 말릴 때까지 먹었다."라고 했다.

아인슈타인은 마침내 평화를 얻었다고 생각했다. 안타깝게도 틀린 생각이었지만 말이다.

베를린에 도착하고 몇 주 지나지 않아 독일-오스트리아-오스만 제국이 주축이 된 동맹국은 러시아-영국 제국-프랑스가 주축이 된 연합국과 전쟁을 벌였다. 아인슈타인은 충격에 휩싸였다. 무엇보다 충격적인 일은 동료 물리학자들이 하룻밤 사이에 전쟁광이 되어버렸다는 사실이었다. 아인슈타인은 "우리의 귀한 기술 진보와 문명은 병적인 범죄자의 손에 쥐어준 도끼가 될 수 있다."라고 했다.[23]

아인슈타인을 가장 고통스럽게 한 것은 베를린에서 아주 친하게 지냈던 화학자 프리츠 하버Fritz Haber의 행동이었다. 하버는 아인슈타인의 결혼식 들러리였고, 아인슈타인이 가족을 베를린 기차역에서 배웅할 때 함께 가준 친구였다. 그런 하버가 자신의

연구소를 무기 공장으로 바꾸고 유럽 젊은이들을 고통스럽게 만들 끔찍한 독가스를 제조하고 있었다.[24]

유럽에서 처참한 전쟁이 진행되는 동안 결혼생활을 망친 아인슈타인의 극단적인 무심함은 오히려 그에게 유리하게 작용했다. 하버 연구소에는 살인자가 되어버린 화학자들이 가득했지만 아인슈타인만은 연구소 건물 안 자신의 연구실에서 철저히 물리학의 세계에 머물렀다. 특히 중력 이론을 집중적으로 연구했다.

아인슈타인은 1914년 10월에 프로이센 과학학회에서 새로운 이론을 처음으로 발표했다. 물론 완성된 이론은 아니었다. 그래도 그는 위대한 아이작 뉴턴이 틀렸음을 선언하고, 비틀린 시공간의 기하학이 중력을 이해하는 데 아주 중요하다는 사실을 알릴 수 있다는 것만으로도 충분히 자신이 있었다. 하지만 그는 화성인들에게 강연하는 게 더 좋았을지도 모른다. 아인슈타인의 강연은 물리학계의 하늘 위에서 초신성이 터진 것과 같은 일이었지만 그의 강연을 주목하는 청중은 거의 없었다. 강연이 끝난 뒤 아인슈타인은 정말로 아인슈타인답게 조금도 동요하지 않고 그저 연구실로 돌아와 조용히 문을 닫고 다시 연구에 매진했다.

그리고 1년이 지난 1915년, 드디어 사람들이 초신성에 주목하기 시작했다.

1915년 11월의 힐베르트

독일의 당대 최고 수학자가 괴팅겐 대학교에서 몇 차례 강연을 해달라며 아인슈타인을 초대했다. 이 수학자, 다비트 힐베르트David Hilbert는 1900년에 수학계가 풀어야 할 스물세 개의 중요한 문제를 언급하여 20세기 수학계의 길을 제시한 것으로 불멸의 명성을 얻었다.

베를린 동료들에게 무시당했던 아인슈타인은 괴팅겐 대학에서 자신의 강연을 들려줄 기회를 덥석 잡았다. 대학 도시 괴팅겐으로 달려간 아인슈타인은 1915년 6월 말부터 7월 초까지 여섯 차례에 걸쳐 상대성 이론에 관해 강연했다. 그는 청중에게 중력 이론을 기하학으로 바꾸는 작업은 아직 100퍼센트 완벽하지는 않지만 상당히 진전되었다고 말했다. 1915년에 발표한 아인슈타인의 중력 이론은 그가 1905년에 발표한 특수 상대성 이론의 핵심 요소 가운데 하나와 양립하지 않았다. 즉 서로에 대해 등속 운동을 하는 관찰자들은 동일한 물리학 법칙을 관찰해야 한다는 추론이 그것이다. 더구나 아인슈타인의 중력 이론은 수성의 궤도를 올바로 예측하지도 못했다.

힐베르트는 아인슈타인이 옳은 방향으로 가고 있다고 확신했고, 그의 믿음 덕분에 아인슈타인은 한결 기쁜 마음으로 베를린으로 돌아올 수 있었다. 하지만 그해 9월 말이 되어 아인슈타인의 기쁨은 공포로 바뀐다.

힐베르트는 여느 수학자와 달리 물리학에 아주 관심이 많았다. 애초에 아인슈타인을 괴팅겐으로 초대한 것도 그 때문이었다. 이런 성향 때문에 힐베르트는 아인슈타인이 강연 때 풀지 못한 문제들을 직접 풀어봐야겠다고 생각하게 된다. 자신이 하던 연구를 일단 멈추고 힐베르트는 아인슈타인의 중력 이론과 특수 상대성 이론이 양립할 수 있는 방법을 찾기 시작했다. 아인슈타인으로서는 8년 동안 전적으로 혼자 연구하던 분야에서 경쟁자가 생긴 것과 다름없었다. 그것도 평범한 경쟁자가 아니라 수학 능력이 자신보다 월등한 사람이 말이다.

상황은 더욱 나빠졌다. 9월 말에 자신이 구축한 중력 이론과 특수 상대성 이론이 양립할 수 없고 수성의 궤도를 제대로 예측하지 못한다는 사실이 세부적이고 사소한 오류가 아니라 근본적인 문제임을 그는 분명히 깨닫는다. 특히 서로에 대해 회전 운동을 하는 관찰자들은 서로 다른 물리 법칙을 보게 되리라는 추론은 틀린 것이었다. 그의 중력 이론에는 심각한 문제가 있었다.

당연히 아인슈타인은 우울해졌다. 그로서는 이 극심한 압력에 쉽게 굴복할 수도 있었다. 하지만 그의 우울함은 곧바로 분노로 바뀌었다. 8년이나 고생한 연구를 다른 사람이 완성하게 내버려 둘 수는 없었다. 적어도 싸워보지도 않고 포기할 수는 없었다.

그리고 10월 첫째 주에 기적이 일어났다. 아인슈타인은 어떻게 해야 문제를 해결할 수 있는지 깨달았다. 미국 물리학자 리처드 파인먼은 "좋은 과학자란 옳은 답으로 가기 전에 할 수 있는 모든 실수를 다 할 만큼 열심히 연구하는 사람이다."라고 했다.[25] 아인슈타인이 바로 그런 과학자였다. 그는 중력 이론을 완성하기 위해 오랜 시간을 애쓰는 동안 할 수 있는 모든 실수를 다 했다. 하지만 컴컴한 밤의 숲에서 길을 잃고 절망적으로 헤맬 때마다 결국에는 어둠에서 나올 방법을 찾아냈다는 것, 그것이 바로 아인슈타인의 천재성이었다.

숲에서 나와 옳은 길을 따라 걸으며 아인슈타인은 먹는 것도 자는 것도 잊을 정도로 맹렬하게 연구했다. 훗날 그가 주장한 것처럼 그때 그는 정말 전 생애를 통틀어 가장 맹렬하게 정신력과 싸웠다.

11월 초가 되어 아인슈타인은 완벽하게는 아니지만 거의 목표 지점에 도달했다. 여전히 중력'장'을 기술하는 정확한 방정식은 찾지 못했다. 하지만 이제 더는 발표를 미룰 수 없었다.

아인슈타인은 몇 달 전에 이미 자신의 중력 이론을 프로이센 과학학회에서 몇 차례 강연을 통해 발표하겠다고 약속해놓았다. 그 약속을 할 때만 해도 그는 자신의 이론이 충분히 제 모양을 갖추었다고 생각했다. 하지만 이제는 자신의 중력 이론이 불완전하다는 사실을 알고 있었다. 그래도 일정대로 발표할 수밖에 없었다. 중력 이론의 완성은 시간 싸움이었다. 힐베르트가 완성하기 전에 빨리 결승점을 통과해야 했다.

아인슈타인은 한 주에 하나씩 4주 동안 강연해야 했다. 첫 강연에서 발표할 내용은 간신히 제대로 취합할 수 있었다. 2주차 강연부터는 직감을 발휘해 해나갈 수밖에 없었다. 그 뒤로 3주 동안 그는 8년 동안 풀지 못했던 문제를 어떻게든 풀어내려고 맹렬하게 매달렸다. 한 주가 끝날 때마다 프로이센 과학학회 강연장을 메운 청중은 그가 이제 막 알아낸 사실을 전해 들었다.

아인슈타인은 매순간 힐베르트가 목을 조여오는 것만 같았다. 힐베르트가 보내오는 편지를 보면서 그는 이 위대한 수학자가 거의 올바른 길을 따라 달려가고 있음을 확인했다. 힐베르트의 편지는 아인슈타인의 노력에 더욱 박차를 가하게 했다.

11월 4일에 진행한 첫 번째 강연에서는 어떤 예측도 할 수 없었다. 그러나 이제는 일관성 있는 설명을 제시할 수 있었고, 특수 상대성 이론과도 양립하는 중력 이론을 내놓을 수 있었다. 사실을 분명히 보여주려는 것처럼 아인슈타인은 뉴턴의 중력 이론은 시공간의 곡률이 작을 때에만 자기 이론의 근사치로 작용함을 보여주었다.[26] 처음으로 아인슈타인의 이론이 옳은 방향으로 나아가고 있음을 보여준 것이다.

그로부터 2주가 지난 1915년 11월 18일, 아인슈타인은 마침내 자신의 중력 이론으로 몇 가지 예측을 할 수 있었다. 그는 태양 부근에서 형성된 중력장을 계산했다. 그 덕분에 태양이 빛을 구부리는 정도를 계산할 수 있었을 뿐 아니라 수성 근일점의 세차 운동도 설명할 수 있었다.

수성의 변칙 운동

1907년 크리스마스이브. 자신의 상대성 이론을 모두 검토한 아인슈타인은 취리히에 있는 친구 콘라트 하비히트에게 편지를 썼다. "여전히 수수께끼에 싸인 수성의 근일점 세차 현상을 밝히고 싶다네."[27] 그때 아인슈타인은 소망을 이루지 못했다. 그렇지만 수성의 세차 운동 같은 미묘한 변화를 제대로 설명하지 못한다는 것은 뉴턴의 중력 이론에 본질적으로 문제가 있다는 증거임을 아인슈타인은 분명히 인지하고 있었다.

수성은 태양계에서 태양과 가장 가까운 행성이다. 태양계에서 가장 질량이 큰 천체 옆에 있기 때문에 태양계에서 가장 뒤틀린 시공간에서 움직여야 한다. 그 때문에 수성은 태양 주위를 돌면서 커다란 흔적을 남긴다.

1905년에 아인슈타인은 에너지는 종류에 상관없이 모두 유효질량이 있음을 알았고, 곧이어 에너지는 모두 중력을 발산한다는 사실도 알았다. 이런 에너지 가운데 한 형태가 비틀린 시공간의 에너지인 중력 에너지다. 이 같은 사실이 놀라운 이유는 뒤틀린 시공간은 그 자체로 중력일 뿐 아니라 더 많은 중력을 만드는 원인으로 작동함을 의미하기 때문이다.

따라서 태양과 가까운 곳은 뉴턴이 예측한 것보다 중력이 더 세다. 역제곱 법칙에서 설명하는 힘과는 다른 힘을 받는 것이다.

중심에서 직접 역제곱 법칙이 지배하는 힘을 받는 물체는 타원 궤도를 그리며 움직인다는 사실은 당연히 뉴턴이 이룩한 위대한 업적이다. 따라서 역제곱 법칙이 적용되지 않는 힘을 받는 물체는 타원 궤도를 그리며 움직이지 않는다는 결론도 자연스럽게 내릴 수 있다. 그런 물체는 타원이 아니라 공간 속에서 계속 방향을 바꾸는 '세차 운동'을 하면서 로제트 무늬를 닮은 궤도를 그리며 움직인다.

아인슈타인은 수성의 궤도를 계산했고, 그의 중력 이론은 태양 때문에 뒤틀린 시공간이 수성의 특이한 세차 운동의 원인임을 예측했다. 수성의 세차는 100년에 43각초이다.

변칙적인 수성의 세차 운동은 반세기가 넘도록 천문학자들을 당혹스럽게 했다. 위르뱅 르 베리에가 불카누스라는 행성이 존재한다고 추론한 이유도 그 때문이다.

물론 불카누스 같은 행성은 없다. 수성이 변칙 운동을 하는 것은 불타는 태양 주위를 미지의 행성이 돌고 있다는 사실을 천문학자들에게 알려주기 위함이 아니다. 훨씬 근본적이고 믿기 힘든 사실을 알려주기 위해서이다. 그 누구도 의심해본 적 없는 사실을 말해주기 위함이다. 아이작 뉴턴이 틀렸다는 사실 말이다.

프로이센 과학학회에서 수성의 세차 운동에 관한 자신의 연구 결과를 발표하면서 아인슈타인은 "이 중력 이론은 관찰 결과와 완벽하게 일치한다."고 말했다. 그는 200년간 굳건하게 유지되던 물리학을 전복했고, 그때까지 살았던 가장 위대한 과학자가 틀렸음을 보여주었다. 물론 감정을 솔직하게 드러내지 않았고 침착하게 강연을 마쳤다. 하지만 아인슈타인의 마음은 정신없이 요동치고 있었다. 너무 흥분해서 정신을 잃을 것만 같았다.[28] 심장이 터질 것처럼 빨리 뛰었다.[29]

물리학자들은 칠판에 아인슈타인이 발표한 수학 방정식들을 휘갈겨 썼지만, 자연이 정말로 그 방정식대로 작동한다는 사실을 믿으려면 기존의 믿음을 버리는 엄청난 도약을 해야 한다. 자연이 실제로 그 방정식들을 따르고 있음을 확인한 순간, 물리학자들이 얼마나 충격을 받았을지는 짐작할 수 있다.

8년간의 힘든 노력 끝에 아인슈타인은 마침내 하늘 높이 솟은 산의 정상에 도착했다. 한 걸음 걷기도 힘들 만큼 짙게 그를 감싸고 있던 안개가 마침내 걷혔다. 태양이 눈부신 빛을 드리우고 있는 산 밑에는 지금까지 누구도 보지 못한 장관이 펼쳐져 있었다. 아인슈타인은 "분명한 진리가 빛을 뚫고 나올 때까지, 느낄 수는 있지만 표현할 수 없는 강렬한 갈망과 확신과 불안 사이를 오가며, 진리를 찾아 어둠 속에서 몇 년을 헤매는 경험은 해본 사람만이 알 수 있다."라고 했다.[30]

그런데 태양 가까이에서 받는 중력이 뉴턴의 중력 법칙이 예측한 것보다 살짝만 강하다면 수성의 변칙 운동을 설명할 수 있다고 주장한 사람은 아인슈타인만이 아니었다. 19세기 말에 미국 천문학자 사이먼 뉴컴Simon Newcomb은 두 질량 사이의 거리의 제곱에 비례해 중력이 약해지지 않고(즉 2의 제곱에 비례에 약해지지 않고), 2.0000001612의 제곱에 비례해 중력이 약해진다면 수성의 엉뚱한 행동을 설명할 수 있다고 했다.[31, 32]

2가 아닌 2.0000001612를 택하면 간결했던 뉴턴의 중력 법칙이 지저분해지지만, 자연이 아름다움보다 추함을 택한다면 그저 받아들이는 수밖에 없다. 하지만 사이먼의 가설은 채택되지 않았다. 중력의 제곱 법칙이 2.0000001612라는 복잡한 수를 따를 경우, 수성의 변칙 운동은 설명할 수 있을지 모르지만 달의 운동은 설명할 수 없기 때문이다.

그에 반해 아인슈타인의 중력 이론은 수성과 달의 움직임을 관찰한 결과를 예측할 수 있었다. 태양이라는 거대한 질량 가까이 있으면 내행성의 움직임이 눈에 띄게 변할 정도로 시공간이 크게 왜곡된다. 하지만 지구처럼 그다지 별 볼 일 없는 질량 옆에 있으면 시공간이 크게 왜곡되지 않기 때문에 달처럼 큰 변화 없이 움직일 수 있다.

상대성의 과학에서는 역사가 반복되었다. 헨드릭 로렌츠Hendrik Lorentz와 조지 피츠제럴드George FitzGerald는 빛의 속도에 가까운 속도로 움직이면 물체의 길이가 움직이는 방향으로 수축한다는 사실을 알아냈지만 그 이유를 설명하지는 못했다. 이유를 설명한 사람은 아인슈타인이었다. 그와 마찬가지로 뉴컴도 태양 가까이에서 중력은 뉴턴의 예측보다 더 강하다는 사실을 알아냈지만 이유는 설명하지 못했다. 이유를 설명한 사람은 아인슈타인이었다.

아인슈타인의 장 방정식

힐베르트가 바짝 쫓아온다는 사실이 아인슈타인에게는 바람직하게 작용했다. 네 번째와 마지막 강연을 앞둔 그 주에, 8년의 힘든 시간을 보낸 뒤에, 이제 더는 늦출 시간이 남아 있지 않을 때, 아인슈타인은 목표 지점에 도달했다. 1915년 11월 25일 추운 날씨에 코트 단추를 끝까지 잠근 아인슈타인은 운터 덴 린덴 거리를 따라 청중이 기다리는 프로이센 과학학회 건물로 걸어갔다. 그리고 강연장 칠판에 간단한 식을 하나 썼다.

$$G_{uv} = 8\pi G T_{uv}/\mathrm{c}^4$$

바로 이것이 운동 상태와 관계없이 모든 사람이 경험하는 중력의 법칙이었다. 일반 상대성 이론을 간결하게 기술한 방정식이었다. 미국 과학 작가 데니스 오버바이Dennis Overbye가 '우주를 지배하는 방정식'이라고 말한 바로 그것이었다.[33]

아인슈타인의 방정식은 영국 텔레비전 드라마 〈닥터 후〉의 타디스처럼 외부보다 내부가 훨씬 큰, 극도로 압축한 수식이다. 이 방정식의 좌변은 사실 4×4 숫자표로 이루어진 '아인슈타인 곡률 텐서Einstein curvature tensor'를 나타낸다(아인슈타인 곡률 텐서는 시공간의 곡률을 요약한 것이다). 이 방정식의 우변은 4×4 숫자표로 이루어진 '응력 에너지 텐서stress-energy tensor'를 나타낸다(응력

에너지 텐서는 '중력의 근원'을 요약한 것이다).[34]

아인슈타인의 방정식에 4×4 숫자표가 있다는 것은 방정식이 열여섯 개임을 뜻한다. 아인슈타인은 '대칭 인수symmetry argument'를 이용해 방정식 수를 열 개까지 줄였다. 한 개의 방정식으로 표현되는 뉴턴의 중력 이론을 대체하려면 열 개의 방정식이 필요하다는 뜻이었다.

아인슈타인의 중력장 방정식은 질량-에너지의 분포로 생성되는 뒤틀린 시공간을 나타낸다. 다시 말해 "물질은 시공간이 어떤 식으로 구부러져야 하는지를 말해주며, 구부러진 시공간은 물질이 어떤 식으로 움직여야 하는지를 알려준다."고 한 존 휠러의 말을 수학적으로 표현한 방정식이라고 할 수 있다. 열 개나 되는 중력장 방정식을 만족하는 시공간을 찾는 일은 극단적으로 어렵다. 정말 너무 어려워서 그런 시공간을 찾을 때는 그것에 발견자 이름을 붙일 때가 많다.

아인슈타인의 장 방정식은 '일반적으로 공변covariant'한다. 관찰자의 관점에 상관없이 동일하다는 뜻이다(좀 더 정확히 말해 좌표계 위에서 어떤 식으로 표현되는가와 상관없이 자신의 형태를 유지한다는 뜻이다). 그래서 아인슈타인의 장 방정식은 아름답다. 이것이 바로 아인슈타인이 피땀 흘리며 성취해내려고 노력한 결과물이다.

그런데 사실 1907년에 연구를 시작하면서 아인슈타인이 목표했던 일은 중력 이론을 구축하는 것이 아니었다. 서로에 대해 속도가 변하는, 즉 '가속도 운동'을 하는 두 관찰자가 서로의 물리 법칙이 동일하다는 사실을 인정하려면, 어떤 식으로 시간과 공간을 관측해야 하는가를 밝히는 것이었다. 즉 특수 상대성 이론을 일반화하는 것이 아인슈타인의 목표였다. 하지만 아인슈타인은 '가속도 운동'을 하는 관찰자들에 관한 이론이 아니라 뉴턴의 중력 법칙을 대체할 새롭고도 더 나은 중력 이론을 찾아냈다. 과학은 이렇게 뜻밖의 발견을 해내기도 한다.

빛을 구부리는 중력

검은색 칠판에 흰색 분필로 놀라운 방정식을 적어 나가는 베를린의 아인슈타인 모습은 상상하기도 힘든 수많은 젊은이를 점점 더 빠른 속도로 살육하던 외부 세계와는 극도로 대조적이었다. 1915년에는 이미 독가스가 동맹국과 연합국의 젊은이들을 독살하고 불태우고 질식시키고 있었다. 영국 시민들은 제펠린 비행선에서 쏟아져 내리는 폭탄에 죽어갔고, 아일랜드 앞바다에서는 U보트가 루시타니아 민간 여객선을 격침해 민간인 1,198명이 죽었다.

공포는 커지고 있었지만 놀랍게도 적국 과학자들은 서로 연락을 끊지 않았다. 일반 상대성 이론이 발표되고 몇 주 되지 않아 아인슈타인의 논문은 은밀하게 독일을 벗어나 네덜란드를 거쳐 영국으로 건너갔다. '모든 전쟁을 끝내기 위한 전쟁'인 1차세계대전으로 1,000만 명이 목숨을 잃고 그만큼의 사람들이 영원히 건강을 잃었다. 하지만 1차세계대전이 끝나고 1년이 넘지 않은 1918년 11월 11일, 한 영국인이 일반 상대성 이론의 가장 중요한 예측 가운데 하나를 확인함으로써 독일 출신 물리학자를 과학계의 창공으로 쏘아 보냈다.[35]

아서 스탠리 에딩턴Arthur Stanley Eddington은 독일 밖으로 몰래 빼돌린 아인슈타인의 일반 상대성 이론 논문을 네덜란드의 라이덴에서 천문학자 빌렘 드 지터Willem de Sitter에게서 받았다. 과학의 대중화에 뛰어난 재능을 보였던 이 케임브리지 대학교의 과학자는 영어권 세계에 아인슈타인의 생각을 전파하는 주요 전달자가 되었다. 1919년 한 기자가 에딩턴에게 질문했다. "이 세상에 일반 상대성 이론을 이해하는 사람이 세 명뿐이라는 것이 사실입니까?" 그때 에딩턴은 (조금은 오만해 보였을지도 모를 태도로) "아, 그래요? 세 번째는 누구랍니까?"라고 되물었다.

에딩턴은 태양의 중력이 빛의 경로를 휘게 만든다는 아인슈타인의 예측에 집중적으로 관심을 기울였다. 아인슈타인은 1907년에 특수 상대성 이론을 요약 설명하는 논문을 작성했고 중력에 의한 빛의 휨 현상을 깨달았다. 그리고 처음으로 뉴턴의 중력 이론과 달리 공간과 시간, 물질과 에너지를 보는 새로운 관점과 양립할 수 있는 중력 이론을 구축해야겠다고 생각했다.

특수 상대성 이론은 빛 에너지를 포함한 모든 에너지에는 유효질량이 있음을 밝혔다.[36] 그러기 때문에 태양처럼 질량이 큰 물체는 물질을 끌어당기듯 빛도 끌어당겨야 했다. 태양이 빛을 끌어당기는 모습을 관측할 수만 있다면 아인슈타인의 중력 이론은 막강한 증거를 갖게 되는 것이다.

하지만 자신의 중력 이론을 완성했을 때 아인슈타인은 중력이 빛의 경로를 꺾는 정도가 1907년에 생각했던 것보다 훨씬 작다는 사실을 깨달았다.

잠시 시간을 내어, 어떤 행성의 중력도 받지 않은 채 홀로 중력가속도 1g로 움직이고 있는 우주선이 있다고 가정해보자. 우주비행사는 밖이 보이지 않는 선실에서 바닥에 단단히 발을 붙이고 서 있고, 선실 안에 있는 물체는 모두 같은 속도로 낙하한다. 그래서 우주비행사로서는 자신이 있는 곳이 지구인지 아닌지를 알 방법이 없다.

그런데 사실 이런 진술은 완벽한 진실은 아니다. 우주비행사가 자신이 지구에 있는지 아닌지를 알아맞힐 방법이 한 가지는 있기 때문이다.

지구는 둥글다. 따라서 모든 물체는 지구의 중심을 향해 떨어져야 한다. 지구에서 물체를 떨어뜨리는 가장 극단적인 경우라면 지구의 반대편에서, 예컨대 영국과 뉴질랜드에서 각각 지구 중심을 향해 물체를 떨어뜨리면 물체는 서로 반대 방향으로 떨어진다. 실제로 지구에서는 어디에서 떨어뜨리든 물체의 방향은 지구 중심으로 수렴된다.

하지만 우주선 안의 우주비행사는 이런 수렴 현상을 볼 수 없다. 우주비행사가 떨어뜨린 두 물체의 경로를 충분히 정교한 장비로 측정하면 두 물체는 한 점에 모이지 않고 평행을 이루며 떨어질 것이다. 두 물체가 한 점을 향해 떨어지지 않는다는 사실을 측정하면 그는 자신이 지구 표면에 있지 않음을 알 수 있다.

놀랍게도 이런 사실이 아인슈타인의 중력 이론에 결정적인 타격을 가하지는 않았다. 일반 상대성 이론이라는 위대한 체계의 토대를 이루는 등가원리로는 사실상 중력과 가속도를 국소적(즉 공간의 임의의 한 작은 지역)으로는 구별할 수 없다고 한다.

그러나 지구나 태양처럼 실제로 존재하는 물체 가까이에서 물체의 낙하 경로가 한 점에 모인다는 사실은 빛의 경로도 한 점에 모여야 함을 의미한다. 그런 물체 옆에 있으면, 우주비행사의 경우와는 반대로 광선은 막연히 예상했던 것보다 두 배는 더 휘어야 한다.

우리 주변에서 빛의 경로를 휘게 하는 가장 강력한 힘은 당연히 태양계 질량의 99.8퍼센트를 차지하는 태양이다. 아인슈타인은 빛이 휘는 모습(중력 효과)은 아주 먼 항성에서 출발해 시공간이 크게 왜곡된 태양의 가장자리를 아주 가까이에서 지나쳐 지구까지 오는 빛을 관찰해야만 제대로 확인할 수 있음을 알았다. 태양의 가장자리를 지나 지구로 오는 빛은 굴곡진 언덕 사이를 움직이는 도보 여행자처럼 구부러진 경로를 따라 움직일 것이다. 그런 빛을 내는 항성을 지구에서 관찰한다면, 그 항성은 천구상에서 위치를 바꿀 것이 분명했다.

두 개기일식 이야기

천구 위에서 태양 가까이 있는 항성들은 자동차 헤드라이트 옆에 있는 반딧불이처럼 제 빛을 내지 못한다. 하지만 그런 항성들도 모습을 드러낼 기회가 있다. 눈부시게 빛나는 태양 원반을 달 원반으로 가리면 된다. 이런 '개기일식'이 일어나면 하늘이 온통 깜깜해지기 때문에 평소에 숨어 있던 항성들도 몇 분 동안은 천구 위에 자기 모습을 드러낸다.

개기일식은 전 세계 어디에서나 몇 년에 한 번씩은 일어난다. 하지만 태양과 달과 지구가 적절하게 배열되는 장소는 지구 위에서 좁은 띠를 형성하기 때문에 결국 특정한 시간에 특정한 장소에서 개기일식을 볼 수 있는 기회는 아주 드물다. 한 장소에서 개기일식이 나타나는 주기는 평균 350년이다.

운이 따라주었다면 개기일식은 1914년 8월 24일, 독일에서 멀지 않은 러시아 크림반도에서 관찰할 수 있을 터였다. 개기일식 소식이 들리자 아인슈타인의 발표에 강한 인상을 받은 에르빈 프로인트리히Erwin Freundlich는 독일 관측팀을 이끌고 크림반도로 가야겠다고 생각했다. 그는 7월 19일, 동료 두 명과 카메라가 장착된 망원경 네 대를 들고 크림반도로 출발했다. 하지만 시기가 좋지 않았다.

프로인트리히도 3주 전에 사라예보에서 오스트리아 황태자 프란츠 페르디난트가 세르비아계 민족주의자에게 총을 맞고 사망한 사건을 알고 있었을 것이다. 하지만 프로인트리히도 여느 유럽인들처럼 가브릴로 프린치프Gavrilo Princip라는 젊은 세르비아 청년이 일으킨 사건이 연쇄적인 재앙을 일으켜 유럽이 혼란에 빠지게 되리라고는 추호도 생각하지 못했을 것이다. 8월 1일, 러시아는 독일에 전쟁을 선포했고 3일 뒤 영국도 독일에 선전포고했다.

하루아침에 프로인트리히와 동료들은 러시아에 온 손님에서 적국 시민으로 처지가 바뀌었다. 세 사람은 러시아 당국에 관측 장비를 빼앗기고 감옥에 수감되었다. 어차피 개기일식이 일어난 날은 크림반도에 구름이 짙어 제대로 관측할 수 없었겠지만, 어쨌거나 개기일식은 세 사람이 감옥에 있을 때 지나갔다. 다행히 고생한 기간은 길지 않았다. 세 사람은 첫 번째 포로 교환 때 러시아 장교들과 맞교환되었고 9월 말에 지친 몸을 이끌고 베를린으로 돌아왔다.

이 상황은 사실 아인슈타인에게는 다행이었다. 프로인트리히가 아인슈타인의 친구이자 후원자이기 때문만은 아니었다. 그는 아인슈타인의 일반 상대성 이론이 예측한 대로 빛의 휨 현상을 관측하지는 못했을 것이다. 왜냐하면 1914년에 아인슈타인은 여전히 1911년에 나온 계산 결과대로 빛이 0.86각초만큼 꺾일 것이라고 믿었기 때문이다. 1915년에 일반 상대성 이론을 완성한 뒤에 아인슈타인이 얻은 결과는 1.7각초였다.[37]

1차세계대전이 끝난 뒤인 1919년 5월 29일에도 개기일식이 있었다. 케임브리지의 에딩턴과 그의 조수는 아프리카 서쪽 기니만에 있는 작은 화산섬(프린키페섬)으로 출발했다. 5월 29일은 날씨가 좋지 않았다. 아침부터 열대 폭우가 쏟아졌다. 개기일식이 시작되는 이른 오후에는 비가 그쳤지만, 에딩턴과 그의 조수는 태양이 달 원반에 가려지는 동안 구름이 그 앞을 가렸다가 비켜나기를 반복하는 모습을 절망스럽게 지켜보았다. 두 사람이 할 수 있는 일이라고는 그럼에도 불구하고 사진을 찍고, 사진기가 제대로 포착했기를 바라는 것뿐이었다.

에딩턴이 찍은 사진은 모두 열여섯 장이었지만 구름이 일식을 가리지 않은 사진은 여섯 장뿐이었다. 그 가운데 넉 장은 뜨거운 열대 프린키페섬에서는 현상할 수 없었기 때문에 영국으로 가져갈 짐에 넣어두었다. 남은 두 사진 가운데 분석해볼 수 있을 정도로 별이 가득한 선명한 사진은 한 장뿐이었다.

그 한 장은 에딩턴에게 필요한 모든 것이었다.

6월 3일, 에딩턴은 개기일식 동안 찍은 사진 속 별의 위치와 영국 그리니치로 돌아와 찍은 사진 속 별의 위치를 비교했다. 분명히 쉬운 일은 아니었다. 천구상의 1각초는 사진판 위에서는 16분의 1밀리미터라는 아주 짧은 거리로 나타난다. 하지만 에딩턴은 그 어려운 일을 해내기로 마음먹었다. 그는 공을 들여 두 사진

판의 별의 위치를 비교했고, 비교한 값을 검토하고 또 검토했다.

의심의 여지가 없었다. 태양 가까이 있는 항성들은 1.61각초쯤 위치를 바꾸었다. 오차 범위는 0.3각초였다. 아인슈타인의 예측과 거의 같은 값이 관측된 것이다.

훗날 에딩턴은 빛의 꺾임 현상을 발견한 순간이야말로 자신의 인생에서 가장 중요한 기적 같은 순간이었다고 회고했다. 에딩턴은 일반 상대성 원리가 옳음을 밝혔다. 뉴턴이 틀렸음을 밝혔다. 그리고 마흔 살의 독일인을 대가의 반열에 올렸다. 에딩턴은 다음과 같은 시를 썼다.

적어도 한 가지는 분명하다. 빛은 무게가 있다는 것.
태양에 가까이 갔을 때, 광선은 똑바로 가지 않는다.

1914년에 일어난 개기일식은 프린치프Princip라는 한 청년 때문에 관측할 수 없었지만, 1919년의 개기일식은 프린키페Príncipe라는 섬에서 관측할 수 있었다. 정말 신기한 우연이다.

친구인 헨드릭 로렌츠가 전보를 보내왔을 때 아인슈타인은 몸이 좋지 않아 침대에 누워 있었다. 로렌츠는 일반 상대성 이론이 검증되었다는 말은 하지 않았다. 아마도 그저 에딩턴이 프린키페섬에서 영국으로 보낸 간단한 전보 내용을 그대로 전달했을 것이다.

구름을 뚫고, 희망이 왔다.
에딩턴

그것으로 충분했다. 아인슈타인은 "내가 옳다는 걸 알고 있었다니까!"라고 소리쳤다.[38]

아인슈타인은 당연히 자신이 옳다는 것을 알고 있었다. 하지만 자신만만한 사람이어서 그런 확신을 한 것은 아니었다. 물론 자신만만한 사람이었지만, 자연의 기본 법칙은 우아하고 아름다울 것이 분명하다고 믿었기 때문이다. 확실히 일반 상대성 이론의 방정식은 우아하고 아름다웠다. 훗날 한 박사과정 학생이 "에딩턴이 일반 상대성 이론이 옳음을 입증하지 않았다면 어떻게 되었을까요?"라고 질문했을 때 아인슈타인은 "그랬다면 에딩턴 경 때문에 마음이 안 좋았겠지."라고 대답했다.[39]

1919년 11월 7일자 런던《타임스》12쪽에는 세 줄짜리 제목을 단 기사가 실렸다.

과학 혁명

우주의 새로운 이론

뉴턴의 세계관, 전복되다

잡지가 발행되기 전날 열린, 왕립학회와 왕립천문학회 연합회의 결과를 소개하는 기사였다. 하룻밤 사이에 아인슈타인은 슈퍼스

타가 되었다. 그는 미국 배우이자 영화감독인 찰리 채플린만큼이나 유명해질 운명이었다. 실제로 로스앤젤레스를 방문했을 때 아인슈타인은 찰리 채플린 부부의 집에서 묵었다.[40] 아인슈타인의 명성은 세계적으로 드높았다. 1947년 에디트 피아프가 미국에 왔을 때, 가장 만나고 싶은 사람이 누구냐는 기자의 질문에 그녀는 조금도 망설이지 않고 대답했다. "당연히 아인슈타인이죠. 당신이 그분 전화번호를 가르쳐줄 거라고 믿어요."[41]

1921년에 런던을 처음 방문한 아인슈타인은 생물학자 존 스콧 홀데인John Scott Haldane의 집에 묵었다. 당시 아인슈타인의 인기는 전성기의 비틀즈의 인기와 다르지 않았다. 아인슈타인을 본다는 사실에 몹시 흥분한 홀데인의 딸은 현관으로 들어오는 그를 보는 순간 기절해버렸다.[42]

다음날 강연을 하려고 홀데인의 집을 나선 아인슈타인은 먼저 웨스트민스터 사원으로 갔다. 성가대 맞은편에 앉은 그는 대리석으로 만든 위대한 전임자의 무덤을 뚫어지게 쳐다보았다. 그곳에는 아이작 뉴턴이 누워 있었다.

아이작 뉴턴도, 아인슈타인도 떨어지는 물체를 보며 중력 이론을 생각했다. 뉴턴은 떨어지는 사과를 보며 달의 낙하운동을 생각했고, 지상과 천상을 하나로 묶었다. 아인슈타인은 지붕에서 떨어지는 남자를 보며 중력이 환상임을 깨달았다. 두 사람 모두 자신들이 '기이한 사고의 바다에서 홀로 항해하고 있는' 처지임을 잘 알았다. 아인슈타인은 "그(뉴턴)에게 자연은 별다른 노력 없이도 읽을 수 있는 펼쳐진 책이었다."고 말했다. 아인슈타인이라면 자신보다 2세기나 먼저 살다 갔지만 자신의 사고 과정을 동시대 사람보다 훨씬 잘 이해했을 뉴턴을 만날 수 있다면 기꺼이 무엇이든 할 용의가 있지 않았을까?

아인슈타인은 일반 상대성 이론이라는, 물리학 역사상 가장 강력한 도구를 손에 쥐었다. 하지만 아인슈타인이 천재라고 해서 실수를 하지 않는 것은 아니었다. 놀랍게도 그는 일반 상대성 이론에서 가장 중요한 두 가지 예측을 놓쳤다. 바로 블랙홀과 빅뱅이다. 아인슈타인의 중력 이론이 뉴턴의 중력 이론을 크게 개선했음은 분명하지만, 그의 이론에도 결점이 있었다.

7장

신은 0으로 나누었다!

아인슈타인의 중력 이론은 어떻게 블랙홀의
'특이점'이라는 엉뚱한 존재를 예측했을까?

오랫동안 내가 로저 펜로즈와 함께 진행한 초기 연구는
과학계의 재앙처럼 보였다. 우리의 연구는 아인슈타인의
일반 상대성 이론이 옳다면 우주는 특이점에서 시작되어야
함을 보여주고 있었다. 그것은 과학으로는 우주가 어떻게
시작되었는지를 밝힐 수 없다고 말하는 것만 같았다.

— 스티븐 호킹1

블랙홀은 우리에게 이렇게 말하고 있다. 공간이 종이처럼 구겨져
극소점으로 축소될 수 있으며, 시간이 마치 펑 터지는 화염처럼
소멸해버릴 수 있으며, 우리가 '신성' 불가침으로 여겨 변하지
않는다고 생각하는 물리 법칙이란 존재하지 않는다고 말이다.

— 존 휠러2

*

1916년 2월, 아인슈타인은 놀라운 소포를 받았다. 동부 전선에서 복무하는 한 군인이 보낸 소포였다. 참전하기 전에 카를 슈바르츠실트Karl Schwarzschild는 베를린에서 가까운 포츠담 천체물리학관측소 소장이었다. 하지만 1914년 전쟁이 발발한 뒤로는 열렬한 애국심에 사로잡혀 모든 것을 내려놓고 군대에 자원입대했다. 카이저의 육군에서 18개월 동안 복무하면서 벨기에에서는 기상관측소에서 근무했고, 프랑스에서는 포탄의 탄도 궤도를 계산했고, 아인슈타인에게 편지를 보냈을 때는 러시아에 있었다.

격전지에서 전쟁을 치르면서도 슈바르츠실트는 시간을 내서 과학 논문 몇 편을 썼는데, 그 가운데 두 편이 아인슈타인이 1915년에 출간 직후 입수해 읽은 중력 이론에 관한 논문이었다. 슈바르츠실트의 논문에서 주목할 점은 그토록 짧은 시간에 아인슈타인을 뛰어넘는 중요한 발전을 했다는 것이다.

일반 상대성 이론의 방정식은 복잡했다. 뉴턴에게는 역제곱 법칙 하나면 충분했지만, 뉴턴의 중력 이론을 대체한 일반 상대성 이론은 방정식이 열 개나 필요했다. 방정식이 복잡했기 때문에 실제 물체의 주변부에 형성되는 시공간의 모습을 추론하기는 쉽지 않았다. 그런데 슈바르츠실트는 몇 가지 단순한 가정을 세워 아인슈타인의 방정식을 좀 더 직접적이고도 다루기 쉬운 형태로 만들었고, 방정식의 해solution, 解까지 구해냈다.

슈바르츠실트의 '해'는 항성처럼 국소화한 질량 가까이에서 변형되는 시공간의 형태를 기술했다. 당연히 아인슈타인은 기뻤다. 아인슈타인은 슈바르츠실트에게 "내 방정식을 이렇게 간단한 방법으로 정확하게 풀 수 있는 사람이 있으리라고는 전혀 예상하지 못했습니다."라는 답장을 보냈다.

놀랍게도 슈바르츠실트는 충분한 질량이 충분히 작은 부피로 응축되면 시공간은 바닥이 없는 우물처럼 아주 기이한 형태로 뒤틀린다는 사실을 밝혔다. 이런 시공간의 내벽은 너무도 가팔라서 광선조차도 시공간을 빠져나오지 못하고 가진 에너지를 모두 소비한 뒤에 소멸하고 만다. 이런 시공간은 빛도 빠져나오지 못하기 때문에 밤보다 훨씬 어둡다.

슈바르츠실트는 자신이 발견한 것에 어떤 이름도 붙이지 않았다. 그런 뒤틀린 시공간에 이름을 붙인 것은 1967년, 미국 물리학자 존 휠러였다. 하지만 지금은 그 시공간의 이름을 모르는 사람이 거의 없다. 슈바르츠실트의 해는 '블랙홀'을 기술하고 있었다.[3,4]

슈바르츠실트의 이야기는 한 편의 비극이다. 러시아에서 그는 몸의 면역 기능이 제대로 기능하지 못하고 건강한 조직을 공격하는 희귀하고도 심각한 '자가면역' 질환이 생겼다. '보통천포창pemphigus vulgaris'이라는 이 질환은 피부와 입, 코, 목, 항문, 생식기에 끔찍한 통증을 유발하는 물집이 생긴다. 유전과 환경이 복합적으로 작용해 생긴다고 여겨지지만 정확한 원인은 밝혀지지 않았다. 현재는 코르티코스테로이드계 약물을 사용해 증상을 완화할 수 있지만 치료법은 없다. 물집이 감염되면 혈액을 통해 온몸으로 퍼진다. 슈바르츠실트도 온몸으로 감염이 퍼졌다. 그는 1916년 3월에 베를린으로 이송되었지만 두 달 뒤인 5월 11일에 죽었다. 그때 나이는 마흔두 살이었다.

슈바르츠실트의 블랙홀은 '사건 지평선'에 둘러싸여 있다. 이 사건 지평선을 넘어 블랙홀 안으로 들어가면 빛도 물질도 절대로 다시 나올 수 없다. 사건 지평선을 측정하면 블랙홀의 '크기'를 알 수 있다. 태양이 블랙홀이 되려면 태양의 전체 질량이 반지름 3킬로미터인 구로 압축되어야 한다. 지구가 블랙홀이 되려면, 회전하지 않고 전하가 없는 블랙홀의 반지름인 '슈바르츠실트 반지름(3센티미터)'까지 응축되어야 한다. 다행스럽게도 태양과 지구는 질량을 응축해 블랙홀이 될 만큼의 강한 중력을 보유하고 있지 않다.

만약에 우주의 나머지 부분에서도 그 존재가 사라졌음을 눈치챌 만큼 거대한 항성이 사건 지평선 안으로 압축해 들어가면, 자체 중력 때문에 항성은 아주 작은 점이 될 때까지 계속 압축될 것이다. 항성이 완전히 파괴되면 그 자리에는 바닥이 없는 시공간의 우물이 남을 것이다. 노벨상 수상자인 인도의 수브라마니안 찬드라세카르Subrahmanyan Chandrasekhar는 "자연의 블랙홀은 우주에 존재하는 가장 완벽한 거시적 물체다. 블랙홀을 건설하는 데 필요한 성분은 시간과 공간이라는 우리의 개념뿐이다."라고 했다.[5] 항성의 질량이 무한한 밀도로 응축되는 블랙홀의 중심에서는 시공간의 곡률과 중력의 세기가 무한대로 솟구쳐 오른다.[6] 미국 배우이자 작가인 스티븐 라이트Stephen Wright는 "블랙홀은 신이 0으로 나눈 곳"이라고 했다. 과학자들은 한 이론에서 터무니없게도 '특이점'이라는 개념이 등장하면 그 이론은 현실을 기술하지 않는다고 간주한다. 학문적 이론으로서의 가치를 상실하고 그저 헛소리로 치부되고 마는 것이다.

슈바르츠실트가 블랙홀에 관해 쓴 논문에 대해 아인슈타인은 "그 결과가 옳다면 그것은 정말 끔찍한 재앙이다."라고 했다. 아인슈타인은—심지어 슈바르츠실트 자신조차도—한동안은 블랙홀의 존재를 믿지 않았다. 그 누구도 슈바르츠실트의 블랙홀 해가 우주에 실제로 존재하는 실체를 다루고 있다고는 생각하지 않았다.

그 수가 많지는 않았지만 블랙홀이 실제로 있다고 믿는 사람들도 걱정하지 않기는 마찬가지였다. 항성은 일정한 에너지를 가지고 있는데 그 에너지를 모두 소비하면 내부의 열은 밖으로 빠져나간다. 항성이 살아 있는 동안에는 열기를 밖으로 밀어내면서 중력이 항성의 붕괴를 막지만, 내부 연료가 떨어지면 항성은 특이점을 향해 붕괴하기 시작한다. 하지만 몇 가지 힘이 중력에 맞서 붕괴를 막기 때문에 항성은 특이점으로 응축되기 훨씬 전에 붕괴를 멈출 것이다. 자연이 괴물 같은 특이점을 허용하다니, 상상도 할 수 없는 일이었다.

그리고 실제로 자연에는 그런 힘이 존재하는 것 같았다. 그 힘을 밝힌 것은 기이한 '양자 이론quantum theory'이었다. 양자 이론은 원자와 그 구성 성분들로 이루어진 미시 세계를 탐구한다.[7]

양자 항성

과학계는 20세기 초반에 양자 이론을 발견하고 발전시켜왔지만 양자 이론의 확고한 수학적 토대는 1920년대 중반이 되어서야 세워졌다. 양자 이론은 물질을 이루는 기본 재료들(원자)이 작은 당구공처럼 좁은 지역에 한데 모인 '입자'와 호수 위에서 퍼져 나가는 '파동'이라는 두 가지 형태로 행동한다는 사실을 밝혔다. 이 특이한 '파동-입자 이중성wave-particle duality' 때문에 한 입자가 동시에 두 곳이 넘는 장소에 있는 등, 기이하고도 예상하기 힘든 현상들이 벌어진다. 이 파동-입자 이중성은 항성이 가지고 있던 에너지를 모두 소비해 내부 열을 유지하기 힘들어졌을 때에도 아주 중요한 역할을 한다.[8]

밖으로 뻗어 나가는 힘을 상실한 항성의 물질들은 중력이라는 엄청난 힘에 사로잡혀 지구만 한 크기가 될 때까지 줄어든다. 이렇게 만들어진 '백색 왜성'은 태양보다 100배 정도 부피가 작지만 밀도는 100만 배 정도 높은데, 우리 태양을 비롯한 평범한 항성들은 거의 대부분 백색 왜성이 된다. 각설탕만 한 부피에 가족용 자동차만 한 무게를 담고 있을 정도로 엄청나게 밀도가 높은 백색 왜성에서는 전자들이 아주 가깝게 붙는다.

파동을 아주 좁은 공간에 밀어넣으면 모든 파동은 훨씬 격렬하게 요동친다. 양자 파동의 경우 훨씬 격렬하게 움직이는 파동은 아주 빠르게 움직이는 입자(정확히 말해서 '운동량'이 큰 입자)에 비유할 수 있다. 이것이 바로 유명한 '하이젠베르크의 불확정성 원리Uncertainty Principle'다. 하이젠베르크의 불확정성 원리에 따르면 백색 왜성 안에서 전자들 사이의 거리가 상당히 짧아지면 전자의 속도는 엄청나게 빨라져야 한다.

백색 왜성 안에서 전자의 속도가 빨라지는 것, 이것이 아주 중요한 의미를 갖는 양자 효과 가운데 하나다. 백색 왜성에서 나타나는 양자 효과는 또 있는데, 이 효과는 훨씬 설명하기 어렵다.[9] 파동-입자 이중성을 옳은 것으로 받아들인다면 물질을 구성하는 기본 단위들을 두 무리로 나눌 수 있다는 결론을 내리게 된다. 한 무리는 사교적인 '보손boson'* 무리이고, 다른 한 무리는 비사교적인 '페르미온fermion'** 무리다. 전자가 속한 '페르미온' 입자들은, 두 페르미온이 같은 양자 '상태'에 있으면 안 된다는 '파울리의 배타 원리Pauli Exclusion Principle'를 따라야 한다.[10]

---

* 스핀이 정수가 되는 기본 입자나 복합 입자. 광양자나 파이 중간자, 또는 짝수 개의 핵자로 된 원자핵 따위가 있다.

** 엄밀하게는 페르미-디랙 통계를 따르는 입자로 정의하는데, 사실상 우리 주변의 보통의 물질을 구성하는 모든 기본 입자가 이에 속한다. 원자를 구성하는 전자, 양성자, 중성자가 모두 페르미온이다.

백색 왜성 내부에 있는 전자들이 파울리의 배타 원리를 따라야 한다는 것은 이웃하는 두 전자의 속도가 뚜렷하게 달라야 함을 의미한다. 따라서 한 전자가 하이젠베르크의 불확정성 원리가 가리키는 속도로 움직인다면 그 전자와 이웃한 전자는 그보다 더 빠른 속도로(두 배 빠른 속도로) 움직여야 하고, 그 이웃 전자는 그보다 더 빠른 속도로(세 배 빠른 속도로) 움직여야 한다. 그 때문에 이웃 전자들의 속도는 계속해서 빨라질 수밖에 없다.

가로대 위로 올라갈수록 속도가 더 빨라지는 사다리가 있다고 해보자. 파울리의 배타 원리에 따르면 각 사다리에는 전자가 한 개씩밖에 있을 수 없다(사실은 두 개씩 있을 수 있지만, 그건 다른 이야기다!).[11] 백색 왜성에 파울리의 배타 원리를 적용하면 하이젠베르크의 불확정성 원리만 적용했을 때보다 전자들은 훨씬 빠른 속도로 움직이게 된다. 백색 왜성 내부에서 엄청난 속도로 움직이는 전자들은 항성을 응축하려는 중력에 반발해 항성을 밖으로 밀어낸다. 전자 '축퇴압'이라고 부르는 전자들의 이 같은 빠른 운동 덕분에 백색 왜성은 안정 상태가 되어 지구보다 훨씬 작은 공으로 수축되는 일을 막을 수 있다.[12]

이것이 1920년대에 과학자들이 밝힌 사실이었다. 양자 이론이 기적처럼 죽어가는 별을 살려낸 것이다. 항성은 붕괴하면서 중심에 있는 특이점으로 압축된다는 악몽과도 같은 운명을 피할 수 있게 되었다. 이제 자연은 모든 것을 제대로 통제할 수 있게 된 것이다. 정원의 모든 것이 장밋빛이었다.

적어도, 보기에는 그랬다.

찬드라세카르 한계

1930년 8월, 열아홉 살이던 인도 청년이 영국 케임브리지 대학교에 진학하려고 뭄바이 항구에서 배에 올랐다. 어른이 된 이 청년에 대해서는 앞에서 블랙홀의 단순함을 언급하며 소개한 적이 있다. 이 청년의 이름은 수브라마니안 찬드라세카르이며 수학 영재였다.

항구를 떠난 배는 악천후에 고군분투해야 했고, 최대 속력의 절반밖에는 낼 수 없었다. 하지만 예멘의 아덴부터는 해가 나왔다. 배가 수에즈운하를 통과할 때 인도 청년은 힘든 항해 내내 대부분 갇혀 지내야 했던 선실에서 나와 갑판으로 올라갔다.

인도 청년이 양자 이론과 천체물리학 책을 잔뜩 들고 위태롭게 갑판을 걷는 모습은 특이하게 보였을 것이다. 온몸이 땀에 전 청년은 갑판 의자 위에 책을 던져놓고 그 옆 의자에 털썩 주저앉았을지도 모른다. 한가롭게 갑판을 거닐던 다른 인도인들이 청년을 이상하게 쳐다보았을 것이다. 하지만 청년으로서는 충분히 예상한 일이다. 청년은 같은 나라 사람들과 교류할 생각이 전혀 없었다. 인도 사람들이 청년을 오만하다고까지는 아니더라도 차갑다고 생각한다는 것을 그는 분명 알고 있었다. 하지만 상관없었다. 마침내 청년은 생각할 수 있는, 정말로 생각에 잠길 수 있는 평화와 고요를 얻었으니까. 배가 시나이반도의 사막 옆을 지나고, 뜨거운 사막의 바람이 청년의 얼굴을 뜨겁게 달굴 때 그가 생각한 것은 엉뚱하게도 백색 왜성이었다. 찬드라세카르의 마음속에서는 계속 질문이 떠올랐다. 백색 왜성 내부의 전자들은 상대론적으로 행동할까? 그는 책과 논문을 뒤적이며 항성들의 내부와 고밀도로 응축된 전자들의 양자적 행동을 기술하는 방정식들을 모으고 또 모았다. 자신이 알고 있는 숫자들을 방정식에 대입해 답이 나올 때까지 방정식을 풀고 또 풀었고, 나온 답을 점검하고 또 점검했다. 마침내 더는 의심할 수 없는 지점에 도달했다. 백색 왜성 내부의 전자들은 아인슈타인의 특수 상대성 이론의 효과가 분명하게 나타날 수 있을 만큼 빠른 속도로, 즉 빛의 속도의 절반이 넘는 속도로 움직이고 있었다. 전문 용어로 표현하면 백색 왜성 내 전자들은 '상대론적'일 수밖에 없었다.

백색 왜성 내 전자들은 초속 15만 킬로미터가 넘는 엄청난 속도로 움직인다. 하지만 그 속도보다도 찬드라세카르에게 더 중요한 것은 그런 속도가 갖는 의미였다. 전자가 그 정도 속도로 움직인다면 백색 왜성은 양자 이론만으로는 완전히 이해할 수 없을 것이 분명했다. 백색 왜성을 제대로 이해하려면 아인슈타인의 특수 상대성 이론까지 고려해야 했다.

밤이 되자 하늘에는 믿기지 않을 정도로 많은 별이 떠올랐다. 툭하면 갑판 위에서 저녁 식사도 잊고 책에 빠져 있는 인도 청년이 그 별들의 내부 특성을 계산하고 있다는 사실을 눈치챈 사람은 아무도 없었을 것이다. 청년의 몸은 배의 갑판 위에 고정되어 있었지만, 마음은 죽어가는 항성의 뜨거운 중심부 안에서 자유롭게 떠다니고 있었다.

영국에 도착한 청년은 곧 백색 왜성에 정확하게 적용할 수 있는 상대성 이론을 발전시켰다. 그리고 완벽하게 소름끼칠 정도는 아니어도 예상하지 못한 특이한 것을 발견하기까지는 그리 오랜 시간이 걸리지 않았다.

백색 왜성의 질량이 클수록 중력은 내부 전자를 더욱 단단하게 압축하고, 전자는 점점 더 빠른 속도로 움직인다. 그것은 누구나 알고 있는 사실이었다. 아인슈타인의 상대성 이론이 전자가 움직일 수 있는 최대 속도를 빛의 속도로 제한하고 있다는 사실을 생각하지 않는다면 전혀 문제될 것이 없는 사실이었다. 전자의 속도가 우주의 한계 속도에 가까워지면 전자는 훨씬 무거워지고 속력은 증가하기 어려워진다. 이때 문제가 생긴다. 항성을 응축하려는 중력의 힘을 막는 것은 결국 양철 지붕 위에 떨어지는 빗방울처럼 계속 부딪쳐 바깥쪽으로 힘을 가하는 전자들이었다. 이 전자들이 더욱 가까운 거리로 응축되면 속력 변화율이 작아지기 때문에 중력을 이기는 힘은 점차 소멸되고 말 것이다. 별이 빛나는 밤하늘 아래, 배의 갑판에 나와 있던 이 인도 청년의 눈에는 희미하게 빛나는 항성 속에서 일어나고 있는 재앙이 마치 자신을 향해 엄청난 속도로 달려오는 기차 같았다.

백색 왜성에서 중력의 힘을 거슬러 항성을 밖으로 밀어내는 전자 가스*의 단단함은 투수가 손에 쥔 크리켓 공의 단단함에 비유할 수 있다. 하지만 항성의 질량이 특정 한계를 넘어가면 모든 것이 바뀐다. 그토록 단단하던 크리켓 공이 갑자기 마시멜로로 변해버리는 것이다.

찬드라세카르는 실수하지 않도록 거듭해서 계산하고 거듭해서 검토했다. 그래도 의심할 여지가 없었다. 수명이 다할 때 항성의 질량이 태양 질량의 1.4배가 넘는다면 전자 축퇴압도 항성을 살리지 못한다. 중력은 무자비하게 항성을 으깨버릴 것이다. 우주에서 그토록 맹렬한 중력을 막을 힘은 없다. 괴물 같은 특이점으로 항성이 압축되는 일은 피할 수 없다.

중성자별

그로부터 2년 뒤인 1932년에 영국 물리학자 제임스 채드윅James Chadwick이 양전자를 띤 양성자만큼 무겁지만 전하를 띠지 않는 입자를 발견했다. 이 입자, 즉 '중성자'를 발견하면서 물리학자들은 원자의 모습을 확정할 수 있었다. 원자는 원자 전체 질량의 99.9퍼센트를 차지하는 엄청나게 압축된 원자핵 안의 양성자와

* 자유 전자를 기체로 간주했을 때의 상태.

중성자, 원자핵 주위를 돌고 있는 음전하를 띤 전자로 이루어져 있다(단 가장 가벼운 원소인 수소 원자는 예외다. 수소 원자의 원자핵 안에는 외로운 양성자가 홀로 있다).

채드윅의 중성자 발견은 찬드라세카르 한계(태양보다 1.4배 큰 항성)를 뛰어넘는 항성을 설명할 때 중요한 의미를 갖는다. 수명이 다한 큰 질량의 항성은 마시멜로처럼 말랑말랑해져서 가차 없는 중력에 붙잡혀 점점 더 조그맣게 축소된다. 하지만 그것으로 이야기가 끝이 아니다. 극도로 압축된 항성 내부에서는 전자가 원자핵 안으로 들어가 양성자와 반응하면서 중성자를 만들어 낸다.

중성자도 전자처럼 페르미온이다. 중성자 가스도 전자 가스처럼 항성을 단단하게 만들어 항성이 중력에 대항할 수 있게 한다. 그런데 중성자는 원자보다 훨씬 작다. 그 때문에 거대한 항성은 지구만 한 백색 왜성이 되지 않고 에베레스트산만 한 중성자 덩어리가 된다. 이런 '중성자별'은 각설탕만 한 부피라고 해도 인류 전체의 무게를 합친 것만큼 무겁다.

1940년대에 영국 천문학자 프레드 호일Fred Hoyle은 1,000억 개의 별로 이루어진 은하보다 훨씬 밝은 빛을 내는 '초신성supernova'을 만들어낼 수 있는 것은 항성이 중성자별로 붕괴하면서 폭발적인 중력 에너지를 낼 때뿐이라고 했다. 1967년 케임브리지 대학교 대학원생 조셀린 벨Jocelyn Bell은 빠르게 회전하는 '펄서'로 가장한 중성자별을 발견했다. 그런 후에야 호일의 주장

은 사실임이 확인되었다.[13]

'중성자 축퇴압'이 항성의 중력 붕괴를 막아 더는 붕괴하지 않게 해주지만 백색 왜성의 경우처럼 그런 항성에게도 아킬레스건은 있다. 중성자별을 이루는 구성 입자들은 빛의 속도에 가까운 속도로 움직이는 '상대론적' 입자들이다. 따라서 특정 질량 한계를 넘어가면 중성자별조차도 마시멜로처럼 말랑말랑해진다.

자연의 '강한 핵력strong nuclear force'으로 묶여 있는 중성자의 물리학은 전자기력으로 상호작용하는 전자의 물리학보다 복잡하다. 그 때문에 찬드라세카르 한계와 달리 중성자별의 한계 질량이 어디인지는 정확하게 알려지지 않았다. 중성자별의 한계 질량은 1932년에 러시아 물리학자 레프 란다우Lev Landau가 처음 계산했고, 보통 태양 질량의 세 배 정도라고 믿고 있다. 태양 질량의 세 배가 넘는 항성은 특이점으로 수축하는 것을 막을 힘이 전혀 없다.

이 세상에 태양 질량의 세 배가 넘는 무거운 항성이 없다면 중성자별의 질량 한계는 문제될 것이 없다. 하지만 그런 별은 틀림없이 있다. 드물기는 해도 태양 질량의 100배가 넘는 항성도 있다. 이런 항성들은 본질적으로 불안정해서 생애 동안 엄청난 양의 질량을 소비하면서 격렬하게 타오른다. 하지만 많은 질량을 외부로 방출한다는 사실을 고려해도 마침내 내부 열기를 모두 방출하고 죽을 때조차도 태양의 질량보다 세 배 이상 크다.

이런 항성은 결국 블랙홀로 압축되는 운명을 피할 수 없다.

이론뿐 아니라 실제로도 이런 항성은 블랙홀이 될 수밖에 없음을 이제는 알고 있다. 1971년에 미항공우주국의 '우후루Uhuru'* 위성이 블랙홀일 가능성이 있는 첫 번째 후보 '백조자리Cygnus X-1'을 발견했다. 그리고 지금은 우리은하에서도 항성만 한 질량을 가진 블랙홀을 수십 개 찾았다. 게다가 허블 우주망원경은 우주에 존재하는 은하는 거의 모두 중심에 거대한 블랙홀이 있음을 밝혔다. 블랙홀 중에는 태양의 질량보다 500억 배나 큰 블랙홀도 있다. 우리은하의 중심에서 2만 7,000광년 떨어져 있는 '궁수자리Sagittarius A*' 블랙홀은 태양 질량보다 430만 배 더 크다. 그런 '초거대' 블랙홀이 존재하는 이유는 현대 천체물리학이 풀어야 할 수수께끼 가운데 하나다.

아인슈타인의 중력 이론이 갖는 문제는 일반 상대성 이론의 중심에 특이점을 심어둔 것 같은 블랙홀만이 아니었다. 그의 이론에는 또 다른 문제가 있었다. 이번에는 '빅뱅'이다!

빅뱅

일반 상대성 이론은 물질(일반적으로 에너지)이 시공간이라는 직

* 스와힐리어로 '자유'라는 뜻이다

물을 변형하는 방법을 알려준다. 아인슈타인은 과학에 존재하는 진짜 큰 문제를 회피하는 사람이 아니었다. 그래서 1917년이 되자 자신의 상대성 이론을 자신이 생각하는 가장 큰 물질의 집합에, 즉 우주 전체에 적용했다.

중력은 규모가 큰 우주를 조정한다. 질량은 언제나 끌어당기는 형태로만 존재하기 때문이다. 중력이 지금까지 발견한 자연의 기본 힘 가운데 가장 약한데도 질량이 늘어날수록 중력 효과는 엄청나게 커지며, 행성 정도의 크기가 되면 자연의 다른 기본 힘들을 압도하는 저항할 수 없는 힘으로 작용하는 이유는 그 때문이다. 영국 소설가 테리 프래쳇Terry Pratchett은 "중력은 떨쳐내버리기 힘든 습관이다."라고 했다.[14] 중력과 달리 자연의 '강한 핵력'과 '약한 핵력'은 아주 짧은 거리에서만 작용하며, 전자기력은 중력처럼 작용 범위는 무한하지만 끌어당기는 힘과 밀어내는 힘을 허용하는 두 가지 전하 상태로 이루어져 있기 때문에 거시 규모에서는 사라진다.

모든 것을 한데 뭉치고 싶다는 열망에 가득 찬 중력은 우주의 큐피드 역할이라도 하려는 듯 홀로 있는 물질의 고립 상태를 없애려고 끊임없이 노력한다. 빅뱅으로 물질이 우주의 네 모퉁이로 터져 나간 순간부터 중력은 외로운 존재들을 달래주는 진정한 자연의 힘으로 작동했다. 미국 소설가 댄 시몬스Dan Simmons는 "사랑은 우주라는 구조에 물질과 중력이라는 형태로 단단히 연결되어 있다."라고 했다.[15]

자신의 중력 이론을 전체 우주에 적용하려고 아인슈타인은 '우주론cosmology'이라는 학문을 만들었다. 우주론은 우주의 기원과 진화 과정, 궁극적인 결말을 연구하는 학문이다. 그런데 아인슈타인은 살짝 길을 잘못 들어섰다. 예전에 뉴턴이 그랬던 것처럼 아인슈타인도 우주는 예전에도 지금과 같았고 미래에도 지금과 같으리라고 믿었다. 언제나 변하지 않는 '정적static' 우주를 믿는다면 우주에는 끝도 없고 시작도 없는 것이 당연하다. 따라서 우주가 어떻게 시작되었는가라는 난제를 고민하며 시간을 낭비할 필요가 없어진다.

문제는 아인슈타인의 방정식이 간절히 움직이고 싶어 하는 역동적인 시공간을 설명하는 것처럼 보였다는 것이다. 아인슈타인은 이 문제를 텅 빈 공간은 어떤 물질에도 상관없이 고유한 곡률을 만드는 에너지를 가지고 있다고 추론함으로써 해결했다. 아인슈타인이 '우주 상수cosmological constant'라고 부른 이 곡률은 텅 빈 공간에서 중력에 반발하는 척력斥力으로 작용한다. 따라서 중력이 작용해 모든 물질을 한데 뭉치려고 하지만, 우주 상수라는 텅 빈 공간의 반발력 때문에 모든 물질은 완전히 한데 뭉치는 일 없이 균형을 유지할 수 있다. 바로 '정적' 우주 상태가 되는 것이다.

아인슈타인의 '정적' 우주론이 옳은 추론이 아님을 보여준 사람은 얄궂게도 아인슈타인을 유명하게 만든 아서 에딩턴이었다. 한 점 위에 수직으로 세운 연필처럼 정적 우주를 이루는 균형은 아주 불안정해서 조금만 흔들려도 균형이 깨진다. 아인슈타인이 추론한 우주는 팽창과 수축이라는 양면의 칼날 위에 위태롭게 서 있었다. 따라서 아주 약한 힘으로 건드리기만 해도 두 면 가운데 한 면을 향해 떨어질 수밖에 없었다.

아인슈타인은 자신의 방정식이 들려주는 이야기(우주는 반드시 운동 상태여야 한다는)를 듣지 못했지만, 다른 사람들은 아니었다. 자신이 세운 방정식을 '풀릴 수 있는' 간단한 형태로 만들려고 아인슈타인은 우주를 구성하는 물질의 밀도는 언제나 일정하다고 주장했다. 하지만 그가 이런 추론을 세웠던 1917년에 빌렘드 지터(독일 과학자들이 독일 밖으로 내보낸 아인슈타인의 일반 상대성 이론 논문을 가장 먼저 받은 네덜란드인 가운데 한 명이었던)도 일반 상대성 이론을 우주에 적용해보았다. 지터는 아인슈타인과 달리 물질의 밀도는 일정하다고 고집을 피우지 않고 모든 가능성을 살펴보았다. 그는 아인슈타인의 이론이 성립하는 우주에서는 공간이 팽창해야 함을 알았다. 아인슈타인의 상대성 이론이 설명하는 우주에서는 두 입자를 일정한 거리에 놓으면 공간이 팽창하기 때문에 두 입자의 거리는 서서히 멀어져야 한다.

이런 지터의 우주에는 문제가 하나 있었는데, 그것은 우주가 텅 비어 있다는 점이었다. 지터의 우주에는 팽창하는 시공간만 있을 뿐 그외에는 아무것도 없었다. 지터는 우리가 실제로 살아가는 우주를 묘사하지 않았다(게다가 놀랍게도 지터의 우주는 아인슈타인을 되돌릴 수 없는 상태로 만들어버린다. 시공간을 물질과는 전적으로 상관없이 존재하는 역동적인 무언가로 만들어버린 것이다).

그런데 1922년 러시아 천문학자 알렉산드르 프리드만Aleksandr Friedmann은 아인슈타인의 이론을 적용했을 때 팽창도 하고 수축도 하면서 물질까지 포함하는 우주들을 발견했다. 프리드만의 '진화하는' 우주들은 그로부터 5년 뒤에 벨기에의 가톨릭 사제 조르주 르메트르Georges Lemaître도 독자적으로 발견했다. 이제 사람들은 프리드만과 르메트르의 우주를 '빅뱅 우주'라는 익숙한 이름으로 부른다.[16]

프리드만과 르메트르의 우주는 한동안 그저 이론일 뿐이었다. 하지만 1920년대에 모든 것이 바뀌었다. 에드윈 허블Edwin Hubble이라는 미국 천문학자 때문이었다. 허블이 첫 번째로 찾아낸 빅뱅의 증거는 '은하'였다.

아인슈타인과 다른 과학자들에게는 불리한 점이 있었다. 우주를 구성하는 기본 물질을 알지 못했다는 것이다. 20세기가 시작될 무렵 과학자들은 태양이 '우리은하'라고 부르는 거대한 별무리의 일원임을 알았다. 그런데 하늘에는 도저히 무엇인지 알기 힘든 흐릿한 '나선 성운spiral nebulae'도 너무 많았다. 과학자들은 궁금했다. 어두운 하늘에서 빛을 내고 있는 가스가 우리은하 내부에 있는 구름일까, 아니면 아주 멀리 있어서 안개처럼 보일 뿐 사실은 별들이 뭉친 다른 '은하'일까?

1923년에 허블은 이 세상에서 가장 큰 '눈'을 가지고 그 의문의 답을 찾았다. 그는 캘리포니아 남부에 있는 윌슨산에서 구경이 100인치나 되는 후커 망원경을 가지고 안드로메다 대성운을 관찰했다. 대성운이 항성들로 이루어져 있을 뿐 아니라 그 속에는 정기적으로 밝아지고 어두워지기를 반복하면서 자신의 거리를 드러내고 있는 별들도 있음을 그는 알아냈다. 자신의 거리를 드러내는 이 '세페이드 변광성Cepheid variable'들은 안드로메다 대성운이—그리고 모든 나선 성운이—우리은하를 벗어난 아주아주 먼 곳에 모여 있는 항성들임을 분명하게 보여주었다.[17]

허블은 우주의 기본 구성 단위가 '은하'임을 알아냈다. 1,000억 개의 항성으로 이루어진 우리은하도 2조 개 정도 존재하는 우주의 은하들 가운데 하나일 뿐이었다.[18]

은하의 속도를 측정하면서 허블은 두 번째 증거를 찾았다. 허블은, 노새 몰이꾼이었다가 천문대의 정식 연구원이 된 밀턴 휴메이슨Milton Humason에게 계속 은하의 속도를 측정하게 했다.[19] 1929년이 되자 두 사람은 충분히 많은 은하의 속도를 측정했고 특이한 사실을 발견했다. 두 사람이 관측한 은하들은 상당히 많은 수가 우리은하에서 멀어지고 있었다. 우리은하로 다가오는 은하는 거의 없었다. 게다가 멀리 있는 은하일수록 우리은하에서 멀어지는 속도가 빨랐다. 허블은 우주가 팽창하고 있다는 사실을 발견했다. 놀랍게도 아인슈타인의 이론이 빅뱅을 예측할 수밖에 없다는 프리드만과 르메르트의 주장이 옳았던 것이다.

하지만 우주가 팽창한다는 사실을 발견한 것과 그 발견이 의미하는 바를 제대로 이해하는 일은 완전히 다르다. 새로운 발견의 의미를 제대로 이해하려면 먼저 그 발견을 진지하게 믿어야 한다. 과학자들은 언제나 소수만이 알 수 있는 수학 방정식이 실제로 현실 세계를 기술한다는 사실을 믿는 데 상당히 애를 먹는다.

그런데 1930년대 말에 매우 엉뚱한 이유로 우크라이나계 미국인 물리학자 조지 가모브George Gamow가 팽창하는 우주가 의미하는 바를 고민하기 시작했다. 그가 팽창하는 우주를 고민하게 된 이유는 자연의 원소들을 만드는 용광로를 찾고 싶었기 때문이다. 세상에는 가장 가벼운 수소를 시작으로 가장 무거운 우라늄까지 92개의 원소가 존재한다. 가모브는 우주는 수소부터 시작한다고 믿었다. 수소가 자연의 가장 기본적인 레고 블록이라고 생각한 것이다. 다른 원소들은 수소를 기반으로 차례대로 만들어지는 것이라고 생각했다. 그런데 수소로 다른 원소들을 만들려면 수십억 도의 화력을 자랑하는 용광로가 필요했다.[20]

가모브는 항성은 그런 용광로가 될 수 없다고 믿었다(잘못된 믿음이었다[21]). 그래서 다른 용광로를 찾아 나섰다. 그러다 팽창하는 우주가 영화의 거꾸로 돌리기처럼 다시 수축하는 모습을 상상했다. 수십억 년(우리는 지금 그 시간이 138억 2,000만 년임을 알고 있다)을 뒤로 돌리면 우주를 이루는 모든 물질은 아주 작은 부피로 압축된다. 바로 그때가 우주의 탄생 순간, 빅뱅이다.

자전거 바퀴에 공기를 집어넣어 본 사람이면 알 것이다. 어떤 물질을 아주 작은 부피로 응축하면 물질이 뜨거워진다는 것을.

따라서 가모브는 빅뱅이 그냥 빅뱅이 아니라 뜨거운 빅뱅이어야 한다는 사실을 깨달았다. 빅뱅은 핵무기가 폭발하는 것 같은 불덩이의 폭발이어야 했다.

가모브의 용광로는 우주에 존재하는 모든 원소를 만들 수 없다.[22] 가모브는 틀렸다. 하지만 사실은 옳았다(과학에서는 정말 그런 경우가 있다). 우주가 팽창한다는 것은 맹렬하게 타오르는 불덩어리 속에서 태어났다는 뜻이다. 빅뱅이 뜨거운 불덩어리의 폭발이라고 생각했을 때 가모브는 특이한 사실을 한 가지 깨달았다. 빅뱅의 열기가 아직까지도 남아 있어야 한다는 점이었다.

폭발은 열과 빛을 생성한다. 다이너마이트를 폭파해도, 핵무기를 폭파해도 열과 빛이 난다. 이 열과 빛은 환경 속으로 스며들어 가 소멸해야 한다. 한 시간, 하루, 일주일 정도가 지나면 열과 빛은 사라진다. 하지만 닫힌 우주는 정의상 모든 것이 그대로 있어야 한다. 빅뱅의 열기는 다른 곳으로 갈 데가 없다. 이 우주 안에 갇혀 있어야 한다. 따라서 빅뱅의 열기는 지난 138억 2,000만 년 동안 아주 많이 식었다고 해도 여전히 이 우주에 남아 있어야 한다. 하지만 아주 오랜 시간이 지났으니 그 열기는 눈에 보이는 고에너지 상태의 빛이 아니라 저에너지 상태인 전파의 형태를 띠고 있을 것이다. 실제로 가모브의 계산대로라면 이 우주에서 빅뱅의 '잔광'이 차지하는 비율은 전체 빛 입자(광자)의 99.9퍼센트여야 했다.

하지만 지금까지 살았던 모든 물리학자는, 아인슈타인조차도, 실수를 했다. 가모브의 실수는 빅뱅의 잔광이 오늘날의 우주에서는 쉽게 알아볼 수 있는 특징이 없으리라고 생각한 것이다. 하지만 가모브의 두 제자는 빅뱅의 잔광을 지금도 확인할 수 있다고 생각했다. 랠프 앨퍼Ralph Alpher와 로버트 허먼Robert Herman은 빅뱅의 잔광에는 두 가지 뚜렷한 특징이 있어야 한다고 생각했다. 빅뱅의 잔광은 하늘의 모든 방향에 균일하게 퍼져 있을 테고, (좀 더 과학적인 특징인) '흑체black body' 스펙트럼을 나타낼 것이라고 믿었다.[23]

앨퍼와 허먼은 1948년에 국제 과학 잡지《네이처》에 자신들의 예측을 발표했다. 하지만 두 사람의 발표는 누구의 관심도 끌지 못했다. 두 사람이 전파천문학자들에게 빅뱅의 잔광을 관측할 수 있는지 물었을 때, 그들이 (옳지 않게도) 가능성이 없다고 대답한 것이 상황을 더욱 악화시켰다.

시간은 1965년을 향해 빠르게 흘러갔다. 미국 전화회사 AT&T의 두 전파천문학자가 뉴저지주 홈델에서 거대한 전파안테나를 담당하게 되었다. 천문학자들은 이 전파안테나와 초기 통신 위성인 '에코Echo 1'과 '텔스타Telstar'를 이용해 선구적인 여러 실험을 진행했다. 두 천문학자, 아노 펜지어스Arno Penzias와 로버트 윌슨Robert Wilson은 전파안테나를 이용해 천문학도 연구하고 싶었다. 그런데 하늘의 어느 쪽을 향해도 전파안테나에는 끊임없이 속삭이는 잡음이 들렸다.[24]

두 사람은 잡음이 지평선 바로 위에 있는 뉴욕시에서 나오는 것이라고 생각했다. 하지만 안테나 방향을 다른 쪽으로 돌려도 사라지지 않았다. 그래서 태양계 안에서 잡음이 만들어진다고 생각했다. 그러나 몇 달이 지나고, 지구가 태양 주위를 도는 상황이 변하는 동안에도 예상과 달리 잡음은 없어지지 않았다. 그래서 지상 핵무기 실험으로 대기에 들어간 전자들이 전파를 생성해 잡음이 난다고 생각했지만 시간이 지나도 사라지지 않았다.

결국 두 사람은 전파안테나 안에 둥지를 틀고 살던 두 비둘기에게 주목했다. 비둘기는 유전체*인 배설물을 안테나 안쪽에 쌓는다. 이 배설물 때문에 도무지 이해할 수 없는 잡음(전파)이 생기는지도 몰랐다. 펜지어스와 윌슨은 비둘기를 쫓아내고 안테나 내부를 청소했다. 하지만 안타깝게도 시간이 지나도 잡음은 사라지지 않았다.

그러다가 펜지어스는 근처 프린스턴 대학교에서 근무하는 동료에게서 초기 우주의 열 잔해를 연구하고 있다는 소식을 전해 들었다. 믿기 어렵게도 두 사람은 전적으로 우연히, 자신들이 허블이 팽창하는 우주를 발견한 뒤로 우주론에서 가장 중요한 발견을 했음을, 우주의 탄생이 남긴 잔재를 발견했음을 깨달았다. 두 사람은 빅뱅을 증명한 것이다.

두 사람의 발견은 과학의 역사에서도 손꼽을 만큼 대단한 발

* 정전기장을 가하면 전기 편극은 생기지만 직류 전류는 생기지 않는 물질.

견이었다. 영원히 지속하는 우주는 없었다. 우주는 태어나야 했다. 그러니까 이 세상에는 어제가 없었던 날이 있었던 것이다. 이 '우주 배경 복사cosmic background radiation'*를 발견한 공로로 펜지어스와 윌슨은 1978년에 노벨 물리학상을 받았다.

시간의 화살

시간이 한 방향으로만 흐른다는 사실은 우주가 품은 수수께끼 가운데 하나다. 왜 사람은 나이가 들기만 하고, 달걀은 깨지고, 성은 허물어지는 것일까? 어째서 우리는 다시 젊어지고, 달걀이 다시 붙고, 성이 다시 쌓이는 모습은 볼 수 없는 것일까? 이런 질문에 답하려면 우리는 빅뱅의 순간으로 돌아가야 한다.

이 세 변화는 모두 질서에서 무질서로 가는 변화와 관계가 있다. 달걀이 변할 수 있는 방향 가운데 깨지는(무질서해지는) 방향은 아주 많지만 다시 붙는(질서가 잡히는) 방향은 오직 하나밖에 없다. 각 방향의 변화가 일어날 수 있는 가능성은 모두 동일하기 때문에 달걀은 다시 붙기보다는 깨질 확률이 압도적으로 높다. 이를 '열역학 제2법칙'이라고 하고, 엔트로피entropy(미시적 상태의 무질서도)는 오직 증가할 뿐이라고 표현한다. 깨진 달걀이

* 우주 공간의 배경을 이루며 모든 방향에서 같은 강도로 들어오는 전파.

다시 붙을 가능성이 전혀 없지는 않다. 단지 압도적으로 낮을 뿐이다.

시간의 방향이 우주의 무질서도가 증가하는 상태와 관계가 있다면 과거에는, 즉 빅뱅 때는 우주가 질서정연했어야 한다. 질서정연한 상태는 있을 것 같지 않은 상태라는 점에서 이 문제는 물리학자들을 곤란하게 만들었다. 뉴욕 클락슨 대학교의 래리 슐먼Larry Schulman은 이 문제를 구원한 것이 중력일 수 있다고 했다.[25]

처음에 우주는 물질이 균일하게 퍼져 있는 불덩어리였다. 다시 말해서 무질서한 상태였다. 그러나 창조의 순간에서 38만 년이 흘렀을 때 불덩어리는 전자가 원자핵과 결합해 최초의 원자들을 만들어낼 수 있을 만큼 충분히 식었다. 자유 전자들은 광자와 활발하게 상호작용했지만, 원자에 묶인 전자들은 그렇지 않았고, 전자와 광자의 비율은 1개 대 100억 개 정도였다. 그 때문에 원자가 형성되기 전에는 광자가 물질을 멀리 흩어버렸고, 중력은 물질을 덩어리로 뭉칠 수 없었다. 하지만 원자가 생성된 뒤로는 중력이 물질을 한데 뭉칠 수 있었다. 우주에서 중력 '스위치가 갑자기 켜진' 것만 같았다. 물질은 점점 더 크게 뭉쳤고 결국 오늘날 볼 수 있는 은하가 되었다.

중력을 경험한 물질들이 뭉쳤을 때 나타날 가능성이 가장 큰 상태는 은하나 항성 같은 물체다. 하지만 앞에서 말한 것처럼 우주 탄생 후 38만 년이 되었을 때도 물질은 서로 뭉칠 가능성이 거의 없는 상태로 균일하게 퍼져 있었다. 그러다가 중력 '스위치가 켜지는' 순간 우주는 있을 것 같지 않은 특별한 상태로 바뀌었다. 정확히 시간의 화살표가 한 방향을 향해 날아갈 수 있는 상태로 바뀐 것이다.

이 설명에서 놀라운 점은 탄생 후 38만 년이 된 우주는 그 직전과 직후의 모습이 상당히 비슷했다는 것이다. 이 시기를 '마지막 산란기epoch of last scattering'라고 한다. 우주가 전후 상태를 바꾸게 된 것은 오직 하나, 그 어떤 능력도 없던 중력이 전지전능한 힘이 된 것뿐이었다. 하지만 중력의 관점에서 보면 우주는 있을 수 있는 상태에서 있을 수 없는 상태로 바뀌었다. 영국 물리학자 로저 펜로즈도 숄먼과 비슷한 주장을 했다.

펜지어스와 윌슨이 발견한 빅뱅의 잔광은 문제를, 그것도 아주 많은 문제를 불러왔다. 정말로 우주가 빅뱅으로 시작되었다면 과연 빅뱅은 무엇인가? 빅뱅을 일으킨 원동력은 무엇인가? 빅뱅 이전에는 무슨 일이 있었는가? 누구도 그런 문제와 대면하고 싶어 하지 않았다. 펜지어스와 윌슨을 비롯해 물리학자들 대부분이 우주가 늘 같은 상태를 유지하며 변하지 않았다는 '정상 우주론'을 믿었던 이유는 그 때문이다.

그런데 팽창하는 우주가 일반 상대성 이론과 양립하기에는 한 가지 문제가 있었다. 가모브의 상상처럼 팽창하는 우주를 뒤로 되감는다면 우주는 점점 더 뜨거워지고 조밀해져서 시공간은 훨씬 더 심하게 구부러질 것이다. 그런 상황에서는 모든 것이 무한대로 치솟을 수밖에 없다. 괴물 같은 또 다른 특이점이 나타나는 것이다. 공간의 특이점이 나타나는 블랙홀과 달리 빅뱅에서는 시간의 특이점이 나타나는 것이지만, 어쨌거나 특이점은 특이점이다.

빅뱅의 잔광을 발견함으로써 아인슈타인의 일반 상대성 이론은 하나가 아니라 두 가지 문제를 갖게 되었다. 일반 상대성 이론이 완벽한 의복이 아니라 좀먹은 망토임이 드러난 것이다.

하지만 일반 상대성 이론에 희망이 전혀 없는 것은 아니었다.[26] 이런 특이점들이 반드시 존재할 이유는 없었다. 아직 갈 수 있는 방향이 한 곳 남아 있었다.

특이점 정리

상대성은 죽어가는 항성을 마시멜로처럼 변하게 하는데, 완벽하게 매끄러운 마시멜로는 아니다. 항성 여기저기에는 덩어리가 생긴다. 항성이 중력 때문에 작아질수록 이런 불균질함은 점점 더 증가한다. 다시 말해서 항성은 완벽하게 대칭을 유지하며 줄어들지는 않는다는 뜻이다. 또한 붕괴하는 항성의 모든 지역이 하나의 조밀한 점으로 압축되는 것은 불가능하다는 뜻이다. 항성의 부분들은 서로 뭉치지 못하고 떨어질 것이다. 따라서 특이점 같은 것은 생기지 않는다. 뉴턴의 중력 이론은 이렇게 또 한 번 살아남았다.

블랙홀에 적용되는 것은 빅뱅에도 적용된다. 물질이 우주에 균일하게 퍼져 있는 것이 아니라면 팽창하는 우주를 뒤로 돌려 우주를 수축시키면 불균일도는 더 증가할 것이다. 붕괴하는 우주의 부분들은 한 점으로 압축되지 않고 각기 다른 점에서 압축되므로 재앙을 불러오는 특이점은 생기지 않는다. 아인슈타인의 중력 이론은 기각되지 않았기 때문에 어쩌면 빅뱅이 일어나기 전 초기 우주의 역사를 밝힐 도구로 활용할 수 있을지도 모른다. 어쩌면 우주는 아주 작게 수축되는 빅크런치big crunch 상태가 되었다가 그 반동으로 폭발하는 빅뱅이 될지도 모른다.

과학계가 이런 고민을 하고 있을 때 영국에서는 스티븐 호킹과 로저 펜로즈라는 이론물리학자들이 등장했다. 1965년부터 1970년까지 두 사람은 빅뱅과 블랙홀에서 나타날 수밖에 없는 특이점을 피할 수 있는가 하는 문제에 집중적으로 매달렸고, 막강한 '특이점 정리'라는 일련의 해를 내놓았다. 이 해들 가운데 가장 중요한 것은 가능성이 가장 높은 다양한 조건에서 빅뱅과 블랙홀의 특이점은 불가피하다는 점이다. 우주를 뒤로 감아 수축하든, 항성을 블랙홀로 수축하든, 특이점은 생성될 수밖에 없었다.

이런 불편한 진실에서 벗어날 방법은 없었다. 아인슈타인의 중력 이론은 처음부터 스스로 파괴될 씨앗을 품고 있었다. 아인슈타인의 중력 이론은 빛의 휨 현상, 수성의 근일점 세차 운동,

강력한 중력의 영향을 받아 느려지는 시간 등을 정확하게 예측했지만, 터무니없는 특이점 또한 함께 예측했다. 아인슈타인의 중력 이론은 블랙홀의 중심을, 시간의 시작을 무너뜨린다. 캐나다 워털루에 있는 경계이론물리학연구소Perimeter Institute의 닐 투록Neil Turok은 "우리가 나온 특이점에서 무슨 일이 일어났는지 이해하지 못한다면 우리는 입자물리학 법칙의 그 무엇도 이해할 수 없을 것 같다."라고 했다.

아인슈타인의 중력 이론이 특이점 때문에 무너진다는 것은 그의 이론이 궁극의 이론이 아닌 그저 더 심오하고 더 근원적인 다른 이론의 근사치일 뿐임을 의미하는지도 몰랐다.

양자 중력

아인슈타인의 중력 이론(일반 상대성 이론)과 양자 이론은 20세기 물리학계가 이룬 가장 놀라운 업적이다.[27] 두 이론 모두 수많은 실험과 관찰 시험을 멋지게 통과했고, 각자의 영역에서 왕좌를 차지했다. 일반 상대성 이론은 항성과 우주 같은 큰 물체를 설명하는 이론이고 양자 이론은 원자와 원자의 구성 성분 같은 작은 물체를 설명한다.[28] 그런데 블랙홀이나 빅뱅에서 보이는 특이점 가까이에서는 큰 물체가 원자보다도 더 작은 부피로 압축된다. 따라서 블랙홀의 중심에서 일어나는 일을 이해하려면, 그리고 더 중요하게는 우주의 기원에 관해 알아내려면 일반 상대성 이론과 양자 이론을 하나로 합쳐 '양자 중력 이론quantum theory of gravity'을 만들어내야 했다. '양자 중력 이론'이야말로 물리학자들이 그토록 찾아 헤매던 좀 더 근원적인 이론에 주어진 이름이다.

1916년 초에 아인슈타인은 양자 이론이 자연의 마지막 단어라면—아인슈타인은 그렇게 생각하지 않았다—일반 상대성 이론을 수정해야 한다는 사실을 깨달았다. 그는 "전자의 내부 운동 때문에 원자는 전자기력뿐 아니라 아주 적은 양이라고 해도 중력까지 발산해야 할 것이다. 자연에서는 이런 일이 일어나기 어렵다. 양자 이론이 옳다면 맥스웰의 전기 역학뿐 아니라 새로운 중력 이론까지 수정해야 할 것이다."라고 했다.[29]

양자 중력 역학에서 볼 수 있는 극단적으로 어려운 개념들을 이해하려면 먼저 양자 이론의 기이함을 이해해야 하고, 양자 이론이 일반 상대성 이론과 본질적으로 어떤 차이가 있는지를 알아야 한다.

3부

아인슈타인을 넘어서

8장

예측 불가능한 것을 예측하다

공간과 시간의 운명을 예측하는 양자이론

우리는 월요일과 수요일과 금요일에는 파동 이론을 가르치고,
화요일과 목요일과 토요일에는 입자 이론을 가르친다.

— 윌리엄 브래그[1]

자네 이론은 미쳤네. 하지만 과연 진실이 될
수 있을 만큼 충분히 미쳤을까?

— 닐스 보어[2]

*

양자 이론은 환상적인 성공을 거두었다. 우리에게 레이저와 컴퓨터, 핵발전기를 주었고, 우리가 딛고 있는 땅이 단단한 이유와 태양이 빛나는 이유를 설명해주었다. 그런데 양자 이론은 물질과 물질을 만드는 방법에 관해 알려주었을 뿐 아니라 현실의 피부 밑에 있는 이상한 나라의 앨리스 세계에 대한 반직관적인 창문까지 제공해주었다. 양자 이론은 한 원자가 동시에 두 장소에 있을 수 있는 세계다. 한 사람이 뉴욕과 런던에 동시에 존재하는 세계다. 절대적인 이유가 없는데도 사물이 생겨나는 세계이며, 우주의 반대편에 있다고 해도 두 원자가 곧바로 서로에게 영향을 미칠 수 있는 세계다.

양자 이론이 필요했던 이유는 맥스웰의 전자기 이론 때문이었다. 전자기 이론은 전기 현상과 자기 현상을 우아하고 매끈한 체계 안에 통합했는데, 그 때문에 사실상 한 개가 아니라 두 개나 되는 모순이 생겼다. 두 모순은 모두 빛과 관계가 있었다. 진공 속에서 움직이는 빛의 속도는 관찰자의 속도에 상관없이 일정할 수 있는가라는 첫 번째 모순을 해결하는 과정에서 물리학은 20세기의 가장 큰 업적 가운데 하나를 달성했다. 아인슈타인이 특수 상대성 이론을 발표한 것이다. 두 번째 모순을 해결하는 과정에서 또다시 20세기 물리학의 가장 큰 업적 가운데 하나인 양자 이론이 탄생했다.

맥스웰의 전자기 이론의 두 번째 모순은 맥스웰의 이론이 모든 크기의 전자기파를 허용했기 때문에 발생했다. 그 때문에 파장이 1000분의 1밀리미터보다 조금 짧은 가시광선뿐 아니라 1888년에 하인리히 헤르츠Heinrich Hertz가 발견한 전파와 같은 장파, 1895년에 빌헬름 뢴트겐Wilhelm Röntgen이 발견한 X선 같은 단파까지도 모두 전자기파에 포함되었다. 파동의 크기는 파동이 운반하는 에너지와 관계가 있다. 아주 느린 전파는 가시광선의 파동보다 훨씬 에너지가 적은 파동이고, 빠른 속도로 진동하는 X선은 가시광선 파동보다 훨씬 에너지가 큰 파동이다.

뜨거운 원자 가스 속에서는 빛 파장이 반복해서 방출되고 흡수되기 때문에, 충분한 시간이 흐르면 가능한 모든 빛 파장이 생성된다. 이런 '열적 평형thermal equilibrium' 상태에서는 모든 가능한 파장을 가진 파동들이 에너지를 균등하게 나누어 갖는다. 그리고 바로 여기에 문제가 도사리고 있다. 빛 파동의 최대 파장은 크기에 한계가 있지만(빛이 담겨 있는 용기 크기만큼만 커질 수 있다), 빛 파동의 최소 파장은 한계가 없다. 즉 어떤 파장을 택하든 한 파장을 택하면 장파장의 수는 언제나 유한하지만, 단파장의 수는 무한이 된다는 뜻이다.

앞에서 언급한 것처럼 모든 파동은 균등하게 에너지를 나누어 가져야 한다. 장파장보다 단파장을 가진 파동이 훨씬 많기 때문에 에너지는 대부분 단파장들이 운반한다. 그 때문에 필연적으로 뜨거운 원자 가스가 지닌 에너지는 가장 에너지가 큰 X선으로 모일 수밖에 없다. 1895년에 뢴트겐이 X선을 발견하기 전까지 가장 에너지가 높은 빛은 자외선이었다. 고에너지 X선에 에너지가 몰리는 현상을 '자외선 파탄ultraviolet catastrophe'이라고 부르는 이유는 그 때문이다.[3]

이런 모순을 가장 극적으로 드러내는 천체는 태양이다. 열적 평형 이론대로라면 우리의 태양은 빠른 속도로 에너지를 X선의 형태로 방출하는 상태가 되어 우리 눈에 보이지 않아야 한다. 하지만 태양은 지금도 여전히 빛나고 있다. 독일 수학자 고트프리트 라이프니츠Gottfried Leibniz는 "유용성이 없는 모순은 거의 없다."라고 했다. 1900년, 혁명적인 해답을 찾아냄으로써 독일 물리학자 막스 플랑크는 라이프니츠가 옳음을 입증해 보였다.

양자

19세기 말에 전자 기술 분야의 킬러앱*은 단연코 전구였다. 따라서 '전구의 가열된 필라멘트에서 최대한 많은 양의 가시광선을 방출하게 하는 방법'이 기술적으로나 경제적으로 아주 중요한 문제였다. 뜨거워진 필라멘트가 뜨거운 기체로 이루어진 태양처럼 그 즉시 X선을 방출하는 것이 빛을 설명하는 최상의 이

* 출시와 동시에 다른 경쟁 상품을 몰아내고 시장을 장악하는 제품이나 서비스.

론이라면 그 방법을 찾을 가능성은 전혀 없다.

전구의 필라멘트가 모든 에너지를 X선의 형태로 방출하지 않게 하려면 빛을 길들여 '자외선 파탄'이라는 어처구니없는 상황에서 벗어나야 한다. 마침내 이 문제를 해결한 사람은 오랜 시간 머리를 쥐어뜯으며 인고의 시간을 보낸 막스 플랑크였다.

맥스웰의 전자기 이론대로라면 전자 같은 전하를 띤 진동 입자는 자신의 진동 '주파수'에 맞는 빛을 방출한다. 맥스웰의 이론은 가속한 전하가 전자기 복사를 방출한다고 기술하지만, 실제로 진동하는 전하는 그저 반복적으로 가속되고 있을 뿐이다. 따라서 플랑크는 용수철에 매달린 추처럼 전자들이 벽에 매달려 있는 용기를 상상했다. 물론 지금은 플랑크의 진동하는 전자들이 원자 안에 있음을 알고 있지만, 19세기 말에는 많은 물리학자가 여전히 원자의 존재를 믿지 않았다. 하지만 플랑크의 용수철에 매달린 전자 가설은 충분히 훌륭했다.

플랑크가 상상한 용기를 가열하면, 열 에너지를 받은 용수철이 진동하기 시작하고, 진동하는 용수철은 자신의 진동 주파수와 정확히 같은 진동하는 빛 파동을 만든다. 이 파동은 용기를 가로질러 가 진동하는 다른 용수철에 흡수되고, 빛 파동을 흡수한 용수철들은 또다시 자신과 진동수가 같은 빛 파동을 만든다. 용수철과 빛 파동은 셀 수 없을 정도로 많이 상호작용하고, 그 결과 모든 용수철과 빛 파장이 갖는 열 에너지는 같아진다. 이런 상황에서는 고주파수 빛 파동이 저주파수 빛 파동보다 압도적으로 많기 때문에 고주파수 빛 파동들이 에너지를 대부분 갖게 된다.

플랑크는 진동하는 용수철이 마음대로 에너지를 방출하고 흡수하는 대신 정해진 기본량의 배수로만 에너지를 방출하고 흡수할 수 있다면 이런 재앙을 막을 수 있으리라 생각했다. 플랑크는 용수철이 방출하거나 흡수할 수 있는 에너지 기본량을 h에 진동수 f를 곱한 값이라고 했다. h는 아주 작은 수이고 f는 1초 동안 진동하는 횟수를 의미한다.

플랑크의 생각은 터무니없었다. 그것은 마치 번지점프를 하는 사람이 정해진 높이의 배수에서만 뛰어내릴 수 있다고 하는 것과 같았다. 다시 말해 기본값이 0.5미터라면 번지점프를 하는 사람은 0.5미터, 1미터, 1.5미터에서는 떨어질 수 있어도 0.75미터나 1.2미터, 1.81미터에서는 뛰어내릴 수 없다는 뜻이었다.

플랑크가 생각한 원자-용수철 가설에서 에너지가 hf의 배수로만 방출되거나 흡수되어야 하는 타당한 이유는 없었다. 플랑크는 전적으로 미친 상상을 한 것이다. 그가 이런 상상을 한 이유는 오직 한 가지밖에 없었다. 효과가 있었기 때문이다. 그리고 그의 상상은 뜨거운 원자 가스에서 생성되는 빛의 양(강도)이 다양한 진동수를 갖는(에너지가 균등하게 나누어지는) 이유를 올바르게 예측했다.

플랑크는 진동하는 입자(진동자)는 살짝 높은 에너지에서는 빛을 방출하거나 흡수할 수 없다고 했다. 빛을 방출하거나 흡수할 수 있게 허용된 다음 단계의 에너지에서만 가능하다고 했다. 즉 모 아니면 도 전략을 쓴다는 것이다. 진동자가 빛을 만들 수 있는 충분한 에너지가 없다면 빛은 만들어지지 않는다. 그러기 때문에 빛 파동들이 에너지를 나누어 가질 때, 진동수가 가장 높은 파동은 에너지의 많은 몫을 차지하기는커녕 아예 갖지 못할 수도 있다. 에너지를 갖기에는 너무 비싼 입자이기 때문이다. 이런 식으로 에너지가 가장 많은 빛을 길들이면 자외선 파탄은 일어나지 않는다.

광선과 같은 속도로 이동하면 일어나지 않을 듯한 일을 목격하는 이유는 뉴턴의 중력 이론이 물체의 속도에 최대 한계를 두지 않았기 때문이다. 자외선 파탄이 일어나는 이유는 맥스웰의 전자기 이론이 빛 파장에 최소 한계를 두지 않았기 때문이다. 아인슈타인이 빛의 속도를 속도의 한계로 정하자 무한infinite이 해결되었듯, 플랑크가 양자라는 개념을 도입하자 무한소infinitesimal가 해결되었다.

플랑크는 자신의 양자를 수학 도구에 불과하다고 생각했다. 에너지는 hf의 배수만큼의 에너지를 갖는 개별적인 덩어리 단위(양자)로 원자에 흡수된다고 주장했지만, 실제로 빛이 그런 식으로 공간 속에서 이동한다고 생각하지는 않았다. 빛이 실제로 그렇게 이동한다고 주장한 사람은 상대성과 양자 이론이라는 혁명을 이룩한 아인슈타인이었다. '기적의 해'인 1905년에 아인슈타인은, 밀폐된 용기 속에서 각기 다른 파장을 가진 빛 사이에 에너지가 전파되는 상황을 기술한 플랑크의 공식과 기체 입자들 사이에 에너지가 전파되는 상황을 기술한 맥스웰의 공식에 놀라울 정도로 비슷한 점이 있음을 발견했다.

천재였던 맥스웰은 안타깝게도 마흔여덟이라는 젊은 나이에 세상을 떠났지만 전자기학과 천문학, 기체에 관한 미시적 이론에 공헌했다. 기체 입자들 사이에 에너지가 전파되는 상황을 기술하는 공식을 찾으려고 맥스웰은 원자를 마구 날아다니며 끊임없이 부딪치는 작은 총알이라고 상상했고, 원자들이 서로 부딪치는 동안 속도가 빠른 원자의 에너지가 속도가 느린 원자에게로 옮겨가는 방식으로 원자들이 전체 에너지를 나누어 갖는다고 생각했다. 아인슈타인은 맥스웰의 방정식과 플랑크의 방정식이 놀라울 정도로 비슷한 이유는 한 가지밖에 없다고 생각했다. 빛도 총알과 비슷하게 행동하는 입자로 이루어져 있다는 사실이었다. 플랑크가 그저 수학 장치일 뿐이라고 생각했던 양자는 실제로 존재했다. 빛은 실제로 입자 같은 덩어리로 흡수되거나 방출되었다. 훗날 이 덩어리에는 '광자photon, 光子'라는 이름이 붙었다.

이제 우리는 에너지, 물질, 전하, 그밖의 다른 모든 것들이 보이지 않는 덩어리(양자)로 이루어져 있음을 안다. 자연의 가장 작은 단계는 고전물리학이 예상했던 것처럼 연속적이지 않다. 신문에 실린 사진을 가까이 들여다보면 작은 점들이 보이는 것처럼, 자연의 가장 작은 단계도 입자들로 이루어져 있다.

'물리 상수' h는 플랑크 상수라고 불리게 되었다. 플랑크 상수가 극단적으로 작기 때문에 광자 한 개가 운반하는 에너지도 엄청나게 작다. 그 때문에 전구에서 나오는 빛이 사실은 급류처럼 쏟아지는 작은 총알들임을 절대 눈치채지 못한다. 쏟아져 나오는 작은 총알들이 너무도 많기 때문에 우리 눈에는 연속적으로 보인다.

플랑크 상수가 미시 세계에서 하는 일을 보려면 일상 세계에서도 그 효과가 명확하게 보일 때까지 상상력을 이용해 미시 세계를 키우고 또 키워야 한다. 결국 개별 광자가 너무 많은 에너지를 운반하기 때문에 전구의 필라멘트는 아주 적은 수의 광자만을 만들 수 있다. 그렇게 되면 전구는 깜빡이기 시작한다. 한 번은 광자를 10개 만들고, 다음번에는 7개, 그 다음번에는 15개, 이런 식으로 광자의 개수가 달라진다. h를 그보다 더 크게 늘리면 광자는 에너지를 지나치게 비싸게 만들어, 필라멘트는 광자를 단 한 개도 만들지 못하고 결국 전구는 꺼지고 주위는 깜깜해진다.

아인슈타인은 특정한 금속 표면에서 전자가 튀어 나오는 신기한 현상을 설명하려고 빛은 광자로 이루어져 있다고 했다.[4] '광전자 효과photoelectric effect'라고 부르는 이 효과 덕분에 아인슈타인은 1921년에 노벨 물리학상을 받았다. 그는 '광전자 효과'를 자신이 세운 업적 가운데 유일하게 '혁명적'이라고 평가했다.[5] 그 이유는 놀랍도록 일상적이고도 평범한 관찰 결과를 통해 알 수 있는데…….

무작위적인 실재

창밖을 쳐다보자. 분명히 바깥 풍경이 보일 것이다. 그런데 유리창에 좀 더 가까이 다가가면 당신 얼굴도 보일 것이다. 유리의 투과율은 100퍼센트가 아니기 때문에 생기는 결과다. 빛은 대부분 유리를 통과하지만, 통과하지 못하고 튀어 나오는 빛도 조금은 있다.

창문에서 일어나는 일은, 빛을 파동이라고 가정하면 쉽게 이해할 수 있다. 호수 위로 퍼져가는 파동이 물속에 있던 통나무 같은 장애물을 만났다고 생각해보자. 대부분의 파동은 가던 방향으로 계속 나가겠지만 일부는 뒤로 돌아갈 것이다. 하지만 광자는 모두 동일하기 때문에 빛을 광자의 흐름이라고 본다면 유리창에서 일어나는 일은 설명하기 어려워진다. 광자가 모두 동일하다면 광자는 모두 창문에 동일한 영향을 받는 것이 당연하다(창문은 결점 하나 없이 완벽하게 매끄러운 유리로 되어 있다!). 그러니까 광자는 모두 유리창을 통과하거나 튕겨 나와야 한다. 광자들 대부분은 유리창을 통과하고 일부는 튕겨 나오는 일은 없어야 한다.

창문에 얼굴이 비치는 이유를 설명하려면 물리학자들은 '동일'하다는 말의 정의를 조금 완화할 수밖에 없다. 광자가 동일하다는 것은 개별 광자 모두 유리를 통과할 확률과 튕겨 나올 확률이 동일하다는 뜻이라고 말이다. 다시 말해서 한 광자가 유리를 통과할 확률이 95퍼센트이고 튕겨 나올 확률이 5퍼센트라면, 다른 광자들 모두 각각 95퍼센트와 5퍼센트의 확률로 통과하거나 튕겨 나온다는 뜻이다. 그런데 아인슈타인이 깨달은 것처럼 물리학에서 확률이라는 용어를 사용하는 것은 대참사다.

물리학은 100퍼센트 확신을 가지고 미래를 예측하는 학문이다. 달이 오늘 특정한 위치에 있다면 물리학은 뉴턴의 중력 법칙을 이용해 100퍼센트 확신을 가지고 달이 내일 있을 위치를 예측할 수 있어야 한다. 하지만 유리창에 비친 내 얼굴을 볼 수 있다는 것은 개별 광자가 유리창을 통과할 것인지 튕겨 나갈 것인지를 100퍼센트 확신을 가지고 예측할 수 없다는 뜻이다. 우리가 예측할 수 있는 것은 오직 개별 광자가 유리창을 통과하거나 반사될 '확률'뿐이다.

잠시 시간을 내어 이런 상황이 무엇을 뜻하는지 생각해보자. 주사위를 굴릴 때 아마도 당신은 어떤 숫자가 나올지 맞출 수 없다고 생각할 것이다. 하지만 주사위가 구르는 속도를 정확히 알고, 주사위 주변의 공기 흐름을 정확히 아는 등, 주사위를 둘러싼 여러 변수의 값을 파악해 성능이 뛰어난 컴퓨터의 도움을 받는다면 숫자를 정확하게 알아맞힐 수 있다. 일상 세계에서 우리가 무작위로 일어난다고 생각하는 일들은 사실 무작위가 아니다. 그저 실생활에서는 그런 일이 일어날 가능성을 예측하기 힘들 뿐이다. 하지만 유리창에 부딪친 광자의 행동은 어떤 방법을 사용해도 정확하게 예측할 수 없다. 엄청나게 많은 정보가 있어도, 아무리 성능이 뛰어난 컴퓨터가 있어도 광자의 행동은 100 퍼센트 정확하게 예측할 수 없다. 광자 주사위는 언제나 던지는 순간이 매번 처음 던지는 순간이다.

광자에게 진실인 일들은 전자부터 쿼크quark*에 이르기까지, 이 세상을 구성하는 모든 소립자들에게도 진실이다. 소립자들은 마지막 한 개까지 본질적으로는 행동을 예측할 수 없다.

그렇다면 어떻게 일상 세계에서 일어나는 일은 예측할 수 있는 걸까? 태양은 내일 아침에 어김없이 창공에 나타날 테고, 높이 던진 공은 다시 잡을 수 있도록 예측 가능한 경로로 움직일 것이다. 일상을 예측할 수 있는 이유는 무엇일까? 자연은 한 손으로 잡은 것을 마지못해 다른 손으로 돌려준다는 말로 표현할 수 있을 것 같다. 세상은 본질적으로 예측할 수 없는 곳이지만, 이 예측 불가능성은 예측할 수 있다. 예측 불가능한 것을 예측할 수 있게 해주는 것이 바로 '양자 이론'이다.

우주가 궁극적으로는 무작위적인 가능성 위에 세워졌다는 사실은 틀림없이 과학의 역사에서 가장 놀라운 발견으로 손꼽힐 것이다. 유리창을 쳐다볼 때마다 당신의 얼굴이 당신을 쳐다본다는 것은 정말 놀라운 일이다. 아인슈타인은 우주가 무작위적인 가능성 위에 세워져 있다는 추론을 너무나도 싫어해서 "신은 우주를 가지고 주사위 놀이를 하지 않는다."라는 유명한 말을 했

* 표준 모형의 한 구성 입자로 중성자와 양성자도 쿼크로 이루어져 있다.

다. 그 말을 들은 양자역학의 아버지 닐스 보어는 "신이 주사위를 가지고 하는 일에 이래라저래라 하지 마세요."라고 응수했다.

어쨌거나 주사위 이야기는 아인슈타인이 틀렸다. 그것도 터무니없이 틀렸다. 신은 주사위를 가지고 놀 뿐 아니라, 신이 주사위를 가지고 놀지 않았다면 우주는 없었을 것이다. 적어도 지금 우리를 이곳에 있게 해준 복잡한 우주는 존재하지 않았을 것이다.[6]

파동-입자 이중성

유리창에 얼굴이 비치는 현상은 빛을 파동으로 설정해도 설명할 수 있고, 빛을 입자로 설정해도 설명이 가능하다. 실제로 이 파동-입자 이중성은 원자와 원자의 구성 성분으로 이루어진 미시 세계를 결정하는 주요 특징이다.[7]

한곳에 모이는 입자와 넓게 퍼지는 파동은 본질적으로 양립할 수 없을 것 같다. 확실히 플랑크와 아인슈타인의 생각을 듣고, 그 생각을 바탕으로 연구한 1920년대 물리학자들은 그렇게 생각했다. 독일 물리학자 베르너 하이젠베르크Werner Heisenberg는 "밤늦게까지 몇 시간이고 토론했지만 절망적으로 끝났던 날을 기억한다. 토론이 끝난 뒤에 나는 홀로 근처 공원을 거닐며 거듭 '최근에 우리가 한 원자 실험 결과처럼 자연이 그토록 터무니없

는 모습일 수 있을까?'라는 질문을 했다."고 말했다.[8]

하이젠베르크의 질문에 대한 답은 '그렇다'이다. 원자와 원자의 구성 성분으로 이루어진 미시 세계는 우리가 일상을 살아가는 거시 세계와는 전적으로 다르다(거시 세계보다 십억 배는 작은데, 같다고 생각하는 것이 더 이상하지 않을까?). 광자와 광자의 미시 세계 동료들은 입자도 아니고 파동도 아니다. 우리가 사는 거대한 세상에서는 비교해볼 존재도 없고 말로 표현할 수도 없는 또 다른 무언가이다. 우리가 볼 수 없는 물체의 그림자들처럼, 우리는 입자 같은 그림자와 파동 같은 그림자는 볼 수 있지만 그 그림자의 실체는 볼 수 없다. 하이젠베르크는 "원자 단계에서 일어나는 일을 전적으로 적절하게 다룰 것 같은 수학 도구(양자 이론)는 발명할 수 있었다. 하지만 그곳에서 일어나는 일을 시각화하는 데에는 두 가지 불완전한 비유(파동이라는 비유와 소립자라는 비유)를 드는 것으로 만족해야 한다."라고 했다.

좋다. 그러니까 우주를 구성하는 기본 재료들은 입자이면서 파동처럼 행동한다. 그런데 이 기본 재료들이 보여주는 파동의 성질이 기이하다. 이 기본 재료들의 파동은 입자가 있는 위치를 찾거나 입자가 하는 일을 알아낼 가능성을 알려주는 수학적인 '확률 파동waves of probability'이다. 이 확률 파동은 공간에서 퍼져 나가면서 장애를 만나면 튕겨 나오고 서로 '간섭interference'하기도 한다.[9] 확률 파동이 공간에서 퍼지는 방법은 1925년에 오스트리아 물리학자 에르빈 슈뢰딩거Erwin Schrödinger가 '슈뢰딩거 방정식'

으로 기술했다. 슈뢰딩거 방정식에 따르면 파동이 큰 장소(좀 더 분명하게 말하면 진폭이 큰 장소)에서는 입자를 찾을 확률이 높고, 파동이 작은 곳에서는 낮다.[10]

슈뢰딩거가 부인을 두고 오랜 여자친구와 스키 여행을 떠난 주말에 발견했을 것으로 추측되는 슈뢰딩거 방정식은 자연의 파동 같은 측면과 입자 같은 측면을 영리하게 한데 합쳤다. 이 세상이 파동-입자 이중성이 존재하는 곳임을 확고히 밝혀 물리학자들이 현실 세계에서도 필요한 계산을 할 수 있게 해준 수학 도구가 바로 슈뢰딩거 방정식이었다. 슈뢰딩거가 방정식을 고민하고 있던 해에 하이젠베르크도 막스 보른Max Born과 파스쿠알 요르단Pascual Jordan과 함께 양자 이론 방정식인 '행렬 역학matrix mechanics'을 고안했다. 겉모습은 다르지만 슈뢰딩거 방정식과 같은 의미를 갖는 수학이다.

다중 실재

파동-입자 이중성은 두 갈래 길이 있는 거리다. 1923년, 프랑스 물리학자 루이 드 브로이Louis de Broglie는 빛 파동은 국소화된 입자처럼 행동하며 전자 같은 입자는 넓게 퍼지는 파동처럼 행동한다고 주장했다. 분명 미친 주장 같았다. 그러나 1927년에 미국의 클린턴 데이비슨Clinton Davisson과 레스터 저머Lester Germer, 스코틀랜드의 조지 톰슨George Thomson이 전자들은 서로 간섭하며, 전자들의 양자 파동은 호수에서 겹치는 물결이 그렇듯 증폭되거나 상쇄된다는 사실을 밝혔다. 재미있는 점은 조지 톰슨의 아버지가 전자를 발견한 J. J. 톰슨Joseph John Thomson이라는 것이다. 아버지 톰슨은 전자의 입자성을 밝혀 노벨상을 받았고, 아들 톰슨은 전자가 입자가 아님을 밝혀 노벨상을 받았다.

파동이 입자처럼 행동한다는 물리학의 결과가 충격이라면, 입자가 파동처럼 행동한다는 결과 역시 충격적이다. 왜냐하면 물질의 기본 재료가 파동이 할 수 있는 수많은 일을 모두 할 수 있다는 뜻이기 때문이다. 파동-입자 이중성은 평범한 일상 세계에서는 평범한 결과를 낳지만, 미시 세계에서는 세상을 근본부터 흔드는 놀라운 결과를 가져온다.

폭풍우 때문에 커다란 파도가 치는 바다를 떠올려보자. 그리고 폭풍우가 지나간 뒤에 부드러운 바람에 살며시 물결치는 바다를 생각해보자. 두 파도를 모두 경험해본 사람이라면 이 두 유형의 파도가 합쳐져 표면은 잔잔하게 물결치지만 커다란 파도가 생성될 수 있음을 알고 있을 것이다. 그런데 이런 특성은 수면 파동만이 아니라 모든 파동에서 나타난다. 파동이 두 개 존재한다면 파동의 조합인 '중첩superposition' 또한 존재할 수 있다. 이것은 아주 사소한 관찰 같지만 극미 세계에서는 전혀 사소한 일이 아니다.

산소 원자를 나타내는 양자 파동이 하나 있는데(이런 확률 파동을 전문 용어로 '파동 함수wave function'라고 한다), 이 양자 파동은 방의 왼쪽에서 파동의 크기가 가장 커진다고 가정해보자. 이 경우 산소 원자를 왼쪽에서 찾을 가능성은 거의 100퍼센트다. 이번에는 이 양자 파동이 방의 오른쪽에서 파동의 크기가 가장 커진다고 가정해보자. 그렇다면 산소 원자를 오른쪽에서 찾을 가능성이 거의 100퍼센트가 된다. 이 같은 가정에는 놀라운 점이 거의 없다. 하지만 파동이 두 개라면 두 파동이 중첩될 수 있음을 기억해야 한다. 그런데 두 양자 파동의 중첩은 방의 왼쪽과 오른쪽에 동시에 존재하는(즉 동시에 두 곳에 있는) 산소 원자와 관계가 있다.

하지만 그 누구도 산소 원자가 한 번에 두 곳에 있는 모습을 관찰한 적이 없다.[11] 산소 원자를 방의 왼쪽에서 찾는다면 방의 오른쪽에서 산소 원자가 있음을 알려주던 양자 파동은 그 즉시 '붕괴'되고 만다. 그것이 슈뢰딩거 방정식이 우리에게 말해주는 것이다. 관찰하기 전까지는 안개 같은 확률만 존재하지만, 일단 관찰하면 그 순간 한 가지 확률만 남는다. 산소 원자가 100퍼센트 확률을 가지고 특정 위치에 존재하도록 하는 가능성만이 남는 것이다. 슈뢰딩거 방정식의 업적은 자연의 두 양상(파동 같은 모습과 입자 같은 모습)을 한 가지 수학 식으로 통합함으로써 분명히 양립할 수 없는 둘을 양립할 수 있게 했다는 데 있다.[12]

하지만 그 누구도 산소 원자가 두 곳에 동시에 있는 것을 관찰할 적이 없는데(그 문제에 관해서라면 산소 원자가 아니더라도, 그 어떤 원자도 동시에 두 곳에 있는 모습을 관찰한 적이 없다), 양자-파동 중첩 현상을 진지하게 받아들여야 할 필요가 있을까? 그에 대한 답은 '하지만 양자-파동 중첩이 만들어낸 결과가 있다'이다. 이 결과들 때문에 양자적 기이함이 생긴다.

간단한 예를 들어보자. 완벽하게 같은 볼링공 두 개가 충돌한 뒤에 튕겨 나갔다. 충돌한 볼링공들은 서로 정반대 방향으로 튕겨 나간다. 이제 볼링공을 여러 번 부딪치게 해 두 볼링공이 움직이는 방향을 기록하자. 볼링공들은 한 번은 2시 방향과 8시 방향으로, 다음번에는 4시 방향과 10시 방향으로, 계속해서 정반대 방향으로 움직였다. 이런 충돌을 수백 번 하면 분명히 볼링공들은 시계 위에서 갈 수 있는 모든 방향으로 적어도 한 번씩은 지나갈 것이다.

두 전자나 두 산소 원자 같은 완벽하게 동일한 양자 물체들이 볼링공처럼 수백 번 부딪친다고 생각해보자. 양자 물체들은 수백 번을 부딪쳐도 절대로 가지 않는 방향이 생긴다. 다시 말해서 3시 방향과 9시 방향, 5시 방향과 11시 방향처럼 입자들이 절대로 가지 않는 방향이 생기는 것이다. 왜일까? 그 이유는 한 입자의 확률 파동의 마루가 다른 입자의 확률 파동의 골과 만나 서로 간섭을 일으키면서 상쇄되어 입자를 찾을 가능성이 완전히 사라지기 때문이다.

즉 '간섭'은 양자 입자를 관측하기 전에 중첩된 두 양자 파동이 상호작용하게 해준다. 충돌한 두 입자가 절대로 튕겨 나가지 않는 특정한 방향이 생긴다. 이런 예상치 못한 결과가 나오는 것은 '간섭' 때문이다.

맥스웰 이론의 예측처럼 원자 주위를 도는 전자가 원자핵으로 떨어지지 않고 계속 돌 수 있는 이유도 간섭으로 설명할 수 있다. 전자가 원자핵을 향해 갈 수 있는 경로는 아주 많다. 전자는 나선을 그리며 원자핵으로 떨어질 수도 있고, 직선 경로나 파동처럼 요동치는 경로를 그리며 원자핵으로 떨어질 수도 있다. 당연히 이 모든 경로는 양자 파동과 관계가 있다. 그런데 이 양자 파동들은 원자핵 가까이 다가가면 모두 간섭을 일으켜 상쇄되기 때문에 원자핵 가까이에서 전자를 찾을 가능성은 전혀 없다.

간섭은 양자물리학과 양자물리학 이전의 물리학들을 가르는 근본적인 차이점이다. '고전'물리학에서는 달과 같은 물체는 독특하면서도 잘 정의된 궤도를 따라 움직인다. 하지만 양자물리학에서는 잘 정의된 궤도 같은 것은 없다. 관찰과 관찰 사이에 전자는 다양한 경로로 이동할 수 있는데, 각 경로는 특별한 확률과 관계가 있다.

중첩 같은 양자적 특성이 그 자체로는 충분히 기이하다는 느낌을 받지 못할 수도 있지만, 양자적 특성들은 서로 결합해 훨씬 기이한 양자 현상을 만들어낼 수도 있다. 예를 들어 '비국소성non-locality'이라든가, 먼 거리에서 유령처럼 일어나는 '양자 얽힘' 같은 현상은 너무나도 기이해서 아인슈타인은 양자 이론이 자연을 설명하는 마지막 이론이 아니라 좀 더 본질적인 이론의 근사치일 뿐이라고 믿었다. 양자 현상의 기이함을 제대로 이해하려면 '스핀spin'*을 알아야 한다.

빛보다 빠른 작용

양자 스핀은 파동-입자 이중성과 예측 불가능성처럼 일상 세상에서는 비교할 수 있는 것이 없는 양자적 특성 가운데 하나다. 얼음 위에서 회전하는 아이스스케이팅 선수를 생각해보자. 아이스스케이팅 선수에게는 '각운동량angular momentum'이 생긴다. 각운동량은 그저 아이스스케이팅 선수의 운동량과 이 선수가 회전하고 있는 회전축과 몸 사이의 평균 거리를 곱한 값이다. 일반적인 운동량과 에너지처럼 각운동량도 결코 새로 만들어지거나 사라지지 않고 '보존'되는 값이다. 선수가 손을 몸 쪽으로 끌어당겨 자신의 몸을 회전축에 좀 더 가까이 가져가면 회전 속도가 빨라지는 이유는 그 때문이다.

양자 비틀기quantum twist란 전자 같은 입자가 실제로는 회전하지 않는데도 회전하는 것처럼 행동한다는 뜻이다. 전자 같은 입자는 내재적으로 스핀을 갖는다. 극미 세계에 존재하는 다른 모

---

* 소립자의 기본 성질의 하나로, 양자 역학적인 입자 또는 계가 궤도 운동에 의한 각운동량과는 별도로 고유하게 가지고 있는 운동량.

든 속성처럼 스핀도 나눌 수 없는 양자로 되어 있다. 역사적인 (그리고 혼란스러운) 이유로 스핀의 기본값은 특정량($h/2\pi$)의 1/2이 되었다. 이 값, $h/4\pi$는 전자의 스핀 값이다. 전자는 두 가지 스핀만이 가능하다. 전자가 실제로 회전하는 것은 아니지만 물리학자들은 전자가 시계 방향이나 반시계 방향으로 회전하는 것으로 간주한다. 물리학자들이 선호하는 전자의 두 회전 상태 명칭은 '위' 스핀과 '아래' 스핀이다.

이제부터 스핀이 중첩이나 예측 불가능성 같은 양자적 속성들과 함께하는, 유령 같은 '원격 작용(양자 얽힘)'을 살펴보자.

여기 전자가 두 개 있다. 한 전자의 스핀은 '위'이고 다른 전자의 스핀은 '아래'다. 아니, 한 전자의 스핀은 '아래'이고 다른 전자의 스핀은 '위'일 수도 있다. 중요한 것은 두 전자가 중첩되었을 때 한 전자의 스핀은 '위'여야 하고 다른 전자의 스핀은 '아래'여야 한다는 사실이다.

두 전자의 스핀이 반대이기 때문에 중첩되었을 때 두 전자의 스핀은 상쇄되어야 한다. 즉 각운동량이 0이 되는 것이다. 하지만 각운동량은 '보존'된다는 사실을 기억하자. 따라서 두 전자의 각운동량의 합은 늘 0이 되어야 한다. 다시 말해서 두 전자의 스핀은 언제나 반대여야 한다.

전자들이 서로 볼 수 없도록 한 전자를 상자에 넣어 지구 반대 방향으로 가져간 뒤에 상자를 열어보자. 양자적 예측 불가능성에 따르면 상자에 들어 있는 전자의 스핀이 '위'일 확률은 50

퍼센트이고, '아래'일 확률도 50퍼센트다. 그런데—이것이 핵심이다!—상자에 든 전자의 스핀이 '위'라면 그 즉시 집에 남겨두고 온 전자의 스핀은 '아래'가 되고, 상자 속 전자의 스핀이 '아래'라면 그 즉시 집에 있는 전자의 스핀은 '위'가 된다. 여기서는 '그 즉시'라는 표현에 주목해야 한다. 두 전자가 먼 거리에서 그 즉시 영향을 미친다는 것은 빛이 우주의 속도 한계라는 아인슈타인의 이론을 완전히 위반한다. 아인슈타인이 유령 같은 원격 작용이야말로 양자 이론의 불완전함을 입증하는 증거라고 생각한 것도 바로 그 때문이다.

아인슈타인에게는 안타까운 일이지만, 실험실 실험에서 함께 태어난 아원자 입자들이 (두 개의 전자처럼) 실제로 빛보다 빠른 속도로 서로에게 영향을 미쳤다. 우주의 양 끝에 떨어져 있어도 결과는 마찬가지였다. 이것을 과학 용어로는 '얽혔다entangled'고 한다. 닐스 보어는 "양자물리학을 생각하면서 어지럽지 않다고 말하는 사람은 자신이 양자물리학의 가장 기초적인 것도 모른다는 사실을 고백하는 것이다."라고 말했다.

'얽힘'이라고 하는 이 비국소성은, 특수 상대성 이론이 정보의 전달 속도가 빛보다 빠를 수 없다고 금지하는 한 특수 상대성 이론과 양립할 수 있다. 앞에서 살펴본 두 전자의 경우, 관찰자는 전자를 들여다보기 전까지는 전자의 스핀이 위인지 아래인지를 알 수 없으며, 전자가 택하는 스핀 방향은 무작위적이다. 따라서 위 스핀을 1로 정하고 아래 스핀을 0으로 정하는 식으로 메시지를 부호화하는 것은 소용이 없다. 우리가 전송할 수 있는 메시지는 진짜 메시지가 될 수 없는 무작위적이고 이해하기 힘든 표현, 쓸모없는 정보뿐이다.

그런데 예측 불가능성, 중첩, 얽힘과는 별개로 실재의 의미를 함축한 파동의 훨씬 더 기본적인 특성이 있었으니…….

불확정성 원리

위와 아래로 일정하게 물결치는 파장이 있다고 생각해보자. 이런 '사인파sine wave'는 영원히 앞으로 나가기 때문에 정확한 위치를 100퍼센트 확신해서 말할 수 없다. 그렇다면 파동이 나르는 운동량은 어떨까? 직감적으로 생각했을 때 운동량은 파장과 관계가 있을 것 같다. 다시 말해서 심하게 구불구불한 파동(파장이 짧은 파동)은 운동량이 크고, 완만하고 넓은 파동(파장이 긴 파동)은 운동량이 작을 것 같다. 사인파는 단 한 개의 파장으로 이루어져 있기 때문에 운동량을 정확히 파악할 수 있다. 그러니까 사인파의 운동량은 100퍼센트 확신을 가지고 알아낼 수 있는 것이다.

사인파보다 더 국소적인 파동은 언제든 만들 수 있다. 이런 파속wave packet을 만들려면 파장이 다른 사인파를 더하기만 하면 된다. 파장이 다른 사인파는 계속해서 더할 수 있는데, 특정한 좁은 지역만 제외하고 다른 장소에서는 사인파들이 모두 사라지도록 사인파를 배열할 수도 있다.[13] 중첩되는 사인파 수가 많아질수록 훨씬 좁은 지역에서만 파동이 나타나게 할 수 있다. 그런데—이것이 요점인데—파동이 있는 장소를 정확하게 알려면 대가가 따른다. 이제 파동은 독특한 파장(과 좀 더 중요하게는 독특한 운동량)을 가진 수많은 사인파로 이루어져 있기 때문에 전체 파동의 운동량을 분명하게 아는 것은 불가능해졌다.

즉 파동의 위치를 좀 더 확실하게 알려면 파동의 운동량을 조금 더 알 수 없게 되는 대가를 치러야 한다. 그와 반대의 경우도 마찬가지다. 한 개의 사인파의 경우 운동량은 100퍼센트 확신을 가지고 알 수 있지만, 그때는 사인파의 위치를 확실히 알아낼 수 없는 대가를 치러야 한다. 파동의 위치와 운동량에 관한 지식은 한쪽을 알면 다른 한쪽을 포기해야 하는 규칙이 작동한다. 이는 파동의 종류와 상관없는 기본 특성이다. 이 규칙을 피해 갈 방법은 없다. 미시 세계의 물질을 이루는 기본 재료도 파동처럼 행동하기 때문에 이런 위치-운동량 지식 교환 규칙을 따라야 한다. 이런 상황을 우리는 이미 만난 적이 있다. 그때 우리는 이 규칙을 하이젠베르크의 불확정성 원리라고 했다.[14]

좀 더 분명하게 말하면, 입자의 위치 불확실성과 입자의 운동량 불확실성을 더한 값은 $h/2\pi$보다 작아야 한다.[15] 에너지와 시간도 비슷한 제약을 받는다. 입자의 에너지 불확실성과 입자의 시간 불확정성을 곱한 값은 $h/2\pi$보다 클 수 없다.[16]

h는 아주 작고 사람의 운동량은 아주 크다. 그래서 사람은 위치를 정확히 파악할 수 없는 퍼져 나가는 파동처럼 행동하지 않는다. 그러나 운동량이 아주 작은 아원자 입자는 위치 불확정성이 아주 크다. 운동량이 가장 작은 물질의 기본 입자는 질량이 가장 작은 전자이다. 그 때문에 전자의 가장 두드러진 특징들은 대부분 아주 큰 위치 불확정성과 관계가 있다. 7장에서 살펴보았듯 불확정성 원리는, 원자가 존재하며 원자 주위를 도는 전자가 원자핵을 향해 나선을 그리며 추락하지 않는 이유를 이해하는 또 다른 방법이다. 전자는 소립자 가운데 양자 파동이 가장 길어서 항상 편하게 움직일 공간이 필요하다. 그래서 원자핵 근처에서 부피가 작은 공간 속으로 압축해 들어갈 수 없다.

하이젠베르크의 불확정성 원리는 실제로 양자 세계를 지탱해주는 보호자이다. 양자적 실체quantum entity의 위치를 정확히 알면, 더는 간섭이나 양자적 행동을 보이는 모든 파동 현상에 중요한 역할을 하는 확산 파동은 존재하지 않게 된다.

공간과 시간의 붕괴

하이젠베르크의 불확정성 원리는 텅 빈 공간에서 중요한 의미를 갖는다. 왜냐하면 진공인 지역이 좁아질수록 그 안에 포함된 에너지의 불확정성이 점점 더 커진다는 뜻이기 때문이다. 누군가

지갑에서 돈을 훔쳤다가 지갑 주인이 알아채기 전에 다시 돌려 놓는 것처럼 에너지는 갑자기 나타났다 사라진다. 에너지의 이런 '양자 요동quantum fluctuation'의 결과, 모자에서 토끼가 튀어 나오듯 전자와 양전자positron 같은 입자와 반입자 쌍이 만들어진다. 양자 요동으로 만들어진 입자와 반입자는 아주 짧은 순간이 지나면 사라져버리기 때문에 실제 입자라고 부르기에는 무리가 있다. 하지만 이런 '가상' 입자들은 원자에 실제로 영향을 미친다. 원자의 최외각 전자들에 부딪혀 전자들이 전자 궤도를 이동할 때 전자가 방출하는 빛의 에너지를 조금 바꾸기 때문이다. 수소 원자의 빛 스펙트럼에서 일어나는 이런 변화('램 이동Lamb shift')를 발견한 공로로 미국 물리학자 윌리스 램Willis Lamb은 1955년에 노벨 물리학상을 받았다.

양자 요동 때문에 사실상 진공은 에너지로 들끓고 있다. 아주 작은 규모에서의 양자 요동은 충분히 크기 때문에 에너지는 시공간을 심하게 왜곡할 수 있다.[17]

진공을 폭풍우가 치는 바다라고 생각해보자. 하늘 높이 나는 갈매기의 눈에는 바다가 충분히 잔잔해 보인다. 큰 규모에서 바라보는 시공간은 이렇듯 완만해 보인다. 하지만 갈매기가 고도를 낮춰 바다에 가까워지면 분명히 크게 요동치는 파도가 보일 것이다. 그와 마찬가지로 작은 규모에서는 시공간이 격렬하게 요동친다. 마지막으로 트롤선의 갑판에 내려앉은 갈매기를 생각해보자. 갈매기 눈에는 배를 강하게 치는 파도가 보일 것이다.

그곳에서는 모든 것이 파도 거품에 덮여 있고 정신없이 혼란스러울 것이다. 가장 작은 규모에서 목격하는 시공간도 그와 같을 것이다.

존 휠러는 이런 정신없는 시공간에 '양자 거품quantum foam'이라는 이름을 붙였다. 물론 아직까지는 양자 거품이 실제로 존재한다는 관측 결과는 나오지 않았다. 양자 거품은 지구까지 정보를 전달하는 데 수십 억 년이 걸리는 '퀘이사quasar'*나 '감마선 폭발'** 같은 먼 우주에서 일어난 사건이 보내온 빛에 분명 영향을 미치지만, 아직 그 효과를 직접 관측하지는 못했다.[18]

물리학자들은 대부분 가장 작은 규모에서는 시공간이 존재하지 않는다는 휠러의 주장에 동의한다. 뉴저지주 프린스턴 고등연구소의 니마 아르카니-하메드Nima Arkani-Hamed는 "시공간은 끝났다. 많은 사람이 그 사실에 동의한다. 이제 시공간은 좀 더 근본적인 기본 토대로 대체되어야 한다. 문제는 그 기본 토대가 무엇인가 하는 점이다."라고 했다.

아르카니-하메드는 이 세상에서 가장 독창적이고 재능 있는 이론물리학자 가운데 한 명으로 손꼽히는 인물이다. 트레이드마크인 검은색 티셔츠와 반바지, 샌들 차림에 길게 흩날리는 검은색 머리카락의 소유자인 그가 칠판에 마구 휘갈겨 쓴 방정식 앞에서 두 팔을 흔들며 무언가를 열심히 설명하는 매력적인 사진

---

* 활동 은하핵을 갖는 매우 멀고 밝은 은하.

** 우주에서 가장 격렬한 초대형 폭발 현상.

을 인터넷에서 많이 찾아볼 수 있다. 시간에 관대한 그는 누구하고라도 많은 시간을 들여 물리학을 이야기한다. 실제로 그는 자신과 함께 연구하고 싶다는 대학원생을 단 한 번도 거절한 적이 없다고 했다.[19]

아르카니-하메드가 21세기 물리학의 중심 인물이 된 것은 어느 정도는 기적에 가깝다. 열 살 때 그는 이란과 터키 국경 지대에 있는 산악지대에서 열병으로 죽을 뻔했다. 그때 그의 가족은 호메이니의 통치를 피해 1982년에 이란에서 도망치는 중이었다. 아들을 말에 태우고 밤에 이동해야 했던 그의 어머니는 의식을 잃으려는 아들을 계속 깨워야 했다. 밤하늘에 반짝이는 은하수를 가리키며 안전한 곳에 도착하면 망원경을 사주겠다고 약속했다. 아르카니-하메드는 캐나다 토론토에서 망원경을 받았고, 캘리포니아 버클리 대학교와 하버드 대학교를 거쳐 아인슈타인과 논리학자 쿠르트 괴델Kurt Gödel이 말년을 보낸 프린스턴 고등연구소로 왔다.

아르카니-하메드는 특유의 한계 없는 에너지와 열정을 가지고 LHC를 왜소하게 만들 입자 가속기를 건설해 유럽 기계보다 10배는 작은 자연의 세계와 10배는 큰 에너지를 탐지하자며 중국을 설득하고 있다. 실제로 중국이 그의 제안을 받아들인다면 2042년에는 정말로 '거대한 입자 가속기'를 가동할 수 있을 것이다. 그러나 이론물리학에서 아르카니-하메드의 관심은 철저하게 아인슈타인의 중력 이론보다 더 근본적인 이론을 찾는 데 있다. 아인슈타인의 중력 이론은 중력이 시공간의 곡률일 뿐이라고 말한다. 따라서 중력을 이해하려는 시도는 공간과 시간의 기원을 이해하려는 시도로 바뀌어왔다.

물리학자들은 존재하지 않을 것 같은 아주 짧은 길이를 특히 중요하게 생각한다. 1.6×10^{-35}미터(원자의 지름보다 10×100만×10억×10억 배 짧은 길이)에서는 중력이 자연의 다른 기본 세 힘(전자기력, 강한 핵력, 약한 핵력)과 비슷한 힘을 갖게 된다. 이 '플랑크 길이'는 1900년에 플랑크가 깨달은 개념이지만, 그때는 현대와 같은 의미는 없었다. 플랑크는 그저 플랑크 길이를 "외계인간과 초인간의 것들을 포함해 모든 시간과 모든 문화에 중요한 의미를 갖는" 가장 기본이 되는 규모라고 생각했을 뿐이다.[20]

중력을 제외한 모든 힘을 양자 이론으로 기술할 수 있다는 사실은 중력을 양자적으로 기술하려면 플랑크 규모에서, 혹은 플랑크 규모에 가까운 규모에서 일어나는 일을 이해할 필요가 있다는 뜻이다. 양자적 그림에서 기본 힘은 힘을 운반하는 입자들이 테니스공을 주고받는 선수들처럼 서로 힘을 주고받기 때문에 나타나는 결과다. 전자기력에서 힘을 운반하는 입자는 광자이며, 약한 핵력에서 힘을 운반하는 입자는 세 가지 '벡터 보손vector boson'이고 강한 핵력에서 힘을 운반하는 입자는 여덟 가지 '글루온gluon'이다. 힘을 운반하는 입자들은 진공 속에서 나타났다 사라지는 '가상' 입자들이기 때문에 입자가 가지고 있는 질량-에너지가 많을수록 존재하는 시간은 짧아지고, 존재하는 동안 이동 거리도 짧아진다. 이는 힘을 운반하는 입자가 무거울수록 힘이 미치는 범위는 좁다는 뜻이다. 예를 들어 무거운 벡터 보손은 원자핵이 미치는 범위보다도 훨씬 작은 범위에서만 약한 핵력이 힘을 발휘하게 하지만, 질량이 0인 광자는 무한한 영역에서 전자기력이 힘을 발휘하게 한다.

따라서 이런 결론을 내릴 수 있다. 만약 중력을 양자적으로 기술하는 것이 가능하다면 중력을 운반하는 매개자가 있어야 한다. 중력을 매개하는 가상 입자를 이론물리학자들은 '중력자graviton'라고 부른다. 중력자와 관련해서는 이론적으로 곤란한 문제가 아주 많으며, 그런 입자는 없을 가능성도 있다. 예를 들어 그 힘을 전달하는 입자와 그 힘을 '느끼는' 입자가 얼마나 많이 상호작용하는지가 힘의 세기를 결정한다. 그런데 중력의 세기는 다른 세 힘의 세기에 비해 터무니없이 작다. 수소 원자를 이루는 전자와 양성자 사이의 중력은 전자기력보다 1만×10억×10억×10억×10억 배만큼 약하다. 그 말은 중력은 물질과 거의 상호작용하지 않는다는 뜻이다. 목성 정도의 질량 검출기가 중력자 한 개를 멈추려면 우주의 나이보다 더 긴 시간이 필요할 것이다.[21]

중력자 문제는 별개로 치더라도, 아인슈타인의 중력 이론과 양자 이론은 본질적으로 양립하기 힘들어 보이기 때문에 두 이론을 합치는 일은 아주 어려울 것 같다. 무엇보다도 일반 상대성 이론은 100퍼센트 확신을 가지고 미래를 예측하는 확실성에 관한 이론인 데 반해, 양자 이론은 앞으로 펼쳐질지도 모를 가능한 미래들을 확률적으로만 예측하는 불확실성에 관한 이론이기 때문이다. 케임브리지 대학교의 데이비드 통David Tong은 "그럼에도 불구하고 물리학자들은 자연의 다른 기본 힘들을 양자적으로 기술하는 방법을 찾아냈다."고 말했다.

양자 이론에서는 공간에서의 정확한 위치, 공간을 움직일 때 물체가 그리는 궤도는 존재하지 않는다. 아인슈타인의 중력 이론에서는 그 두 요소가 이론을 떠받치는 초석이다. 양자 이론은 작은 규모에서의 우주는 개별적인 알갱이로 이루어져 있다고 보지만, 일반 상대성 이론은 작은 규모에서의 우주도 매끄럽고 연속적이라고 생각한다. 지금까지 언급한 차이들이 두 이론을 합치기 어렵게 하는 결정적 장애가 아니라 해도, 중력을 제외한 자연의 다른 힘들은 시공간 안에서 작동하지만 중력은 시공간 자체라는 문제는 남는다. 통은 "차이는 크지 않을 수도 있다. 그러나 중력은 냄새 자체가 다르다."라고 했다.

플랑크 규모가 중요한 이유는 플랑크 규모에서는 중력이 다른 자연의 힘과 비슷한 세기를 갖게 되어 양자적으로 기술할 필요가 생긴다고 여겨지기 때문이다. 플랑크 규모에서 양자 이론은 '양자 요동은 아주 크고 국소화되기 때문에 에너지가 나타난다면 에너지는 그 자신의 사건 지평선 안에서 나타난다.'고 예측한다. 에너지는 나타나는 즉시 수축해서 블랙홀이 된다는 뜻이다. 분명히 아주 어처구니없는 상황이다. 그런 사건이 실제로 일어난다면 플랑크 규모의 시공간은 영원히 블랙홀 내부로 들어가 절대 보이지 않을 뿐만 아니라 우리를 둘러싼 모든 곳에서 작은 블랙홀이 끊임없이 생성될 것이다.

일반 상대성 이론은 아주 작은 규모에서 특이점이 생긴다는 터무니없는 예측을 하는 데 반해, 양자 이론은 아주 작은 규모에서는 블랙홀이 저절로 생겨야 한다는 터무니없는 예측을 한다. 두 예측의 차이라면 플랑크 규모는 극도로 작은 규모이기는 하지만 규모가 0에 가까운 무한소인 특이점만큼 작지는 않다는 것뿐이다. 따라서 일반 상대성 이론과 양자 이론을 합치는 좀 더 근본적인 이론을 찾으려면 아인슈타인의 중력 이론뿐 아니라 양자 이론도 근본적으로 수정할 필요가 있다고 여겨진다.

실험이 없어도 안내서는 있다

좀 더 근원적인 이론, 즉 양자 중력 이론을 찾는 가장 확실한 방법은 아인슈타인의 이론이 붕괴되고 공간과 시간이 의미가 없어지는 극도로 규모가 작은 세계를 조사하는 것이다. 아르카니-하메드는 "결국에는 실험이 모든 것을 결정할 것이다. 플랑크 규모를 탐색할 수 있는 실험이 필요하다."라고 했다.

그러나 플랑크 규모처럼 아주 작은 세계는 에너지가 아주 크다. 스위스 제노바 부근에 있는 거대 강입자 충돌기LHC에서는

1만 GeV까지 충돌 에너지를 생성할 수 있다.[22] 문제는 플랑크 규모를 만들려면 LHC가 생성할 수 있는 에너지보다 100만×10억 배 큰 10×10억×10억 GeV의 에너지가 필요하다는 것이다. 현재 기술로 그렇게 어마어마한 에너지를 생성하려면 우리은하 지름의 10분의 1에 해당하는 원형 가속기가 필요하다. 우주 어딘가에서는 자신이 살고 있는 은하의 10분의 1을 초거대 강입자 충돌기로 만들어 실험하는 우주 문명이 있을지도 모르겠다. 하지만 솔직히 그럴 가능성은 없다고 생각한다.

플랑크 규모에서 일어나는 일을 직접 탐사하는 것은 거의 불가능하리라고 생각한다. 하지만 한때 우주는 플랑크 길이처럼 작았던 적이 있기 때문에 미시 세계의 물리학이 거시 세계인 지금의 우주(어쩌면 은하의 분포 속)에 지워지지 않는 흔적을 남겨놓았을 가능성은 있다. 아르카니-하메드는 "우리는 플랑크 규모를 들여다볼 수 있는 우주를 측정해야 한다."라고 했다.

그토록 작은 우주에서는 시공간이 격렬하게 요동쳐 강력한 중력파를 생성할지도 모른다. 천문학자들에게 재간이 있다면 빅뱅의 불덩어리가 우리 주위에 남겨놓은 '잔광(우주 배경 복사)'의 흔적을 찾아낼 수도 있을 것이다. 실제로 2014년 3월에 남극 연구기지에서 진행한 바이셉2BICEP2 실험에서 그런 우주 지문을 찾았다고 주장했다. 하지만 그것은 우주 지문이 아니라 우리은하를 덮고 있는 먼지 커튼일 뿐이었다.[23]

자연은 아인슈타인의 이론보다 더 근원적인 이론을 찾을 수 있는 단서를 인간의 손이 닿지 않는 먼 곳에 심어둔 것이 분명하다. 그 단서를 조금이라도 엿보려면 정말 엄청난 재주가 필요하다. 하지만 모든 것을 잃은 것은 아니다. 우리에게는 강력한 안내서가 있다. 상대성과 양자 이론이라는 쌍둥이 원리 말이다.

9장

미지의 세계

우주는 왜 존재하며,
어디에서 왔을까?

내부에서 원자가 움직이기 때문에 원자는 전자기 에너지뿐 아니라 소량일지라도 중력 에너지를 발산해야 한다. 자연 상태에서는 이런 일이 일어나기 어려우므로 양자 이론은 맥스웰의 전자역학뿐 아니라 새로운 중력 이론도 수정해야 할 것으로 보인다.

— 알베르트 아인슈타인[1]

이런 이론이 있다. 누군가 이 우주가 정확히 어떤 곳이고 무엇 때문에 이곳에 존재하는지를 밝혀내는 순간, 그 우주는 사라지고 훨씬 더 기이하고 이해할 수 없는 우주로 대체된다는 이론 말이다. 또 다른 이론도 있다. 그런 일이 이미 벌어졌다는 것이다.

— 더글러스 애덤스[2]

*

당신은 험준한 산을 올라야 한다. 정상에 오르는 동안 당신은 가지고 있던 에너지와 재주를 남김없이 쏟아부었다. 완전히 지쳐버렸지만 기분만은 더없이 좋았다. 정상에 올라 잠시 숨을 고르며 앞으로 가야 할 옆 산을 보는 순간, 갑자기 숨이 막혔다. 그 산은 이제 막 정상에 오른 산보다 두 배가 아니라 다섯 배, 심지어 열 배는 높아 보였기 때문이다. 아니, 그 산은 100만에 10억을 곱한 것만큼이나 더 높아 보였다.

21세기가 시작될 무렵에 물리학자들이 처한 상황도 이와 같았다. 물리학자들은 자신들이 알고 있는 모든 지식과 재주를 동원해 제네바 근교에 거대 강입자 충돌기를 만들었고, 전설적인 힉스 입자Higgs particle를 발견했다. 힉스장Higgs field의 양자quantum라는 전설적인 힉스 입자는 다른 모든 입자에 질량을 부여한다. 힉스 입자의 발견은 물리학자들을 환희에 빠뜨린 엄청난 성공임이 분명했다. 그러나 이런 성공을 거둔 물리학자들 앞에는 훨씬 더 어려운 도전이 놓여 있었다. 플랑크 규모에서는 공간과 시간과 중력이 좀 더 근원적인 기원을 갖는 것처럼 보이는 이유와 자연이 우주의 기원에 얽힌 궁극적인 비밀을 숨기고 있는 것처럼 보이는 이유를 찾아내야 한다는 과제였다. 이런 비밀을 풀려면 거대 강입자 충돌기가 낼 수 있는 에너지보다 100만에 10억을 곱한 것만큼 큰 에너지가 필요했기 때문에, 물리학자들은 아이처럼 울음을 터뜨릴 수밖에 없는 상황이었다.

플랑크 에너지에 도달할 수 없다는 사실을 들어 물리학은 종말을 맞았다고 비장하게 선언하는 주석자들이 나왔다. 기초물리학은 이제 과학 판타지가 되었으니 이론물리학자들은 그 어떤 실험으로도 틀렸음을 입증할 수 없다는 특권을 누리며 자신들의 머릿속에서 마구 솟아나오는 미친 주장을 마음껏 발표해도 될 것이라고 주장하는 비평가도 있었다.

하지만 그런 평가들은 전혀 사실이 아니다. 아르카니-하메드는 "실험을 하기 전까지는 어떤 이론을 옳다고 말할 수 없다는 생각은 잘못이다."라고 했다.

우리가 관측하고 실험할 수 있는 보이는 세상에 관한 실험을 하지 않고도 입이 쩍 벌어질 정도로 놀랍도록 정확하게 예측하는 물리학 이론을 우리는 두 개나 알고 있다. 특수 상대성 이론과 양자 이론 말이다. 이미 밝혀진 것처럼 물리학자들은 자기가 좋아한다고 해서 아무 이론이나 마구 만들어낼 수 없다. 오히려 그 반대다. 물리학자들이 세우는 이론은 무엇이든 특수 상대성 이론과 양자 이론에 어긋나지 않아야 한다. 실제로 이 제약은 터무니없을 정도로 강해서 물리학자들이 제시하는 이론들은 채택되는 경우보다 그 즉시 기각되는 경우가 압도적으로 많다. 아르카니-하메드는 "더 근원적이고 근본적인 이론을 찾기가 그토록 힘든 이유는 바로 그 때문이다."라고 했다.

보스턴 대학교 과학사학자 겐나디 고렐릭Gennady Gorelik은 "천

개나 되는 이론이 만개했지만, 그런 이론들은 여전히 물리 법칙 안에서 확고한 기반을 세우지 못했다. 물리학의 역사에서 이렇게 많은 사람이 노력하고 있는데도 확고하게 성공하는 예가 이토록 적은 경우는 결코 없었다."라고 했다.[3]

1930년대에 전체 양자 중력 프로젝트를 개척한 마트베이 브론스타인Matvey Bronstein은 "중력과 전자기력의 법칙뿐 아니라 양자 법칙의 결과로 구축되는 시공간 기하학은 물리학이 풀어야 할 가장 큰 과제다."라고 했다.[4]

특수 상대성 이론과 양자 이론이 물리학을 어느 정도로 구속하는지를 보려면 창문은 없고 칠판만 두 개 놓인 방에 갇힌 아주 유능한 물리학자를 생각해보면 된다. 이 물리학자는 이 세상에 대해 아는 것이 하나도 없다(이 세상에 대해 아는 것이 하나도 없는데 어떻게 유능한 물리학자가 될 수 있었는지는 고민하지 말자. 어차피 진짜 이야기도 아니니까!). 첫 번째 칠판에는 특수 상대성 이론과 양자 이론 법칙들이 적혀 있다. 두 번째 칠판에는 그저 한 문장이 적혀 있다. "첫 번째 칠판에 적은 법칙들의 결과들을 추론하라."

물리학자는 왠지 주눅든 기분으로 텅 빈 두 번째 칠판 앞에서 잠시 생각했다. 그리고 분필을 집어 들고 무언가를 미친 듯이 써나갔다. 이 물리학자는 무엇을 썼을까? 물리학자는 이 세상을 어떻게 유추했을까?

물리학자는 먼저 특수 상대성 이론과 양자 이론은 양자 스핀을 이야기한다는 사실을 깨달았다. 앞에서도 살펴본 것처럼 스핀은 미시 세계에서 일어나는 다른 모든 현상처럼 특정한 크기로 나누어진 덩어리로 되어 있다. 스핀의 기본 단위는 특정한 양($h/2\pi$)의 1/2이다.[5]

이 기본 단위에 다른 수를 임의로 곱한 값(예를 들어 19/2나 27이나 801 같은)이라면 무엇이든 아원자 입자의 스핀이 될 수 있을 것 같다. 하지만 이 물리학자는 자연은 훨씬 제한적이라는 사실을 재빨리 깨달았다. 따라서 아원자 입자의 스핀이 될 수 있는 값을 골라내야 했다. 스핀 값이 될 수 있는 무한히 많은 수 가운데 특수 상대성 이론과 양자 이론이 제한하는 조건에 맞아떨어지는 스핀 값은 오직 다섯 개(0, 1/2, 1, 3/2, 2)뿐이었다.

입자의 스핀은 다른 입자와 상호작용하는 방식과, 입자들의 상호작용으로 생기는 현상을 결정한다. 우리의 물리학자는 한 번에 한 개씩 입자들의 스핀을 고민하고 자신이 추론한 내용으로 텅 빈 칠판을 채워 나갔다.

그는 먼저 양자 이론은 파울리의 배타 원리를 만족하는 반정수half-integer 입자가 필요하다는 사실을 발견했다. 파울리의 배타 원리에 따라 입자들은 같은 입자들끼리는 피하려는 강력한 성향을 갖는다.[6] 그 때문에 같은 입자들은 일정한 거리를 유지해야 할 필요가 생기고, 그런 입자들이 많이 모이면 넓게 확장된 물체가 생긴다.

실제로 '쿼크quark'와 '렙톤lepton'이라고 알려진 스핀 1/2 입자들이 물질을 이루는 기본 구성 성분이다. 천성이 반사회적인 반정수 스핀 입자 가운데 가장 흔한 렙톤은 전자이다. 리처드 파인먼은 "전자가 서로를 용인하지 않기 때문에 탁자를 비롯한 단단한 물체들을 만들 수 있는 것"이라고 했다.

그다음으로 우리의 물리학자는 스핀이 1인 입자들을 고민했고, 물질의 기본 구성 성분들이 이 입자들을 교환한다는 사실과 이 입자들의 교환이 힘으로 나타난다는 사실을 알았다. 물질들이 입자를 교환하는 방법은 세 가지이며, 이 방법들이 자연의 독특한 세 가지 기본 힘을 만든다.

실제로 스핀 1인 입자들의 세 가지 '상호작용'에는 전자기력, 약한 핵력, 강한 핵력이라는 이름이 붙어 있다. 강한 핵력은 쿼크를 세 개씩 묶어 양성자와 중성자를 만들어 핵 안에 가둔다. 하지만 전자에게는 영향력을 행사할 수 없다. 원자핵과 전자를 묶어 원자를 만드는 힘은 전자기력이다.

창문도 없는 방에 감금된 우리의 물리학자는 가장 가벼운 원자인 수소부터 가장 무거운 우라늄까지 자연에 존재하는 92개 원자의 존재를 추론했을 뿐 아니라, 이 원자들을 수많은 방식으로 배열해 만들어낼 수 있는, 어지러울 정도로 어마어마하게 많은 화합물의 존재까지 예측했다.[7]

이제 스핀이 1과 1/2인 입자는 모두 살펴보았다. 우리의 물리학자는 스핀이 0인 입자의 성질을 고민했고, 그 즉시 스핀이 0인 입자는 모든 공간에 퍼져 있는 '장field'의 '양자'로 다른 입자들이 나가는 길을 막는다는 사실을 유추했다. 스핀이 0인 입자 때문에 다른 입자들에게는 관성이 생긴다. 질량이 생기는 것이다.

실제로 스핀이 0인 입자는 힉스 입자라는 가면을 쓰고 있는데, 2012년 7월 물리학자들은 거대 강입자 충돌기에서 힉스 입자를 발견했다고 자랑스럽게 선포했다.

그다음으로 우리의 물리학자는 스핀이 2인 입자를 고민했고, 스핀 2 입자는 다른 모든 입자와 상호작용해 '보편 힘'을 만든다는 사실을 알았다. 스핀 2 입자의 특성을 알아내려면 조금 힘든 계산을 해야 했지만, 결국 우리의 물리학자는 스핀 2 입자가 존재한다면 필연적으로 일반 상대성 이론이 성립해야 함을 보여줄 수 있었다.[8] 이는 어떤 점에서는 특수 상대성 이론이 일반 상대성 이론보다 조금 더 본질적인 이론이라는 뜻이었다. 일반 상대성 이론은 특수 상대성 이론을 (물론 양자 이론과 함께) 고민하다가 나온 결과이니, 당연히 그런 결론이 나올 수밖에 없을 것 같기는 하다.

일반 상대성 이론을 연구하는 동안 우리의 물리학자는 장거리에서 인력의 역제곱 법칙이 작용하면 큰 물체가 다른 큰 물체의 주위를 돌게 된다는 사실을 깨달았다. 물론 우리는 행성이 항성 주위를 돌고 있고, 은하가 다른 은하 주위를 돌고 있음을 알고 있다. 하지만 창문이 없는 방에 갇힌 물리학자는 그런 사실을 전혀 모른다. 그런데 놀랍게도 우리의 물리학자는 대규모 우주가 존재해야 한다는 사실을 추론해낸 것이다.

아직까지는 그 누구도 스핀이 2인 입자를 발견하지 못했다. 그리고 존재한다 해도 감지하기는 너무 어려울 것이라고 믿을 만한 훌륭한 근거도 있다. 그러나 스핀 2 입자는 중력을 운반하는 입자라고 여겨지는 '중력자'일 가능성이 크다.[9] 물리학자들에게는 중력자가 중력을 매개한다고 기술하는 중력 이론이 있으며, 그 중력 이론이 일반 상대성 이론을 낳았으니, 어떻게 보면 양자 중력 이론은 이미 존재한다고 할 수도 있다. 하지만 안타깝게도 이 중력 이론은 에너지는 낮고 규모는 큰 세계를 설명하는 양자 중력 이론이지, 에너지가 극도로 크고 규모는 플랑크 규모의 극도로 작은 세계에 대한 근원적인 이론은 아니다.

우리의 물리학자는 마지막으로 남아 있는 스핀이 3/2인 입자를 고민했다. 이 입자는 모든 반정수 입자(페르미온)는 정수 입자(보손)의 또 다른 면에 불과하다는 초대칭성을 허용한다.

아직까지는 자연이 스핀이 3/2인 입자를 사용한다는 실험 증거는 나오지 않았다. 하지만 다른 스핀 입자들을 활용하고 있음을 생각해보면, 스핀 3/2 입자 또한 사용하고 있을 가능성이 아주 높다. 예를 들어 전자는 '셀렉트론selectron'이라는 입자의 초대칭 짝일 수 있다. 물리학자들은 이미 알려진 입자들의 초대칭 입자들이, 눈에 보이는 항성이나 은하 같은 물질보다 여섯 배는 더 많다고 알려진 '암흑물질'일 가능성이 높다고 생각한다.[10] 이런 초대칭 입자들은 감지되지 않는다. 초대칭 입자는 질량이 아주 커서 현재 거대 강입자 충돌기에서 만들어낼 수 있는 충돌 에너지보다 훨씬 큰 에너지를 만들어낼 수 있어야만 생성할 수 있기 때문이다.

이제 우리의 물리학자는 입자의 가능한 모든 스핀과 입자의 행동을 추론해냈지만, 그가 특수 상대성 이론과 양자 이론을 근거로 추론해낼 수 있는 사실이 한 가지 더 남았다. 놀랍게도 두 이론은 아원자 입자들이 모두 전하나 스핀이 반대인 반입자antiparticle를 가져야 한다고 말한다. 진공 속에서 양자 요동으로 한 입자가 생겨날 때는 반드시 반입자도 함께 생겨야 한다는 것이다.[11] 예를 들어 음전하를 띤 전자는 언제나 양전하를 띤 '양전자positron'와 함께 만들어져야 한다.

표준 모형

이 세상에 존재하는 물품 목록은 다음과 같다. 기본 구성 성분 열두 개(쿼크 여섯 개와 렙톤 여섯 개), 힘 운반자 열두 개, 전자기력의 광자, 약한 핵력의 벡터 보손 세 개, 강한 핵력의 글루온 여덟 개, 힉스 입자, 그리고 온갖 반입자. 이 모든 물품을 다 합쳐 입자물리학의 '표준 모형Standard Model'이 구성된다. 표준 모형은 물리학자들이 350년간 고생하며 이룩한 엄청난 업적이다. 표준 모형과 일반 상대성 이론을 합치면 이 세상이 된다고 해도 전혀 과장이 아니다.

표준 모형의 놀라운 점은 그토록 적은 재료와 방법으로 우리가 주변에서 볼 수 있는 모든 물질을 만들어낸다는 것이다. 17세기 독일 수학자 고트프리트 라이프니츠는 "신은 가장 완벽한 세상을 택하셨다. 즉 가설적으로는 가장 단순하지만 현상적으로는 가장 풍부한 세상을 택하신 것이다."라고 했다.[12]

놀랍게도 우리의 물리학자는 칠판과 분필밖에 없는 창문도 없는 방에 갇힌 채 이 세상의 가장 중요한 특징을 추론해냈다. 아르카니-하메드는 "물리학은 충격적일 정도로 양자 이론과 상대성 이론의 제약을 받는다. 두 이론 때문에 거의 필연적으로 지금과 같은 우주가 생겼다."라고 했다.

그러니까 거의 말이다. 이 두 이론이 기본 입자의 질량을 결정하거나 쿼크와 렙톤 입자들의 전체 수를 결정하지는 않는다. 평범한 물질은 모두 네 가지 입자(업쿼크, 다운쿼크, 전자, 전자 중성미자)가 만든다(예를 들어 원자핵에 들어 있는 양성자는 업쿼크 두 개와 다운쿼크 한 개로 이루어져 있으며, 중성자는 업쿼크 한 개와 다운쿼크 두 개로 이루어져 있다). 하지만 자연은 여기서 멈추지 않는다. 자연은 네 가지 기본 입자의 조금 더 무거운 버전(야릇한 쿼크, 맵시 쿼크, 뮤온, 뮤온 중성미자)과 그보다 더 무거운 버전(꼭대기 쿼크, 바닥 쿼크, 타우, 타우 중성미자)을 만들었다. 이런 입자들은 입자들을 만든 에너지가 빅뱅 직후의 아주 짧은 시간에만 존재했기 때문에 오늘날 우주에서는 본질적으로 어떤 역할도 하지 않는다. 이 같은 상황을 미국 물리학자 이지도어 아이작 라비Isidor Isaac Rabi는 "누가 이것들을 주문했어?"라는 말로 표현했다.[13]

표준 모형은 자연이 기본 구성 성분을 왜 세 벌씩이나 갖추어 놓은 것인지, 어째서 기본 입자들에게 고유한 질량을 부여한 것인지는 밝혀내지 못했다. 표준 모형이 자연의 궁극적인 이론이 아니라 아직은 찾지 못한 좀 더 근원적인 이론의 근사치일 뿐이라고 추정할 근거는 충분하다. 그러나 그 같은 사실이 특수 상대성 이론과 양자 이론이 물리 세계의 모든 것을 결정할 가능성이 있는 강력한 제약이라는 사실을 훼손하지는 않는다. 아인슈타인은 "내가 정말로 관심이 있는 것은 신이 세상을 창조할 때 신에게는 선택권이 있었을까 하는 것이다."라고 했다. 특수 상대성 이론과 양자 이론의 교훈을 보건대, 신에게는 선택권이 없었을 것 같다.

9장을 시작할 때 언급한 것처럼 이론물리학자들은 절대로 틀렸음을 입증할 수 없는 실험의 영역을 불가능할 정도로 벗어나더니 온갖 종류의 기이하고도 경이로운 일들을 상상하느라 시간을 보내는 몽상가라고 주장하는 사람들도 있다. 그러나 특수 상대성 이론과 양자 이론이 우리가 주변에서 볼 수 있는 우주의 독특함을 결정한다는 사실이 의미하는 것은 오직 하나다. 이론물리학자들이 대체로는 옳다는 것 말이다. 그리고 그 말을 다른 말로 하면 두 이론은 물리학자들이 발명할 더욱 근원적인 이론을 강하게 옭아맬 구속복이라는 뜻이다. 거기에 딱 들어맞는 이론을 찾기는 극단적으로 어려울 것이 분명하다. 아르카니-하메드는 "거의 모든 시도가 실패할 것이다. 물리학자들이 생각해낸 이론들 가운데 압도적인 수가 태어나는 순간 사망할 것이다."라고 했다.

실제로 2017년 현재, 특수 상대성 이론과 양자 이론의 제약을 감당할 수 있는 좀 더 근원적인 이론은 단 하나, '끈 이론string theory'뿐이다.[14]

멋진 것은 끈 한 조각이다

초끈 이론superstring theory이라고도 하는 끈 이론은 자연의 강한 핵력을 이해하려는 시도에서 나왔다. 힘에 '강한'이라는 수식어를 붙인 데는 다 이유가 있다. 쿼크 입자들 사이에 공간이 생기면 저절로 쿼크-반쿼크 쌍이 생성되는데, 쿼크 쌍을 서로 떨어뜨리려면 엄청난 에너지가 필요하다. 사람들로 붐비는 장소에서 사람들이 끊임없이 두 사람 사이에 끼어들어 앞으로 나가는 걸 방해할 때 친구를 향해 걸어가야 한다고 생각해보자. 쿼크들도 그런 식으로 행동한다. 강한 핵력은 원자핵을 구성하는 양성자와

중성자 안에 쿼크를 가두어 쿼크가 홀로 고립되지 않게 한다.[15]

강한 핵력은 특이하게도 두 쿼크의 사이가 멀어질수록 점점 세진다. 둘 물체 사이가 멀어지면 약해지는 중력이나 두 자석 사이가 멀어지면 약해지는 자기력과는 전혀 다른 성질을 가졌다. 중력이나 자기력이 거리가 멀어지면 약해지는 이유는 힘이 사방으로 작용하기 때문이다.[16] 하지만 두 물체 사이의 좁은 통로에 갇힌 힘은 두 물체의 거리가 멀어질수록 더 강해진다. 용수철이나 고무줄에 작용하는 힘을 생각해보면 무슨 의미인지 알 수 있을 것이다.[17] 두 쿼크 사이에 작용하는 강한 핵력도 마찬가지다. 강한 핵력의 이런 성질은 우주를 구성하는 기본 재료가 점과 같은 아원자 입자가 아니라 1차원인 아주 작은 에너지 끈일 수도 있음을 시사하는 첫 번째 단서가 되었다.

1968년, 이탈리아 물리학자 가브리엘레 베네치아노Gabriele Veneziano가 대략적인 틀을 세운 끈 이론에서는 우주의 기본 구성 성분이 바이올린 현처럼 진동하고 있는데, 기본 입자마다 다른 방식으로 진동한다고 말한다.[18] 시나리오 작가 로이 H. 윌리엄스Roy H. Williams는 "본질적으로 끈 이론은 음악처럼…… 공간과 시간, 물질과 에너지, 중력과 빛처럼 신이 창조한 모든 것을 설명한다."라고 했다.[19]

빠르게 진동하는 바이올린 현이 느리게 진동하는 바이올린 현보다 에너지가 훨씬 많은 것처럼, 빠르게 진동하는 끈은 꼭대기 쿼크 같은 질량-에너지가 많은 아원자 입자와 관계가 있고,

느리게 진동하는 끈은 전자 같은 질량-에너지가 적은 아원자 입자와 관계가 있다. 그러나 끈의 진동과 관계가 있는 수학은 너무 복잡해서 물리학자들은 끈이 만들어낼 수 있는 모든 진동이, 알려진 모든 기본 입자를 설명할 수 있다는 확신을 하지 못하고 있다.

끈은 양 끝이 열린 직선 형태일 수도, 닫힌 고리 형태일 수도 있다. 끈의 형태는 다른 끈과 상호작용하는 방식을 결정한다.

끈 이론은 자동적으로 모든 반정수 스핀(힘 운반자)에 대한 정수 스핀(물질) 짝을 포함하며, 그 반대도 마찬가지다. 끈 이론을 '초끈' 이론이라고 부르는데 그 이유는 끈 이론에 초대칭성이 포함되어 있기 때문이다. 앞에서도 언급한 것처럼 끈 이론을 연구하는 물리학자들은 초대칭 입자들이 너무 커서 거대 강입자 충돌기로는 만들기 힘들다는 입장을 유지하고 있지만, 어쨌거나 알려진 입자의 초대칭 입자는 아직 아무것도 발견되지 않았다.

끈 이론은 물리학의 강력한 두 개념이 충돌할 수도 있는 상황을 해결한다. '환원주의reductionism'*에서는 이 세상에서 일어나는 현상은 몇 안 되는 기본 구성 성분들이 상호작용한 결과라고 한다. 표준 모형에서 기본 구성 성분은 쿼크와 렙톤이다. '통일unification'이라는 개념에서는 자연의 이질적인 현상들이 사실은 좀 더 근원적인 한 현상의 여러 측면이라고 한다. 예를 들어

---

* 다양한 현상을 기본적인 하나의 원리나 요인으로 설명하려는 경향.

전기장과 자기장은 '통일된' 전자기장의 두 측면일 뿐이라고 말이다.

환원주의는 논리적으로 그럴 수밖에 없겠지만, 단 한 종류의 기본 구성 성분으로 만들어진 세상이 모습을 드러낼 것이라고 예상한다. 하지만 그런 기본 구성 성분이 정말로 본질적인 성분이라면, 즉 다시 배열할 수 있는 내부 성분이 없다면 어떻게 여러 면을 나타낼 수 있다는 것일까? 세상을 구성하는 기본 성분이 점 같은 입자라면 당연히 그럴 수 없다. 하지만 1차원 끈이 기본 구성 성분이라면 진동 형태를 바꿈으로써 여러 면을 만들어 낼 수 있다. 끈 이론이 환원주의와 통일의 충돌을 깔끔하게 피할 수 있게 해주는 이유는 그 때문이다.

기본 입자는 뚜렷이 구별되는 질량(끈이 진동하는 속도로 충분히 흉내낼 수 있는)이 있을 뿐 아니라, 기본 힘과 상호작용한다. 1915년에 아인슈타인은 중력은 그저 구부러진 4차원 시공간임을 밝혔다. 1920년대에는 두 물리학자가 아인슈타인의 생각을 한 단계 발전시켰다. 테오도어 칼루차Theodor Kaluza와 오스카르 클레인Oskar Klein은 공간 차원을 한 개 더해 시공간이 5차원이 된다면 중력과 전자기력 모두 시공간의 곡률로 설명할 수 있음을 밝혔다. 실제로 다섯 번째 공간 차원이 있는지는 분명하지 않다. 그러나 두 물리학자는 이 여분의 차원을 발견할 수 없는 이유는 남과 북, 동과 서, 위와 아래 같은 다른 공간 차원과는 달리 원자보다 작은 공간에 말려 있기 때문이라고 했다.

칼루차와 클레인의 체계 속에서는 평범한 공간에서 가만히 멈춰 있을 때조차도 아원자 입자는 쳇바퀴를 도는 미친 햄스터처럼 다섯 번째 차원 속에서 정신없이 돌고 또 돈다고 했다. 이 다섯 번째 차원의 운동량은 전하로 나타난다. 전하가 기본 덩어리의 배수로만 존재하는(즉 양자화되는) 이유는 입자가 파동처럼 행동하기 때문이다. 다섯 번째 차원에서는 이 여분 차원의 원주 길이의 배수가 되는 파장을 가진 파동만이 있을 수 있다. 그런 파동은 존재할 수 있는 가장 긴 파동의 운동량(전하)의 배수만큼만 운동량(전하)을 가질 수 있다.

칼루차와 클레인이 이런 주장을 했던 1920년대에는 아직 원자핵이라는 좁은 영역에서만 작용하는 강한 핵력과 약한 핵력은 발견되지 않았다. 하지만 너무 작아서 모습을 드러내지 않는 여분의 차원을 더 많이 사용해 이 여분의 힘들이 하는 행동을 모방하는 일은 완벽하게 가능하다. 실제로 끈 이론에는 공간 차원이 여섯 개 더 필요하다. 현대 끈 이론은 가상의 끈들이 10차원(아홉 개의 공간 차원과 한 개의 시간 차원) 시공간에서 진동하고 있다고 한다.

물리학자이자 유명한 과학 작가인 뉴욕 컬럼비아 대학교 브라이언 그린Brian Greene은 말했다. “아인슈타인이 오셔서 말하길, ‘에, 공간과 시간이 멋지게 구부러지고 휘었으니, 그것이 바로 중력이다.’라고 했다. 이제 끈 이론이 오셔서 말하길, ‘맞다. 중력, 양자역학, 전자기력을 모두 한 상자에 담을 수 있다. 단, 우주가 우리가 보는 것보다 더 많은 차원으로 이루어져 있다면 말이다.' 라고 했다."[20]

프린스턴 고등연구소의 에드워드 위튼Edward Witten은 "처음에 사람들은 여분의 차원이라는 개념을 좋아하지 않았다. 하지만 여분의 차원은 여러모로 유용하다. 모든 기본 입자와 그 힘을 중력과 함께 설명하는 끈 이론의 능력은 여분의 차원을 사용할 수 있느냐 없느냐에 달려 있다."라고 했다.

끈 이론의 장점과 단점

시공간을 10차원으로 상정하는 이론은 3차원(시간까지 고려하면 4차원) 세상에서 살아가는 우리로서는 사실과 크게 어긋나 보인다. 그런데 끈 이론의 문제는 그것만이 아니다. 무엇보다도 끈 이론은 수소 원자보다 훨씬 작은 10^{-35}미터라는 극단적인 플랑크 길이에서 일어나는 일을 추정한다. 그 때문에 이 세상에서 가장 성능이 뛰어난 거대 강입자 충돌기를 사용해도 끈 이론의 세상을 입증하는 데 필요한 에너지를 만들어낼 수 없다. 더구나 끈은 일상 세계에서 접할 수 있는 에너지 규모와 크기 규모에서 너무나도 벗어나 있기 때문에 우리에게 익숙한 세상에서는 끈이 존재한다는 단서를 전혀 남기지 않는다. 끈은 그 존재를 입증할 수 있는 실험이 불가능할 뿐 아니라 그 존재를 가지고 실험해볼 수 있는 예측 또한 할 수 없다. 데이비드 통은 "끈 이론이 표준 모형과 일반 상대성 이론을 모두 설명할 수 있다는 것은 멋진 일이다. 그러나 정말로 물리학자들이 벗어나고 싶은 것은 예측할 수 없는 것이다."라고 했다.

끈 이론이 옳다면 자연은 초대칭성을 사용해야 한다. 거대 강입자 충돌기가 탐사하는 에너지 영역이 점점 더 높아지면서, 이제는 초대칭 입자들이 숨을 장소가 거의 남지 않았다. 이른 시일 안에 초대칭 입자들이 나타나지 않는다면 끈 이론은 수장되고 말 것이다. 끈 이론의 수학은 비판자조차도 인정할 정도로 구조가 아름답다. 그러나 똑같이 아름답지만 자연이 허용하지 않는 것이 최선이라고 생각해 기각한 아름다운 생각들은 아주 많다.

여분의 차원들을 엮는 방법이 너무 많다는 것도 끈 이론의 문제점이다. 몇 가지 추론에 따르면 10차원으로 '끈 진공string vacuum'을 만드는 방법은 적어도 10^{500}개는 되며, 각 끈 진공마다 기본 입자들의 질량과 수, 기본 힘들의 세기와 수가 모두 다르다. 물리학자들은 특수 상대성 이론과 양자 이론을 합치는 일은 아주 어렵기 때문에 두 이론을 합칠 수 있는 틀은 하나뿐일 테고, 기본 입자와 기본 힘에서 관측할 수 있는 특성들을 제대로 예측할 수 있을 것이라고 생각한다. 아르카니-하메드는 "그 생각은 틀렸다."고 말했다.

물리학자들은 특수 상대성 이론·양자 이론과 양립하는 끈 이론의 '해'를 놀라울 정도로 많이 찾아냈다. 실제로 끈 이론은

'이론을 찾는 해들의 묶음a bunch of solutions in search of a theory'이라고 불린다. 물리학에는 이런 예가 얼마든지 있었다. 예를 들어 뚜렷하게 다른 파장을 가진 전자기 파동이 존재할 수 있는 수는 무한에 달하는데, 그 파동 하나하나가 모두 맥스웰의 전자기 방정식의 '해'이다. 그리고 이 세상에는 수소 원자, 탁자, 당신, 그리고 지금 이 순간 읽고 있는 단어들이 있다. 이런 것들은 모두 슈뢰딩거 방정식의 '해'이다.

이제 중요한 질문을 해보자. 10^{500}개나 되는 끈 진공이 있다는 이 근원적인 이론의 해는 무엇일까?

끈 이론가들은 뚜렷하게 다른 다섯 가지 끈 이론을 동시에 연구하고 있다. 각각 타입 1(Type I), 타입 2a(Type IIa), 타입 2b(Type IIb), 이형 O(Heterotic O) (32), 이형 $E_8 \times E_8$(Heterotic $E_8 \times E_8$) 끈 이론이라고 부른다. 그런데 1990년대 중반에 케임브리지 대학교의 폴 타운센드Paul Townsend와 런던 퀸메리 대학교의 크리스 훌Chris Hull이 다섯 이론이 모두 초대칭을 실현하는 다른 방법일 뿐임을, 11차원인 단 한 이론의 다른 모습임을 밝혔다. 이 두 사람의 이론에 'M이론M-Theory'이라는 이름을 붙인 사람은 결코 'M'이 어떤 단어의 머리글자인지를 밝히지 않은 에드워드 위튼이다. 런던 퀸메리 대학교의 데이비드 버먼David Berman은 "11차원인 M이론은 우산 이론umbrella thoery이다."라고 했다.

10^{500}개인 끈 진동의 해가 바로 M이론의 해이다. 이런 상황은 종합적으로 우주의 앙상블 또는 '다중 우주'처럼 보인다. 서

로 연결되어 있을 가능성이 있다는 점만 빼면 말이다. SF 작가 아서 C. 클라크Arthur C. Clarke가 "시간의 강 위에서 거품 속 방울처럼 떠다니는 우주는 많고도 기이하다."라고 썼을 때, 그가 염두에 둔 것은 끈 진동일 수도 있다.[21]

물리학자들은 기본 입자와 기본 힘의 특성을 정확히 예측하는 이론을 선호할 것이다. 그러나 그들은 '우리가 1 뒤에 0을 500개나 쓰는 다른 끈 진공이 아니라 현재 우리가 살고 있는 끈 진공 속에 존재하는 이유는 무엇인가?'라는 질문에 반드시 답해야 한다. "그 답은 아직 모른다." 아르카니-하메드의 대답이다.

존재할 수 있는 전자들의 질량 값, 존재할 수 있는 전자기력의 세기처럼 존재할 수 있는 입자 수와 힘의 세기를 모두 파악하면 존재하는 우주의 수를 알 수 있을지도 모른다. 수많은 우주 가운데 가장 흔한 우주는 아원자 입자들의 질량이 우리 우주의 아원자 입자들과 가장 비슷하고, 기본 힘들의 세기가 우리 우주의 기본 힘들의 세기와 가장 비슷한 우주일 것이다. 우리가 살고 있는 우주가 아주 특별하고 독특한 우주임이 밝혀진다면 그 이유는 설명하기 힘들 테고, 끈 이론은 분명히 큰 타격을 받을 것이다. 아르카니-하메드는 "문제는 우주를 세는 방법을 생각해낸 사람이 없다는 것이다."라고 했다.

그 문제에 관해 버먼은 크게 걱정하지는 않는다. "끈 이론의 수학 구조를 탐구하는 여정에서 벌써 좌절하기에는 너무 이르다. 진짜 물리학에 도달하기까지는 아직도 긴 여정이 남아 있다."

끈 이론은 해결해야 할 문제가 아주 많지만 매력적인 특징도 많기 때문에 전 세계 수많은 물리학자가 흥미를 느낄 뿐 아니라 열정적으로 연구하고 있다. 무엇보다 가장 중요한 점은 끈 이론에는 스핀이 2인 진동하는 고리가 있다는 것이다. 앞에서 살펴본 것처럼 스핀 2 입자는 가장 강력한 중력자(중력 운반자) 후보다. 그뿐 아니라 스핀 2 입자가 존재한다면 필연적으로 일반 상대성 이론은 성립할 수밖에 없다. 앞에서 언급한 것처럼 양자 이론과 아인슈타인의 중력 이론을 합치는 것은 물리학이 간절히 찾고자 하는 성배다. 끈 이론이 일반 상대성 이론을 자동적으로 포함하는 양자 이론이라는 사실은 너무나도 매력적이다.

그러나 버먼이 끈 이론을 매력적이라고 생각하는 이유는 단순히 끈 이론이 양자 중력 이론을 포함하고 있기 때문만이 아니다. 풍성하기 때문이다. 그는 끈 이론을 뉴턴의 중력 이론과 비교한다. "끈 이론은 한 가지가 아니라 행성의 운동, 바다의 조수, 분점의 세차 같은 많은 것을 설명한다. 그리고 물리학자들에게는 영원히 효과적으로 다룰 수 있는 무언가를 주었다. 그와 마찬가지로, 우리가 끈 이론을 모두 탐구하려면 아직 멀었다. 끈 이론은 계속 달려가고 있기 때문이다."라고 했다.

1985년까지 끈 이론은 물리학의 변방에 머물며 소수의 마니아만이 끈 이론이 가져올 영광을 확신하며 연구해나갔다. 하지만 패서디나 캘리포니아 공과대학교의 존 헨리 슈워츠John Henry Schwarz와 런던 퀸메리 대학교의 마이클 보리스 그린Michael Boris

Green이 획기적인 발견을 하면서 상황은 완전히 바뀌었다.

물리학에는 많은 대칭이 있다. 다른 모든 것이 바뀌어도 같은 상태를 유지하는 '한 가지 상황의 여러 측면'이 대칭이다. 사각형은 4분의 1 바퀴를 돌려도, 반 바퀴를 돌려도, 한 바퀴를 돌려도 늘 같은 형태를 유지한다. 이것이 대칭이다. 1918년에 독일 수학자 에미 뇌터Emmy Nöether는 대칭이 수많은 위대한 물리 법칙들을 뒷받침하는 토대라는 놀라운 사실을 발견했다. 에너지 보존의 법칙도 그런 법칙 가운데 하나다. 에너지는 한 형태에서 다른 형태로 바뀔 뿐 새로 생성되거나 없어지지 않는다는 에너지 보존의 법칙은 '시간 병진 대칭time-translational symmetry'의 결과이다. 시간 병진 대칭이 성립하는 법칙은 특정 실험의 결과는 다음 주에 하든, 다음 달에 하든, 내년에 하든, 시간에 상관없이 모든 조건이 동일하다면 정확하게 같은 결과가 나와야 한다.

대칭이 물리학 법칙의 기본 토대라는 뇌터의 깨달음은 현대 물리학이 발견한 가장 강력한 생각이다. 물리학자들이 거대 강입자 충돌기로 대칭성을 찾으려고 노력하는 이유도, 대칭성이야말로 새롭고도 본질적인 법칙이 존재함을 나타내는 지표이기 때문이다. 아인슈타인의 특수 상대성 이론의 핵심인 '로렌츠 대칭Lorentz symmetry'* 같은 전통적인 대칭은 양자화했을 때 보존되지 않는 경우가 많다. 슈워츠와 그린은 끈 이론에서는 대칭이 보

* 관성 좌표계 내에서 동일하게 움직이는 대상에게 작용하는 물리 법칙은 모든 관찰자에게 동일하게 적용된다는 이론.

존된다는 사실을 깨달았다. 과학 용어로 이런 특성을 '변칙적인 자유anomaly free'라고 한다. 버먼은 "고전물리학의 모든 대칭에 자동적으로 적용될 뿐 아니라, 놀랍게도 끈 이론은 우리가 이미 진리임을 알고 있는 모든 사실과도 양립한다."라고 했다.

슈워츠와 그린의 발견으로 촉발된 '첫 번째 끈 혁명' 덕분에 끈 이론은 관심 있는 소수가 진행했던 변방 연구에서 물리학의 주요 연구 분야로 급부상했다. '두 번째 끈 혁명'은 끈 이론이 사실은 M이론의 한 가지 버전일 뿐임을 밝힌 것이며 더불어 끈 이론에서 가장 중요한 것은 끈이 아니라는 역설적인 사실도 밝혀냈다.

막의 힘

3차원인 평범한 세상에는 명주실 같은 1차원 물체뿐 아니라 식탁보 같은 2차원 물체, 나무나 사람 같은 3차원 물체도 있다. 따라서 10차원인 M이론의 우주에서도 1차원인 끈뿐만이 아니라 2차원, 3차원……, 10차원의 존재들이 있을 것이다. 물리학자들은 M이론의 우주에 존재하는 이런 모든 차원의 존재들을 '막(幕, brane)'이라고 부르는데, 폴 타운센드는 좀 더 다채롭게 'p-막p-brane'이라고 부른다. p는 공간 차원의 수를 뜻한다. 따라서 끈은 1-막이 된다.

M이론에서는 막이 존재할 수 있을 뿐 아니라 존재해야 한다. 이런 다차원 존재의 필요성이 급증하는 것으로 볼 때, M이론에서는 끈이 본질적인 역할은 하지 않을 것 같다. 오히려 상대성 이론과 양자 이론을 한데 합치려면 수많은 존재의 협업이 필요하리라 생각된다. 아르카니-하메드는 "M이론의 어떤 영역에서는 입자 현상이 그 모습을 드러내지만, 다른 영역에서는 2-막, 3-막…… 같은 존재가 모습을 드러낸다."라고 했다.

막의 세상에서 대규모 우주는 10차원 공간에 떠 있는 3차원 섬(3-막)이다. 이 가설에서는 끈이 두 가지 가능성 가운데 하나를 택할 수 있다. 첫 번째 가능성은 끈이 한쪽 끝을 3-막에 붙이고 북대서양 바하마제도 동쪽에 있는 사르가소해 바닥에서 자라는 해조류처럼 이리저리 흔들리는 것이고, 두 번째 가능성은 끈이 3-막에 붙지 않은 채 고리 형태를 하고 있는 것이다. 표준 모형에서 다루는 친숙한 기본 입자들은 첫 번째 형태를 취하기 때문에 모두 3-막에 묶여 있다. 중력자만이 고리 형태의 끈으로 되어 있어 막에 종속되지 않고 자유롭게 움직이면서 10차원의 세계를 탐사한다.

이런 설명은 물리학이 해결하지 못한 아주 큰 문제 하나를 직관적으로 설명해준다. 중력이 다른 자연의 힘보다 엄청나게 약한 이유를 말이다. 앞에서도 살펴보았듯이 수소 원자 속에서 양성자와 전자 사이에 작용하는 중력은 양성자와 전자 사이에 작용하는 전자기력보다 1만에 십억을 네 번이나 곱한 것만큼 작다. 1999년에 하버드 대학교 리사 랜들Lisa Randall과 칼리지파크의 메릴랜드 대학교 라만 선드럼Raman Sundrum은 여분의 차원이 반드시 원자보다 작을 필요는 없음을 밝혔다. 특별한 방식으로 구부러져 있다면 여분의 차원은 완벽하게 눈에 보이지 않는 상태로도 우주만큼 커질 수 있다.[22]

이런 랜들-선드럼 가설에서 전자기력 같은 중력이 아닌 자연의 힘을 운반하는 매개자들이 상당히 강력한 이유는 모두 우리의 3-막에 붙잡혀 있기 때문이다. 그러나 중력자는 10차원 덩어리 밖으로 나오기 때문에 미칠 수 있는 힘의 세기가 약해진다.

이 가설은 중력이 약한 이유를 직관적으로 설명해준다는 점에서 충분히 매력적이다. 하지만 아직 우리가 볼 수 없는 숨겨진 거대한 공간 차원이 있다는 증거는 없다. 끈 이론은 우리 우주에서 일어나는 현상을 그럴듯하게 설명한다는 점에서는 큰 이론이지만, 예측한 내용을 실험하고 실험한 내용으로 예측하는 일에 대해 실질적인 설명을 할 수 없다는 점에서는 작은 이론이다.

우리 우주가 실제로 10차원 시공간에서 떠다니는 3차원 섬이라면 한 가지 분명한 의문이 생긴다. 우리 우주가 10차원 공간에서 떠다니는 유일한 섬일까 하는 점이다. 그리고 우리 우주가 유일한 섬이 아니라면, 우리의 3-막이 다른 3-막과 충돌하는 것은 아닐까 하는 의문도 생긴다. 이런 의문 때문에 실제로 캐나다 워털루 경계이론물리학연구소 닐 투록 연구팀은 빅뱅을 새롭게 설명하려는 시도를 하고 있다.

투록 연구팀의 체계에서는 완전히 텅 빈 3-막 두 개가 다섯 번째 차원(네 번째 차원은 시간이다)을 따라 서로에게 접근한다. 이 두 3-막을, 납작한 면이 서로 다가가 붙은 빵 조각이라고 생각해보자. 두 3-막은 서로를 그대로 관통한다. 하지만 두 막 모두 다섯 번째 차원에서 아주 큰 운동 에너지를 가지고 있기 때문에 둘이 접촉하는 순간 에너지는 분명히 어딘가로 가야 한다. 에너지가 가는 곳이 바로 막 위에서 생성되는 아원자 입자의 질량-에너지이며, 아원자 입자들을 엄청나게 뜨겁게 가열하는 열기다. 간단히 말해 두 3-막이 접촉하는 순간 뜨거운 빅뱅이 일어나는 것이다.

투록 연구팀의 체계에서는 각 막 위에서 불덩어리가 팽창하면서 식는 동안 파편들이 뭉쳐 은하를 만든 뒤에 다시 흩어져서 결국에는 각 막이 본질적으로는 다시 텅 빈 상태로 돌아갈 때까지 물질들이 희석된다. 다섯 번째 차원에 있는 진공은 스프링 같은 역할을 하기 때문에 결국 막들은 다시 뒤로 물러난다. 두 막은 계속해서 충돌하고 물러나는 과정을 반복하기 때문에 우리의 빅뱅은 계속해서 이어지는 빅뱅 가운데 하나일 뿐이다. 우리 빅뱅 이전에도 빅뱅은 계속 있었고, 이후에도 계속 있을 것이다.

이 '순환 우주 모형Cyclic Unvierse model'은 빅뱅 직후에 '인플레이션'이라는 급격한 팽창이 일어났다고 주장하는 '표준 우주 모형Standard cosmological model'과는 조금 다른 입장을 취한다. 투록은 "우주가 갑자기 생겨나고 급격히 팽창했다면 시공간을 움직이는 중력파가 생겨야 한다. 이 중력파는 우주를 가득 채운 상태로 인플레이션이 있었음을 증언해야 한다."라고 했다. 그와 달리 순환 우주 모형에서는 시공간을 뒤흔드는 격렬하고 혼란스러운 팽창이 필요 없기 때문에 초기 우주가 남긴 중력파를 상정할 필요도 없다.

순환 우주 모형은 추론이다. 끈 이론 자체가 모든 것을 포괄하는 이론이 아니다. 그저 공간과 시간, 우주의 기원을 설명해 줄 더욱 근원적인 이론의 아주 작은 부분일 수도 있고, 보기에는 그럴듯하지만 실상은 허점이 많은 이론일 수도 있다. 하지만 끈 이론을 연구하는 물리학자들은 자신들이 옳은 길을 가고 있다고 믿는다. 끈 이론이 유일하게 선택할 수 있는 이론이라는 것도 그 이유 가운데 하나다. 엄청난 노력을 기울였지만 아직까지는 기본 힘들을 모두 합칠 수 있는 또 다른 '모든 것의 이론theory of everything'은 아직 나오지 않고 있다. 끈 이론을 연구하는 물리학자들이 희망을 갖는 또 다른 이유는 끈 이론이 우주에서 가장 불가사의한 천체가 갖는 역설을 해결할 가능성이 있기 때문이다. 블랙홀이 갖는 역설 말이다.

블랙홀

아인슈타인의 중력 이론에서 물질이 무한한 밀도로 응축된다고 예측하는 블랙홀의 중심부에서는 잘 알려진 물리학이 완전히 와해된다. 블랙홀에 존재하면서 실재를 이해하기 힘들게 만드는 것은 특이점만이 아니다.

앞에서도 살펴보았듯 블랙홀의 특이점은 '사건 지평선'이라는 가상의 막으로 둘러싸여 있는데, 사건 지평선 안으로 들어가면 빛도 물질도 다시 블랙홀 밖으로 나올 수 없다. 사람들이 블랙홀의 크기를 논할 때 실제로 의미하는 것은 사건 지평선의 크기다.

1974년, 스티븐 호킹은 블랙홀이 실제로는 검지 않다는 주장을 해 전 세계를 깜짝 놀라게 했다. 호킹은 블랙홀 가까이에서 일어나는 양자 과정을 숙고하다 이런 결론에 도달했다. 하이젠베르크의 불확정성 원리에 따라 진공 속에서는 입자와 반입자 쌍이 생성될 수 있다. 이런 '가상' 입자들은 눈 깜짝할 순간보다도 더 짧은 순간에 생성되었다가 사라져버린다. 하지만 호킹은 사건 지평선 외곽에서는 전혀 다른 일이 벌어질 수 있음을 깨달았다.

사건 지평선 부근에서 이제 막 생성된 입자와 반입자 쌍 가운데 한 입자는 블랙홀의 중력을 피해 밖으로 빠져나오지만 다른 입자는 블랙홀의 중력에 잡혀 안으로 끌려 들어갈 수 있다. 일단 안으로 들어간 입자는 다시 블랙홀 밖으로 나와 함께 태어난 쌍입자를 소멸시킬 수 없다. 달아난 입자는 잠시 존재하다가 사라지는 가상 입자가 아니라 실제 입자가 되어 오래 살아남을 수 있다.

호킹은 이런 과정이 블랙홀의 사건 지평선 주위에서 끊임없이 일어난다는 사실을 깨달았다. 이렇게 블랙홀 밖으로 끊임없이 튀어나오면서 빛을 내는 입자의 흐름을 '호킹 복사Hawking radiation'라고 한다.

블랙홀을 규정하는 특징은 내부에서 그 무엇도 밖으로 나올 수 없다는 것이다. 호킹 복사를 이루는 입자들은 블랙홀 내부로 들어간 적이 없으니, 호킹 복사는 블랙홀 내부에서 방출하는 것이 아니라 사건 지평선 가장자리 바로 너머에 있는 진공에서 만들어진다.

그런데 호킹 복사를 하려면 어디선가 에너지가 와야 한다. 사건 지평선 부근에서 가져올 수 있는 에너지는 블랙홀의 중력 에너지뿐이다. 호킹 복사가 끊임없이 블랙홀의 중력 에너지를 가져오면, 블랙홀의 중력은 약해져서 블랙홀은 점차 수축할(증발할) 수밖에 없다.

블랙홀의 크기가 작을수록 호킹 복사는 더욱 격렬하게 일어난다.[23] 은하들 거의 대부분의 중심부에서 발견되는 거대 블랙홀과 항성의 질량을 가진 블랙홀은 우주의 현재 나이보다 훨씬 긴 시간을 존재할 것이다. 또 아주 약한 호킹 복사를 하기 때문에 호킹 복사를 거의 관측할 수 없다. 그런데 블랙홀이 작게 수축할수록 호킹 복사는 점점 더 강해진다. 따라서 아주 작은 블랙홀의 경우에는 아주 밝은 호킹 복사를 방출한다(블랙홀은 모두 사라지기 직전에는 아주 작아진다). 블랙홀은 쓸쓸하게 조용히 사라지지 않는다. 화려한 조명을 내뿜으며 소멸한다.

빛나는 존재는 당연히 열이 있다. 호킹 복사 때문에 빛이 나는 블랙홀도 마찬가지다. 시공간에 떠 있는 바닥 없는 우물일 뿐, 열원이 존재하지 않는 블랙홀에 열이 있다는 것이 얼핏 이상하게 들린다. 하지만 블랙홀에는 실제로 열이 있다. 그 열은 블랙홀이 내재적으로 품고 있는 것이 아니라 블랙홀을 둘러싸고 있는 진공 속에서 일어나는 양자 과정 때문에 발생한다.

블랙홀을 증발시켜 결국에는 사라지게 하는 호킹 복사는 물리학에 심각한 역설을 불러온다. 정보는 새로 생성되지도 사라지지도 않는다는 것이 물리학의 기본 법칙이다. 달을 생각해보자. 뉴턴의 법칙을 적용하면 오늘 달의 위치를 가지고 내일 달의 위치를 알 수 있다. 오늘 달의 위치는 내일 달의 위치에 대한 정보를 담고 있기 때문이다. 따라서 달이 하늘길을 따라 움직이는 동안에도 정보는 새로 생겨나지도 사라지지도 않고 '보존'된다. 하지만 블랙홀이 증발하면 정보는 사라진다.

항성만큼의 질량을 가진 블랙홀의 전구체는 당연히 항성이다. 항성과 같은 천체를 명확하게 정의하려면 엄청난 양의 정보가 필요하다. 항성은 그 종류, 위치, 항성을 이루는 원자들의 개별 속도 같은 수많은 정보를 담고 있다. 그러나 호킹 복사로 블랙홀이 사라질 때는 문자 그대로 모든 정보가 증발해버린다. 사라진 정보는 어디로 가는 것일까? 이 같은 상황을 간단히 말해

'블랙홀 정보 역설black hole information paradox'이라고 한다.

이 역설은 너무나도 당혹스러워서 호킹은 수년 동안 블랙홀이 물리학의 소중한 법칙 가운데 하나를 위반했다고 생각했다. 그는 "원래 나는 블랙홀 안에서 정보가 파괴된다고 생각했다. 그것은 나의 큰 실수였다. 아니, 적어도 과학이 저지른 큰 실수였다."라고 했다.[24]

블랙홀에서 사라진 정보를 저장하고 있을 것으로 추정되는 가장 유력한 용의자는 호킹 복사다. 블랙홀을 만든 항성의 정보는 호킹 복사와 함께 우주 전역으로 은밀하게 퍼져 나갈 수도 있었다. 엄밀하게 말해서 '흑체' 스펙트럼이라고 할 수 있는 호킹 복사는 파악할 수 있는 특징이 열뿐이다.[25] 블랙홀 안에서 빠져나오는 것은 열이라는 아주 사소한 정보뿐이다.

이런 '블랙홀 정보 역설'을 풀 수 있는 단서는 이스라엘 물리학자 야코브 베켄슈타인Jacob Bekenstein이 찾았다. 1972년, 그는 사건 지평선의 '표면적'이 블랙홀의 '엔트로피entropy'와 관계가 있다는 뜻밖의 사실을 발견했다.[26]

엔트로피는 열 이론에서 나온 개념이다. '엔트로피는 항상 증가한다.'는 열역학 제2법칙은 가장 중요한 과학 원리 가운데 하나다. 성은 무너지고, 달걀은 깨지고, 사람은 늙어가는 이유를 말해준다. 베켄슈타인은 열복사 때문에 블랙홀은 빛나야 함을 발견한 호킹보다 먼저 블랙홀이 열과 관계가 있음을 밝혔다. 블랙홀 안에서는 물리학의 위대한 세 이론(아인슈타인의 중력 이론, 양자 이론, 열역학 이론)이 충돌한다. 양자 이론과 일반 상대성 이론을 하나로 합치려고 노력하는 사람이라면 먼저 블랙홀을 이해하는 일이 왜 그토록 중요한지 알 것이다.

엔트로피는 정보와 밀접한 관련이 있다. 엔트로피는 한 계에 관한 정보가 얼마나 부족한지, 한 계의 상태에 대해 얼마나 알지 못하는지를 나타내는 척도다. 좀 더 명확히 말하면 한 계의 미시적 무질서를 나타내는 척도로서, '특정한 거시 상태에 대응하는 미시 상태의 수'로 정의할 수 있다. 벽돌의 경우, 구성 원자들이 배열을 바꾼 뒤에도 여전히 벽돌처럼 보이는 원자 배열의 가짓수를 엔트로피라고 한다. 블랙홀의 사건 지평선에 엔트로피가 있다는 것은 블랙홀의 지평선이 일반 상대성 이론이 말하는 것처럼 특색이 없는 매끈한 경계가 아니라 미시 구조를 갖춘 곳이라는 의미일 수 있다.

1993년, 노벨상 수상자인 유트레히트 대학교 헤라르뒤스 엇호프트Gerardus 't Hooft는 블랙홀의 사건 지평선은 특색이 없는 매끈한 구조가 아니라 거칠고 불규칙한 미시 구조를 하고 있다는 의견을 제안했다. 이 작은 미시 세계에 존재하는 울퉁불퉁한 덩어리들이 블랙홀을 만든 항성의 정보를 저장하고 있다고 했다. 블랙홀의 사건 지평선은 엄청나게 조밀한 DVD처럼 옆면의 각 플랑크 길이 영역마다, 즉 10^{-70}제곱미터마다 이분법의 0과 1에 대응하는 정보를 담고 있다. 패서디나 캘리포니아 공과대학교의 킵 손은 "지구에 산과 계곡, 바다 같은 다양한 구조가 있는 것처럼 블랙홀도 풍부한 구조를 갖춘 천체다."라고 했다.

엇호프트가 블랙홀의 사건 지평선이 블랙홀의 사라진 정보를 저장하고 있을지도 모른다고 발표한 후 얼마 되지 않아 스탠퍼드 대학교의 레너드 서스킨드Leonard Susskind가 끈 이론으로 그 생각을 어떻게 구현할 수 있는지 보여주었다. 블랙홀의 사건 지평선을 가만히 있지 않고 계속 진동하는 끈 덩어리라고 생각하면 된다. 이 추론을 바탕으로 1997년에 샌타바버라 캘리포니아 대학교 앤드류 스트로밍거Andrew strominger와 하버드 대학교 캄란 바파Cumrun Vafa는 베켄슈타인이 계산한 블랙홀의 엔트로피를 정확히 예측할 수 있었다.[27]

호킹 복사는 블랙홀의 사건 지평선 바로 위에 있는, 머리카락처럼 가는 진공에서 생성되기 때문에 막의 미세한 떨림에도 영향을 받을 수밖에 없다. 라디오 방송국에서 송출하는 '반송파'* 가 음악을 변조하는 방식과 거의 비슷하게 이런 진동도 호킹 복사를 '변조'한다. 이런 방식으로 블랙홀로 변한 항성의 정보는 호킹 복사에 영원히 각인되어 우주에 전달된다. 결국 정보는 사라지지 않았다. 물리학의 가장 중요한 법칙 가운데 하나가 지켜진 것이다.

블랙홀 정보 역설을 피하려고 제안한 이 정보는 아직 가설 단계에 머물고 있다. 아직 우리는 아인슈타인의 중력 이론과 양자

* 저주파를 실어 전송하려고 사용하는 고주파 전류.

이론을 합쳐줄 더 깊은 이론을 찾지 못했다. 하지만 이 가설이 옳다면 이 또한 아주 기이한 상황이다. 3차원인 항성의 전체 정보를 2차원인 블랙홀의 사건 지평선이 완벽하게 담고 있는 상황이니까 말이다. 올챙이였을 때의 정보를 완벽하게 담고 있는 홀로그램을 몸 가장자리에 두른 개구리를 생각해보라. 블랙홀도 항성이었을 때의 정보를 정확하게 담고 있는 홀로그램을 자기 몸에 두르고 있는 것이다.

블랙홀처럼 소수만이 이해할 수 있는 물체에만 적용된다면, 홀로그램 가설은 그저 기이한 호기심에 지나지 않을 것이다. 하지만 엇호프트와 서스킨드는 홀로그램 가설이 적용되는 것은 블랙홀만이 아니라고 했다. 어쩌면 우주 전체에 중요한 의미가 있을지도 모른다고 했다.

홀로그램 우주

우주도 블랙홀처럼 지평선으로 둘러싸여 있다. 우주의 '빛 지평선light horizon'은 우주의 가장자리가 아니다. 우주는 아마도 끝없이 펼쳐져 있을 것이다. 우주의 빛 지평선은 '관측 가능한 우주'의 가장자리를 의미한다. 이 빛 지평선 안에 있는 항성과 은하의 빛은 모두 우주가 탄생한 138억 2,000만 년 전부터 지금까지 우리에게 닿을 시간이 있었다. 빛 지평선 너머에 있는 항성과 은하

의 빛이 우리에게 오기까지는 아직 시간이 부족하다. 그 빛들은 지금도 우리를 향해 달려오고 있다.[28]

엇호프트와 서스킨드는 3차원인 항성의 정보가 2차원인 블랙홀의 사건 지평선에 각인된 것처럼 3차원인 우주의 정보도 2차원인 우주의 지평선에 있는 홀로그램에 각인되어 있을 것이라고 추론했다. 이 같은 추론은 몇 가지 해석을 가능하게 한다. 한 가지 해석은 몇 가지 알 수 없는 이유로 우주는 우리 생각보다 한 차원 더 낮은 차원으로 이루어져 있다는 것이다. 이런 해석은 충분히 기이하다. 하지만 이보다 더 당혹스러운 해석도 있다. 이 해석에 따르면, 우리는 우주 안에 살고 있다고 믿지만 사실은 우주의 지평선 표면에서 살고 있다. 그런데 이보다 더 기이한 해석도 있다. 우리가 살고 있다고 믿는 3차원 우주는 사실상 우주를 둘러싼 지평선 위로 쏘아올린 2차원 홀로그램이고, 당신과 나를 비롯해 우주의 모든 존재 또한 사실은 홀로그램이라는 것이다!

이런 식으로 비유를 사용해 추론하는 것은 엄격한 물리학이라고 할 수 없다. 더구나 블랙홀의 특성을 가지고 우주 전체의 특성을 추론하는 것은 지나친 비약이다. 그러나 1998년, 아르헨티나 물리학자 후안 말다세나Juan Maldacena는 우리가 '홀로그램 우주'에서 살고 있다는 생각을 강화할 뿐 아니라 물리학의 세계를 흥분의 도가니로 만든 논문 한 편을 발표했다.

양자 이론과 특수 상대성 이론을 양립하려고 시도하는 이론들을 '등각장론Conformal field theory'이라고 한다(표준 모형도 등각장론 가운데 하나다). 말다세나는 아인슈타인의 중력 이론에 맞춰 춤을 추는 기본 입자들이 내부bulk에 가득한 5차원 우주를 상상했다. 그러고는 2차원인 풍선의 표면이 3차원인 공기 부피를 감싸고 있는 것처럼 4차원인 우주의 경계가 5차원인 우주를 감싸고 있는 모습을 상상했다. 이 4차원 우주의 경계 안에는 등각장론에 맞춰 춤을 추는 입자들이 들어 있다.[29]

말다세나는 놀랍게도 4차원 우주 경계에 관한 방정식들은 내부를 기술하는 훨씬 복잡한 방정식과 동일한 정보를 담고 있고, 동일한 물리학을 설명한다는 사실을 알아냈다. 다시 말해서 5차원 우주의 내부에 작용하는 중력 효과가 4차원 우주 경계에 작용하는 양자 이론과 수학적으로 동일하다는 사실을 알아낸 것이다. 버먼은 "양자 이론적 서술과 중력 이론적 서술에 이중성duality이 있다는 사실이 양자 이론과 중력 이론이 놀랍고도 깊게 연결되어 있음을 보여주는 것 같다. 두 이론이 전적으로 달라 보이지만 사실은 동전의 양면일 수도 있다는 뜻이다."라고 했다.

아르카니-하메드는 "양자 이론과 상대성 이론은 서로 싸우고 있는 것 같지만 뒤에서는 서로 협력하고 있다."라고 했다.

물리학계에서 말다세나의 논문은 아주 중요한 자리를 차지하고 있다. 물리학자들은 논문을 쓰면서 말다세다의 논문을 거의 1만 번 정도 인용했고, 많은 사람이 말다세나의 논문을 현대 물리학의 이정표로 간주한다. 중력 이론과 양자 이론을 연결한 말다세나의 발견을 19세기에 전기와 자기, 빛을 하나로 묶은 맥스웰의 발견만큼이나 중요하다고 믿는 물리학자도 있다.

버먼은 말다세나의 추론이 '반 지터anti de Sitter, AdS'라고 부르는 단순한 우주 모형에만 적용할 수 있다는 사실을 명심해야 한다고 말했다. 무엇보다도 반 지터 공간은 정상적인 공간과 달리 팽창하지 않는다. 그러나 물리학자들은 말다세나의 추론을 진짜 우주에도 적용할 수 있기를 바란다. 하지만 아직까지 그 일을 해낸 사람은 없다.

공간이란 무엇인가?

말다세나의 발견이 제기한 핵심 질문은 "경계의 양자장이 어떻게 내부의 중력을 생성할 수 있을까?"이다. 이 질문에 답하려고 밴쿠버 브리티시 컬럼비아 대학교 마크 반 람스동크Mark Van Raamsdonk는 2015년에 말다세나의 모형보다 훨씬 단순한 모형을 상상했다. 내부가 텅 빈 우주를 상상한 것이다. 이 내부는 경계에 있는 단순한 양자장과만 통신한다. 다른 모든 양자장처럼 이 단순한 우주의 양자장도 서로 얽혀 있다. 아인슈타인이 '유령 같은 원격 작용'이라고 부른 즉각적인 영향을 주고받는 것이다.[30]

다른 사람들이 개발한 수학 도구를 이용해 반 람스동크는 경계에 존재하는 얽힘을 조금씩 제거했다. 그러자 우주의 시공간이 캐러멜을 양쪽에서 잡아당길 때처럼 서서히 늘어나면서 찢어졌다. 반 람스동크의 가설에서 시공간의 구조는 점차 와해되기 시작한다. 그러다 결국 얽힘은 0이 되고, 시공간은 너무 많이 잡아 늘인 캐러멜처럼 조각조각 나누어지고 만다.

반 람스동크는 모든 것을 매끄럽게 연결하려면 시공간에 장거리 통신을 가능하게 해주는 양자 얽힘이 반드시 필요하다는 결론을 내렸다. "시공간은 양자계의 구성원들이 어떤 식으로 얽혀 있는지를 보여주는 기하학적 모습일 뿐이다."[31] 반 람스동크의 말이다.

반 람스동크가 옳다면 실제로 시공간을 만드는 것은 '양자 정보'다. 하지만 반 람스동크의 추론은 아주 단순한 우주 모형에만 적용했을 뿐, 실제 우주에 적용할 수 있음을 입증한 사람은 아무도 없다. 그런데 시공간이 존재하려면 얽힘이 중요하다는 반 람스동크의 가설을 또 다른 추론이 뒷받침해 주는 것 같다.

2013년, 말다세나와 서스킨드는 사람들의 관심을 아인슈타인이 1935년에 발표한 두 편의 논문으로 돌렸다. 얼핏 보면 두 논문은 전혀 다른 주제를 다루고 있는 것처럼 보인다. 그러나 말다세나와 서스킨드는 두 논문이 사실은 밀접한 관련이 있다고 생각했다.

첫 번째 논문은 아인슈타인이 보리스 포돌스키Boris Podolsky와 네이선 로젠Nathan Rosen과 함께 쓴 논문이다. 논문에서 세 사람은 양자 얽힘 현상을 검토하고 (옳지 않게도) 유령처럼 으스스한 원격 작용이라는 터무니없는 개념이 성립한다고 주장하는 것은 양자 이론이 불완전하고 결점이 있는 이론임을 뜻한다는 결론을 내렸다.[32] 두 번째 논문은 아인슈타인과 로젠이 발표했다. 두 사람은 일반 상대성 이론에 의해 시공간의 지름길이 존재할 수 있음을 보여주었다.[33] 현재 이 지름길은 미국 물리학자 존 휠러가 명명한 대로 '웜홀wormhole'이라고 부른다. '블랙홀'이라는 이름도 휠러가 사용한 용어다. 사과 중심으로 벌레 구멍이 뚫려 있으면 애벌레가 사과 표면을 빙 둘러서 반대편으로 가지 않고 지름길을 이용해 곧바로 사과 반대편으로 갈 수 있는 것처럼, 시공간의 웜홀도 우주 여행자들이 우주의 반대편으로 곧바로 갈 수 있는 지름길이 되어준다. 은하의 한쪽 입구로 들어가 몇 미터만 기어가면 반대쪽 입구로 나올 수 있는 것이다.

말다세나와 서스킨드는 물리학자들이 웜홀로 설명하는 연결 방식이 바로 양자 얽힘의 원리라고 했다. 다시 말해 두 입자가 얽힘으로 연결되어 있다는 것은 두 입자가 아주 작은 웜홀로 효과적으로 연결되어 있다는 뜻이다. 놀랍게도, 정말로 시공간의 웜홀과 양자 얽힘은 동일한 기본 실재를 설명하는 두 가지 방법일 수 있다.

양자 얽힘이 시공간의 작은 웜홀 때문에 발생하며, 그런 웜홀이 시공간에 반드시 존재해야 하는 구조라면, 반 람스동크의 생각처럼 양자 얽힘이 줄어들면 시공간이라는 직물은 손상되고 말 것이다. 따라서 '공간은 무엇으로 만들어져 있는가?'에 대한 답은 '양자 얽힘이나 웜홀로 만들어져 있다.'일 수도 있다. 공간을 만드는 재료로 양자 얽힘이나 웜홀 가운데 무엇을 고를 것인지는 상관없다. 말다세나와 서스킨드는 두 가지가 같은 현상이라고 했으니까.

이중성에 현혹되다

5차원 우주의 지평선 위에 있는 '양자장 이론'이 지평선 내부 공간에서는 일반 상대성 이론으로 발현된다는 말다세나의 설명은 한 가지 물리 현상이 전혀 다른 현상처럼 나타날 수도 있음을 보여주는 한 예다. 이런 '이중성'이 존재할 때는 한 관점으로 문제가 풀리지 않을 경우에 다른 관점을 적용하면 쉽게 풀릴 때가 많다. 끈 이론에는 이중성이 넘쳐난다.

끈 이론에서 나타나는 가장 전형적인 이중성은 초소형 물리학이 초대형 물리학과 똑같아 보인다는 것이다. 이 'T 이중성'은 끈이 여분의 공간 차원을 감기지 않은 상태나 감긴 상태로 이동하면서 운동량과 '감김'이 서로 바뀔 수 있기 때문에 생긴다. 이런 변화는 물리학을 작은 규모에서 큰 규모로, 큰 규모에서 작은 규모로 이동할 수 있게 한다.

미시 세계에서는 이 특별한 이중성 때문에 특별한 결과가 나온다. 중력의 세기 같은 물리학의 매개 변수들이 아인슈타인의 중력 이론의 예측과 달리 무한대로 솟구치지 않는다는 것이다.

끈 이론의 이중성 덕분에 미시 세계에서도 물리학의 매개 변수들은 거시 세계에서와 마찬가지로 온화하게 행동한다. 끈의 크기가 유한함을 생각해보면, 이는 직관적으로도 충분히 말이 된다. 크기가 있는 끈은 부피가 0인 공간으로 압축해 들어갈 수 없기 때문에 끈 이론은 일반 상대성 이론이 우주가 시작될 때 있어야 한다고 예측한 특이점이라는 재앙을 깔끔하게 피해갈 수 있다.

물론 이중성은 끈 이론의 전유물이 아니다. 유명한 파동-입자 이중성을 말하는 양자 이론처럼, 다른 물리학 분야에도 이중성은 있다. 그러나 물질을 구성하는 기본 재료를 파동으로 보느냐, 입자로 보느냐의 문제는 오직 양자 이론이 체계를 갖추어가는 동안에만 적극적으로 활용했고, 지금은 이 책처럼 대중을 위한 과학 교양서에서 다루는 개념으로 남았을 뿐이다. 1920년대 중반에 양자 이론이 일관성 있는 체계를 갖추면서 파동-입자 이중성은 설 자리를 잃었다. 슈뢰딩거와 하이젠베르크의 양자 도구는 우리의 일상 언어로는 묘사할 수 없다. 일상 세상에서 그 비슷한 존재도 확인할 수 없는, 파동도 아니고 입자도 아닌 무언가를 기술하는 '파동 함수' 같은 수학적 실체를 다룰 뿐이다.

파동-입자 이중성이 물리학자들이 적절한 양자 이론을 구축하지 못했음을 알려주던 표지였다면, 끈 이론의 이중성은 끈 이론이 아직 완성되지 않았음을 알려주는 표지다. 버먼은 "아직 우리는 갈 길이 멀다. 분명히 근원 이론에는 이중성이 없을 것이다."라고 했다.

그렇다면 도대체 근원 이론은 어떻게 찾을 수 있을까?

네버랜드를 찾아서

아르카니-하메드는 물리학자들이 더욱 근원적이고 본질적이며 훨씬 깊은 진리인 물리학 이론을 찾으려면 몇 가지 전략이 있다고 생각한다. 가장 분명한 방법은 현재 존재하는 모든 이론을 나열하고, 한 번에 하나씩 근원 이론이 될 수 없는 이론을 제거한 뒤에 마지막까지 남은 가장 괜찮은 이론을 많은 사람이 원하는 근원 이론으로 발전시켜 나가는 것이다. "하지만 역사적으로 이런 전략이 성공한 예는 없다." 아르카니-하메드의 말이다.

이유는 아무도 모르지만, 물리학 이론들은 완벽한 인형 안에 똑같은 인형이 계속 들어 있는 러시아 인형 마트료시카 같다. 다른 이론의 도움이 필요 없는 완벽하고 독립적인 이론 뒤에 또 다른 완벽하고 독립적인 이론이 존재하는 것이다. 기존 이론을 조금만 다듬어 근원 이론으로 바꿀 수 있는 방법은 없다. 이유는 단순하다. 자연은 그렇게 작동하지 않기 때문이다. 아르카니-하메드는 "한 단계에서 물리학의 법칙들은 완벽하다. 더 깊은 단계에서는 그 법칙들이 훨씬 완벽한 법칙으로 바뀐다."라고 했다. 한 이론에서 다른 이론을 얻는 유일한 방법은 앞이 보이지 않는 어둠 속에서 심장이 멈출 정도로 놀라운 도약을 하는 것이다. 뉴턴이 말한 것처럼 "대담한 추론을 하지 않는다면 위대한 발견은 없다."

고전물리학과 양자 이론은 자연이 러시아 인형 같음을 보여주는 아주 좋은 예다. 19세기 말에 고전물리학은 완벽하고 완전해 보였다. 플랑크, 더 나아가서는 아인슈타인도 중요하다고 생각했던 자외선 파탄 같은 사소한 결점은 분명히 있었다. 그러나 자외선 파탄을 고쳐줄 더 근원적인 이론을 고전물리학 밖에서 찾을 이유는 없었다. 그러다가 양자 이론이 발견되었다. 그것은 고전물리학과 양립할 수 없고, 고전물리학으로는 추론도 할 수 없는, 슈뢰딩거 방정식 같은 전적으로 새로운 원리와 방정식을 이용해 근원 이론을 찾아야 한다는 뜻이었다.

물리학의 법칙들은 한 단계에서 더 깊은 단계로 부드럽게 전환되지 않는다. 아주 급하게, 심지어 지각이 요동칠 만큼 급진적으로 바뀐다. 이 같은 사실은 물리학자들이 택할 수 있는 방법이 단 한 가지밖에 없음을 의미한다. 아르카니-하메드의 말처럼 물리학자들은 자신이 알고 있는 물리학을 가능한 한 오랫동안 붙잡고 있다가, 점프해야 한다.

우리가 알고 있는 물리학은 특수 상대성 이론과 양자 이론이다. 이 두 이론을 묶을 수 있는 유일한 방법은 현재까지는 끈 이론뿐이다. 아르카니-하메드는 물리학을 한계점까지 밀어붙여야 한다고 생각한다. 한계점에 도달했다면 어둠 속에서 바닥이 보이지 않는 절벽 끝에 도달한 사람처럼 밑의 해변에는 새로운 물리학의 섬이 있을 테고 자신에게는 낙하산이 있다는 희망을 가지고 과감하게 뛰어내려야 한다. 아르카니-하메드는 "물리학은 상당히 불연속적으로 나간다. 해답과 가까운 부분에 있는 것이 중요하다. 그래야 옳은 지점으로 도약할 수 있다."라고 했다.

블랙홀의 중심과 시간의 시작점에서 특이점으로 붕괴되는 아인슈타인의 중력 이론을 더 깊은 이론이 대체할 수 있어야 한다. "게다가 양자 이론을 확장할 수 있어야 한다." 아르카니-하메드의 말이다.

버먼은 "이론은 대부분 자신의 종말을 알리는 신호를 가지고 있다. 전자기 이론에는 자외선 파탄이 있었고, 일반 상대성 이론에는 특이점이 있었다. 하지만 양자 이론에는 그런 신호가 없다. 양자 이론에서는 무언가 더 깊은 것을 보게 된다."라고 했다.

현재 양자 이론은 모든 실험 결과를 완벽하게 예측할 수 있다는 점에서 '목적에 부합하는' 이론이라고 할 수 있지만, 문제는 양자 이론이 시간을 나타내는 보편 시계가 있다고 가정한다는 것이다. "특이점으로 다가갈수록 시간이라는 개념은 붕괴되는데, 그때도 양자 이론이 우리에게 적절한 안내서가 되어줄지는 모르겠다. 그런 안내서가 되어줄 수 있는 학문은 우주의 탄생과 진화, 종말을 다루는 우주론뿐이라는 것이 현재 양자 이론이 처한 곤란한 상황이다." 아르카니-하메드의 말이다.

캐나다 워털루 경계이론물리학연구소의 리 스몰린Lee Smolin

은 "더 깊은 이론은 일반 상대성 이론도 아니고 양자 이론도 아닌, 제3의 이론일 것이다."라고 했다.

다음 단계로 나가려면 현재 존재하는 모든 모형에 모든 영감과 단편적인 이론을 한데 합쳐야 한다. 하지만 그 누구도 옳은 이론이 무엇인지는 알지 못한다. 어쩌면 모든 이론이 틀렸을지도 모른다. 아르카니-하메드는 "끈 이론은 더 깊은 이론의 일부분이다. 하지만 핵심 부분은 아닐 수도 있다."라고 했다.

위는 새로운 아래다

아르카니-하메드는 근원 이론을 찾기 위해 알려진 물리학을 한계점까지 밀어붙인 다음에 미지의 세계로 도약하자고 제안했다. 그때 그는 드러내지는 않았지만 이 엄청난 질문에 필요한 관측 자료를 우리가 모두 가지고 있다고 생각하고 있었다. 현재 우리는 물질을 구성하는 열두 가지 기본 재료(쿼크 여섯 개와 렙톤 여섯 개)와 네 가지 기본 힘을 알고 있다. 하지만 이 세상에는 항성과 은하, 당신과 나와 같은 존재를 만드는 원자로 된 물질보다 우리가 거의 알 수 없는 암흑물질이 여섯 배 정도 많다. 아르카니-하메드는 "정말로 중요한 것은 암흑물질일지도 모른다. 어쩌면 이 세상에는 판도를 바꾸는 우주의 속성이, 끈 이론이 틀렸음을 알려주는 우주의 속성이 있을지도 모른다."라고 했다.

예를 들어 물리학에 관한 우리의 이해를 크게 바꿀 수도 있는 암흑 입자나 암흑 힘의 존재를 배제할 수는 없다. 셰익스피어의 햄릿은 경고한다. "하늘과 땅에는 자네의 철학이 꿈꾸는 것보다 더 많은 것이 있다네, 호라티오."

우주의 전체 질량-에너지 가운데 일반적인 물질(표준 모형의 재료들)이 차지하는 비율은 4.9퍼센트 정도에 불과하며, 지금까지 우리가 망원경으로 관찰할 수 있었던 물질의 양은 그 절반에 불과하다. 나머지 물질은 은하와 은하 사이를 떠도는 수소 기체일 것으로 추정하지만, 그런 수소 기체는 너무 뜨겁거나 차가워 현재의 망원경으로는 관찰할 수 없다.[34] 그와 달리 암흑물질은 우주의 전체 질량-에너지의 26.8퍼센트 정도를 차지하며, 암흑 에너지는 68.3퍼센트 정도에 이른다.

앞에서 살펴본 것처럼 암흑 에너지는 가장 비율이 높은 우주 구성원인데도 1998년에야 발견되었다. 모든 공간을 채우고 있는 보이지 않는 암흑 에너지는 중력에 반발한다. 실제로 중력에 반발하는 암흑 에너지의 특징이 우주의 팽창 속도를 높인다. 애초에 암흑 에너지를 알게 된 것도 우주가 가속 팽창하고 있음을 발견했기 때문이다.[35]

아직도 학교에서 아이들에게 중력을 인력이라고 가르친다면 시대에 뒤처져도 한참 뒤처진 것이다. 우주의 구성 성분 가운데 3분의 2는 중력에 반발해 우주를 가속 팽창하게 한다. 볼티모어 존스홉킨스 대학교에서 암흑 에너지를 연구하는 애덤 리스Adam

Riess는 "사과나무에서 사과가 떨어지기 때문에 우리는 중력을 관찰할 수 있다. 일상에서 우리는 중력을 관찰할 수 있다. 그러나 사과를 우주의 가장자리를 향해 던진다면 사과가 가속운동을 하는 모습을 보게 될 것이다."라고 했다.

누구도 둘을 한데 합칠 방법을 알지 못하지만 일반 상대성 이론과 양자 이론이 진공 에너지의 존재를 예측했기 때문에 암흑에너지는 암흑물질만큼 위태롭게 기존 질서를 뒤흔들지는 않을 수도 있다.[36]

우리가 우리 우주에 관한 관측 자료를 놓쳤기 때문에 함께 놓친 중요한 생각이 있을까? 아르카니-하메드는 "우리가 만든 틀은 많은 점에서 놀라울 정도로 옳다. 하지만 아주 크게 잘못된 부분이 있는 것도 분명하다. 다음 단계에서는 새롭고도 혁명적인 생각이 나와야 한다."라고 했다. 언젠가 존 휠러가 말한 것처럼 "이 모든 것의 뒤에는 분명히 아주 단순하고 아주 아름다운 생각이 놓여 있다. 앞으로 10년이든 100년이든 1,000년이든 우리가 그 생각을 붙잡을 수 있을 때 우리는 서로에게 말할 것이다. 이게 아니라면 다른 무엇이 있을까? 하고 말이다."

천왕성의 변칙 운동은 르 베리에가 해왕성의 존재를 예측함으로써 설명할 수 있었지만 수성의 변칙 운동은 불카누스의 존재로는 설명할 수 없었다고 지적한다. 수성의 운동을 설명하려면 중력을 본질적으로 바꿀 새로운 생각이 필요했다. 버먼은 "그곳에 존재하는 암흑물질이 항성과 은하의 변칙 운동을 일으키고

있는지도 모른다. 그렇지 않다면 우리는 중력을 바꿔야 할 것이다."라고 했다.[37]

세계를 보는 눈을 바꿀 혁명

지금 이 순간, 이 세상 어딘가에는 우리가 놓친 생각을 하고 있는 또 다른 아인슈타인이 있을지도 모른다. 지금까지 나온 모든 재료와 자료를 한데 합쳐 혼자 힘으로 물리학에 새로운 혁명을 불러일으킬 천재가 말이다. 그러나 역사는 외로운 천재만으로는 부족할 수 있다고 말한다.

아인슈타인 자신은 "나는 아인슈타인이 아니다."라고 했지만, 아인슈타인의 상대성 이론은 분명 외로운 천재 혼자서 만들어낸 이론이다. 그러나 아르카니-하메드는 물리학의 다른 혁명들은 혼자서 해내지 않았다고 말한다. 양자 이론만 해도 대략 25년 동안 20명에 달하는 물리학자들이 만들어낸 합작품이다. 입자물리학의 표준 모형도 대략 25년 동안 20여 명의 물리학자가 노력해 만들어냈다. 따라서 일반 상대성 이론보다 더 깊은 이론은 아인슈타인의 혁명이 아니라 이런 혁명들과 더 비슷할 가능성이 높다. 미래의 과학사 학자들은 뉴턴이나 아인슈타인, 혹은 제3의 천재의 이름을 전혀 언급하지 않을 수도 있다.

아르카니-하메드는 1920년대의 양자 혁명보다 더 급진적인 혁명을 기대하고 있다. 그 혁명이 세계를 보는 눈을 바꿀 것이다. 실제로 그는 지금 물리학자들이 진행하고 있는 혁명을 양자 이론의 탄생과 발달, 완성 과정에 비교한다. 세상을 새로운 관점으로 보게 할 양자 혁명은 1900년, 플랑크가 양자를 발견했을 때 처음으로 조짐을 드러냈다. 그 후 1913년에 덴마크 물리학자 닐스 보어는 원자의 구조를 설명하면서 양자를 이용했다. 마지막으로 1927년, 확고한 기본 원리를 갖춘 일관성 있는 양자 이론이 탄생했다. "현재 우리는 최종 목적지까지 절반쯤 와 있다고 생각한다. 양자 혁명과 비교하면 1917년에서 1918년 무렵에 해당한다." 아르카니-하메드의 말이다.

미지의 세계

아르카니-하메드는 "1920년대 이후로 지금처럼 물리학이 즐거운 시대는 없었다. 고대 그리스 사람들이 '우주는 어디에서 왔는가?', '공간과 시간은 무엇인가?'에 의문을 품은 뒤로 지구에 존재했던 어느 때보다도 신나는 세대가 지금의 물리학 세대이다. 그러나 우리 이전에는 모두 다른 질문들에 답해야 했다. 그 질문들에 답할 수 있어야 지금 우리가 해결해야 할 큰 질문에 도달할 수 있었으니까. 이제 우리는 큰 질문들에 답해야 한다. 이제는 큰 질문들이 다음 문제들이니까 말이다."라고 했다.

아르카니-하메드는 현재 기초물리학은 아주 특이한 순간을 지나고 있다고 했다. 역사상 최초로 우리는 이런 큰 질문에 대한 기본 틀과 답을 구할 수 있게 도와줄 거대 강입자 충돌기 같은 놀라운 실험 장치를 가지고 있다. "우리는 에베레스트에 전진 기지를 설치해야 한다. 우리 앞에 그 괴물이 보일 것이다."

얼마나 가야 목적지에 닿을 수 있을까? 아르카니-하메드는 "어쩌면 다섯 개의 실험 결과만 나오면 목적지에 도착할 수 있을지도 모른다. 하지만 500년이 넘게 걸릴 수도 있다. 그래도 그렇게 오래 걸릴 것이라고는 생각하지 않는다. 목표에 도달하는 시점에 대해 나는 훨씬 낙관적으로 생각한다."라고 했다.

더 깊은 이론은 우리에게 우주의 탄생에 관해 말해줄 것이다. 공간과 시간과 '모든 것'이 어디에서 왔는지를 말해주고, 더욱 중요하게는 그 모든 것들이 '왜' 존재하는지를 말해줄 것이다. 그리고 아인슈타인이 의문을 가졌던 "신이 세상을 창조할 때 신에게는 과연 선택권이 있었을까?"라는 질문에 답할 것이다.

더 깊은 이론은 우리가 사는 세상의 중요한 본질을 말해줄 뿐 아니라 이 세상을 다룰 기술도 제공해줄 것이다. 1863년에 맥스웰이 전기와 자기를 한데 합치자 특수 상대성 이론과 양자 이론이 태어났다. 양자 이론은 레이저와 컴퓨터, 아이폰과 핵발전소를 제공하며 현대 세계를 만들어냈다고 할 수 있다. 양자 이론을 이용해 만들어낸 발명품들이 미국 GDP에서 차지하는 비율은 30퍼센트에 달할 것이다.

맥스웰의 이론은 전파의 존재를 예측함으로써 전 세계 사람들을 직접 연결해주었다. 맥스웰의 방정식 덕분에 데이터와 영상과 수십억 개의 보이지 않는 수다들이 우리 주위를 둘러싼 공기를 통해 끊임없이 흘러간다. 맥스웰도, 맥스웰과 동시대를 살았던 사람들도 이런 세상은 예상하지 못했다. 19세기 사람들이 텔레비전이나 인터넷, 스마트폰을 본다면 어떤 반응을 보일까? 기술이 놀라울 정도로 발전했다기보다는 초자연적인 힘이 악마와 같은 힘을 발휘했다고 생각할지도 모른다.

아인슈타인의 이론보다 더 깊은 이론이 우리에게 무엇을 가져다줄 것인지 누가 알겠는가? 마릴린 먼로는 "나는 중력을 거역해요."라고 했다. 어쩌면 우리도 그렇게 될지 모른다. 공간과 시간을 다스릴 수 있게 되고, 웜홀을 생성하고, 항성 간 우주선과 타임머신을 만들게 될지도 모른다. 아르카니-하메드는 "실험실에서 우주를 만드는 방법을 알게 될지도 모른다."고 했다.

마이클 패러데이의 말처럼 "진실이 되기에 지나치게 멋진 것은 없다."

킵 손은 "과거로 돌아갈 수 있는지 여부는 양자 중력의 법칙이 결정한다. 양자 중력의 법칙을 명확하게 이해하려면 몇십 년이 더 필요할 것이다. 20년이나 30년쯤 걸리지 않을까? 하지만 그보다 더 빠를 수도 있다."라고 했다.[38]

벤저민 프랭클린은 "현재 빠른 속도로 진행되고 있는 진정한 과학의 진보를 생각하면, 내가 이렇게 빨리 태어났다는 사실이

애석해질 때가 있다. 앞으로 1,000년 뒤에 물질을 지배하는 사람의 힘이 얼마나 막강해질지는 상상도 하기 힘들다. 어쩌면 인류는 무거운 물체의 중력을 없애고 가볍게 만들어서 쉽게 가지고 다닐지도 모른다."고 말했다.[39]

맥스웰의 이론에서 확인했듯, 더 깊은 이론이 불러올 파급 효과는 상상도 할 수 없을 만큼 엄청날 것이다. SF 작가 아서 C. 클라크는 멋진 말로 이 상황을 표현했다. "충분히 발달한 기술은 마법과 거의 구별할 수 없을 것이다."[40]

지평선 너머에 있는 마법의 세계를 맞을 준비를 해야 한다. 미지의 세계에서 무엇을 찾게 될지는 아무도 모른다.

주

1장 · 달은 떨어지고 있다

1 뉴턴 기록물 '포츠머스 컬렉션Portsmouth Collection'(1714년).

2 엘리자베스 녹스Elizabeth Knox, 『천사와 와인*The Vintner's Luck*』(2000년).

3 윌리엄 스터클리William Stukeley, 『뉴턴 경의 생애에 관한 회고록*Memoirs of Sir Isaac Newton's Life*』(1752년), 46~49쪽.

4 포우아드 아자미Fouad Ajami, 〈Wall Street Journal〉, '아랍 세계의 알려지지 않은 아들The Arab World's Unknown Son'(2011년 10월 12일) .

5 다니엘 디포Daniel Defoe, 『전염병 연대기*Journal of the Plague Year*』(1722년).

6 "뉴턴은 건강하고 튼튼하게 태어난 사람들의 평균 수명보다 훨씬 긴 84년 이상을 살다가 1727년 3월 20일에 죽었다. 뉴턴이 얼마나 건강했는지는 죽기 전까지 영구치를 한 개 이상 잃지 않았다는 사실을 보면 알 수 있다." 오거스터스 드 모르간Augustus de Morgan, 『뉴턴의 삶과 업적에 관한 에세이*Essays on the Life and Work of Newton*』(1914년).

7 윌리엄 스터클리, 『뉴턴 경의 생애에 관한 회고록』(1752년), 46~49쪽.

8 리처드 웨스트폴Richard Westfall, 『절대로 쉬지 않는 사람: 아이작 뉴턴 전기*Never at Rest: A Biography of Issac Newton*』(1983년) 53쪽.

9 다니엘 디포, 『전염병 연대기』

10 윌리엄 워즈워스William Wordsworth, 『서곡*The Prelude*』(1888년).

11 밤하늘을 기어가는 행성들은 황도 12궁이라고 부르는 뚜렷한 열두 개 별자리가 늘어선 좁은 길을 따라 움직였다. 그 이유는 행성들이 황도ecliptic라고 부르는 평면 위를 움직이며 태양 주위를 공전하기 때문이다. 행성들의 공전 궤도가 모두 같은 공전 궤도면에 존재한다는 사실은 행성이 모두 태양이 탄생할 때 태양 주위를 같은 원반 위에서 돌고 있던 파편이 뭉쳐서 형성됐음을 의미한다.

12 항성들이 정해진 위치에 모두 고정된 것처럼 보이는 이유는 지구에서 아주 먼 곳에 있기 때문이다. 가장 가까운 곳에 있는 항성까지의 거리도 지구를 10억 바퀴 도는 것만큼의 거리를 가야 한다. 그러나 항성들도 공간 속에서 움직이고 있기 때문에 아주 오랜 시간이 흐르면(예를 들어 수만 년이 흐르면) 항성들의 위치가 바뀌어 별자리 모양도 지금과는 달라진다.

13 태양계는 태양과 행성, 위성, 그리고 45억 5000만 년 전에 태양계가 형성될 때 남은 여러 파편과 소행성, 혜성으로 이루어져 있다.

14 W. W. 라우즈 볼W. W. Rouse Ball, 『수학의 역사*History of Mathematics*』(1901년).

15 이런 뉴턴의 특징을 20세기 전기 작가 존 메이너드 케인스John Maynard Keynes는 이렇게 표현했다. "뉴턴의 독특한 재능은 결국 꿰뚫어 볼 수 있을 때까지 순전히 정신적인 문제를 계속해서 마음속에 품고 있을 수 있는 힘에 있었다." 케인스, 『전기 속 에세이*Essays in Biography*』(1933년) '뉴턴, 그 사람Newton, the Man'.

16 정해진 시간 동안 행성이 지나면서 만드는 작은 삼각형의 면적은 $\frac{1}{2}vrt$로 구할 수 있다. $\frac{1}{2}vrt$가 변하지 않는다는 것은 행성의 '각운동량'인 mvr 역시 변하지 않는다는 뜻이고, 회전력(행성의 궤도를 따라 작용하는 힘)이 존재하지 않는다는 뜻이다. 즉, 힘은 언제나 태양을 향한 방향으로만 작용한다는 뜻이다.

17 우주가 마치 수학 공식으로 기술되고 있는 것처럼 보이는 이유는 지금도 풀지 못한 수수께끼이다. 20세기 헝가리계 미국 물리학자 유진 위그너Eugene Wigner는 "물리과학에서는 수학이 지나치게 과한 유효

성을 갖는다."라고 했다. 무엇 때문에 현실 세계를 정확하게 반영하는 수학 세계가 존재하는 것일까? 그 이유는 아무도 모른다.

18 '고양이에 관한 물리학 법칙'(http://www.funny2.com/catlaws.htm).

19 행성이 움직이는 이유는 태양계가 탄생했을 때 태양 주위를 돌고 있었기 때문으로, 행성은 그때부터 지금까지 계속 같은 운동을 하고 있을 뿐이다. 현대 관점에서 보면 태양과 행성은 성운을 구성하는 먼지와 기체가 자체 중력 때문에 수축해 생성됐다. 우리은하가 회전하고 있음을 생각해 보면 태양을 만든 성운도 회전하고 있었을 텐데, 성운의 회전 속도는 태양과 행성이 만들어지고 성운의 크기가 작아지면서 점점 더 빨라졌을 것이다(발레리나가 팔을 몸에 붙이면 더 빨리 도는 것과 같은 이치이다). 성운 안에서 태양계에 남은 파편들이 뭉쳐서 만들어진 행성들도 당연히 태양을 중심으로 빙글빙글 돌았을 테니, 태양계의 행성들은 처음부터 새로 태어난 태양 주위를 도는 운동을 했을 것이 분명하다.

20 실제로 약간의 추론만으로도 구심력의 정확한 형태를 산출할 수 있다. 물체가 원을 그리며 천천히 움직일 때는 중심을 향하는 속도를 조금만 조정해도 물체가 원의 접선 방향으로 날아가는 것을 막을 수 있다. 하지만 빠르게 원을 그리는 물체가 접선 방향으로 날아가지 못하게 하려면 중심을 향하는 속도를 크게 조정해야 한다. 즉, 속도 조정 폭은 물체의 회전 속도(v)에 비례해 증가한다. 물체의 '가속도'는 물체의 속도가 얼마나 빠르게 변하는지를 나타내는 척도이다. 즉, 주어진 시간에 일어나는 속도 변화를 측정하는 단위이다. 물체가 정해진 거리를 가는 데 걸리는 시간은 분명히 원이 작으면 짧고, 물체의 속력이 느리면 더 길 길다(r/v에 비례한다). 따라서 가속도는 v를 r/v로 나눈 v^2/r에 비례한다. 결국 힘은 단순히 질량에 가속도를 곱한 mv^2/r이다.

21 $mv^2/r=F(r)$이고, $T^2 \sim r^3 => v^2 \sim 1/r$이다. 따라서 $F(r) \sim 1/r^2$이다(m은 행성의 질량, v는 행성의 이동 속도, F는 태양이 행성에 가하는 중

력, r는 행성과 태양 간 거리이다).

22 사실, 목성 위성의 궤도 운동에는 한 가지 아주 이상한 점이 있다. 이 현상은 1676년에 덴마크 천문학자 올레 크리스텐센 뢰머Ole Christensen Rømer가 발견했다. 뢰머는 목성 주위를 도는 위성들을 오랫동안 관찰하면서, 각 위성이 목성을 한 바퀴 도는 데 걸리는 평균 시간을 측정했다. 목성의 위성들은 주기적으로 목성 뒤로 모습을 감추었기 때문에, 목성 뒤에서 다시 모습을 드러내는 순간을 시작으로 각 위성이 목성 주위를 한 번 도는 데 걸리는 시간을 측정할 수 있었다. 놀랍게도 목성의 위성들은 측정할 때마다 기존에 측정한 시간보다 더 일찍 목성 뒤에서 모습을 드러낼 때도 있었고, 더 늦게 모습을 드러낼 때도 있었다. 더 일찍 나타날 때는 목성과 지구의 거리가 가장 가까울 때였고, 더 늦게 나타날 때는 목성과 지구의 거리가 가장 멀 때였다. 이런 시간 차가 생기는 이유는 무엇일까? 뢰머는 목성의 위성에서 나온 빛이 목성과 지구 사이에 있는 공간을 지날 때는 시간이 걸린다는 사실을 깨달았다. 목성과 지구가 가장 멀리 떨어져 있을 때는 두 행성이 가장 가까이 있을 때보다 빛이 이동하는 거리가 더 길다. 목성의 위성이 목성 뒤에서 나오는 시기가 빨라지거나 느려지는 이유는 위성들이 지구에서 멀리 있는가, 가까이 있는가에 따라 빛이 이동하는 거리가 달라지기 때문이다. 뢰머는 빛이 순간적으로 이동하지 않는다는 사실을 알게 되었다. 더구나 목성이 지구에서 가장 멀리 있을 때는(목성과 지구와의 거리에 지구의 공전 궤도 지름만큼의 거리가 더해질 때는) 빛이 22분 늦게 도달한다는 사실을 근거로 뢰머는 세계 최초로 빛의 속도 추정치를 계산할 수 있었다. 그가 계산한 빛의 속도는 초속 29만 9792킬로미터였다. 뢰머가 계산한 빛의 속도가 현재 측정한 빛의 속도와 같지 않은 이유는 그가 지구의 공전 궤도 지름을 잘못 알았고, 시간 지연 폭이 22분이 아니라 16분 40초였기 때문이다.

23 더글러스 애덤스, 『은하수를 여행하는 히치하이커를 위한 안내서*Hitchhike's Guide to the Galaxy*』 시리즈 3권 『삶, 우주 그리고 모든 것*Life,*

the Universe and Everything』(2002년).

24 달의 크기와 달까지의 거리를 처음으로 정확하게 알아낸 사람은 그리스 천문학자이자 지리학자이며 수학자인 히파르코스(BC 190~120년)이다. 월식 때 달을 가린 지구의 그림자의 크기를 계산한 히파르코스는 지구 그림자의 지름이 달의 지름보다 2.5배 길다는 사실을 알아냈다. 그리고 지구의 그림자는 곡면인 달의 표면에 드리우기 때문에 달의 지름만큼 줄어든다는 사실도 옳게 추론했다. 따라서 지구의 지름은 달 지름의 3.5배여야 했다. 그 말은 지구를 지구와 달 사이의 거리만큼 떨어진 곳에서 본다면 지구는 달보다 3.5배 더 크게 보인다는 뜻이며, 지구의 각 지름도 달의 각 지름인 0.5도 정도가 아니라 1.75도 정도로 보인다는 뜻이다. (팔을 쭉 뻗고 엄지손가락으로 달을 가리면 달이 보이지 않는다. 그 정도가 각 지름 0.5도이다.) 지구 지름만 한 물체가 하늘에서 보이는 각 지름이 1.75가 된다는 것은 지구 지름의 30배 정도 되는 거리에 놓여 있다는 뜻이다. 따라서 지구와 달의 거리는 38만 4400킬로미터이다. 히파르코스는 분명히 달까지의 정확한 거리를 계산할 수는 없었다. 하지만 비슷하게는 계산했다.

25 지구의 지름을 제일 먼저 추정한 사람은 알렉산드리아 도서관의 관장이었던 에라토스테네스이다(BC 240년). 산맥처럼 주름진 부분만 아니라면 지구는 평평해 보인다. 그러나 에라토스테네스가 깨달은 것처럼 지구는 크기 때문에 곡률이 느껴지지 않는 것뿐이다. 바다에 떠 있는 배를 보면 지구가 둥글다는 사실을 알 수 있다. 지구가 평평하다면 바다에서 멀어지는 배는 점점 더 작은 점이 되었다가 사라질 것이다. 하지만 실제로 배는 충분한 형태를 갖추고 있을 때 수평선 아래로 사라져 버린다. 또한 월식 때 달과 태양 사이를 지나가는 지구의 그림자는 곡선이다. 모든 방향에서 곡선인 그림자를 만들어 낼 수 있는 물체는 구뿐이다. 놀랍게도 영리한 에라토스테네스는 태양의 고도가 가장 높아지는 하지 때 시에네(지금의 아스완)에서는 수직으로 세운 기둥에 그림자가 생기지 않는다는 사실을 깨달았다. 같

은 날 알렉산드리아에서는 수직 기둥에 짧은 그림자가 생기는데, 이때 태양의 고도는 수직에서 7도 벗어나 있다. 시에네와 알렉산드리아 사이의 거리를 알고, 태양의 고도가 7도(360도의 50분의 1정도)임을 알게 된 에라토스테네스는 지구의 원주를 구할 수 있었다. 에라토스테네스가 얻은 값은 놀랍게도 실제 지구의 원주와 160킬로미터 정도밖에 차이가 나지 않는 1만 2553킬로미터 정도였다.

26 BBC4, '이것은 오직 가설이다It's Only a Theory'(2009년).

27 A. C. 그레일링A. C. Grayling, 『좋은 책*The Good Book*』(2013년).

28 1965년 6월 24일 〈New York Post〉.

29 프랭크 E. 마누엘Frank E. Manuel, 『아이작 뉴턴의 종교*The Religion of Issac Newton*』(1974년) '계시에 관한 논문에서 온 단편들Fragments from a Treatise on Revelation'.

30 우주가 단순한 이유를 나는 내 책 『네버엔딩 유니버스*The Never-Ending Days of Being Dead*』 6장에서 고민했고, 같은 책 2장에서는 단순성이 우주의 단순한 부분에만 초점을 맞추는 물리학자들의 착각일 수도 있음을 고찰했다. 내 책 『화성으로 피크닉 가기 전에 알아야 할 최첨단 우주 이야기*The Universe Next Door*』 8장에서는 우주가 수학적인 이유를 추론했다.

31 아이작 뉴턴, 『광학*Opticks*』(1730년) Query 31.

32 저자가 참석한 1984년 패서디나 캘리포니아 공과대학교, 리처드 파인먼과 제리 서스먼Gerry Sussman의 강의 '컴퓨터의 가능성과 한계The Potentialities and Limitations of Computers' 참고.

33 실제로 독일 수학자 고트프리트 라이프니츠도 독자적으로 미분법을 발명했다. 뉴턴은 자신이 라이프니츠보다 먼저 미분법을 발명했다고 주장했고, 그 내용을 라이프니츠에게 편지로 써서 보냈다고 주장했지만, 실제로 라이프니츠는 뉴턴이 미분법을 다룬 책을 출간하기 전에 미분법을 발명했다. 훗날 왕립 학회 회장이 된 뉴턴은 모든 힘을 동원해 경쟁자의 업적을 철저하게 짓밟으며 미적분을 발명한 공로를 홀로 차지하기 위해 노력했다.

34 피터 애크로이드Peter Ackroyd, 『뉴턴*Newton*』(2007년), 10쪽.

35 조지 가모브, 『갈릴레오부터 아인슈타인까지, 위대한 물리학자들*The Great Physicists from Galileo to Enistein*』(1988년).

36 나이가 들면 시력은 여러 이유로 나빠지는데, 아마도 뉴턴도 나이가 들면서 시력이 나빠졌을 것이다. 나이가 들면 홍채와 동공 뒤에 있는 수정체가 뿌옇게 흐려지는 백내장 때문에 시력이 나빠질 때가 많다. 백내장 가운데는 수정체 깊숙한 곳에서 문제가 생기는 핵성백내장nuclear cataract이라는 것이 있다. 핵성백내장이 발달하는 초기에는 일시적으로 가까운 곳이 더 잘 보일 수도 있다. 잠시 시력이 좋아졌다가 수정체의 상태가 악화되면 다시 시력이 나빠지는 것이다. 뉴턴이 84살에 뛰어난 시력을 유지할 수 있었던 이유는 핵성백내장 발병 초기에 시력이 좋아졌고, 다행히도 시력이 나빠지기 전에 세상을 떠났기 때문일 수도 있다.

37 케인스, 『전기 속 에세이』(1933년) '뉴턴, 그 사람'.

2장 · 마지막 마법사

1 포레스트 레이 몰튼Forest Ray Moulton, 『천문학 개론서*Introduction to Astonomy*』(1906년), 199쪽.

2 1930년에 알베르트 아인슈타인과 저녁 식사를 한 뒤에 축배를 들면서 한 말. 블랑시 패치Blanche Patch, 『G. B. S와 함께 한 30년*Thirty Years with G. B. S*』(1951년).

3 2003년 4월 30일 〈New Scientist〉, 헤이즐 뮤어Hazel Muir, '아인슈타인과 뉴턴의 자폐 징후Einstein and Newton showed signs of autism' (https://www.newscientist.com/article/dn3676-einstein-and-newton-showed-signs-of-autism/).

4 뉴턴이 새로 만든 '반사 망원경'은 빛과 광학 연구에서 이룩한 업적이 낳은 부산물이었지만, 뉴턴은 반사 망원경도 오랫동안 비밀로 감

춘 채 다른 사람이 재촉하기 전까지는 발표하지 않았다(뉴턴은 자신이 이룩한 거의 모든 업적을 아주 오랫동안 감춰 두었다). 그의 저서 『광학』도 1710년이 되어서야 출간했다.

5 리처드 웨스트폴, 『절대로 쉬지 않는 사람: 아이작 뉴턴 전기』(1983년).

6 그로부터 300년이 더 지났을 때, 뉴턴의 마음에 들기를 원했던 또 다른 천재인 미국의 리처드 파인먼은 역제곱 법칙의 따르는 물체는 타원을 그리며 움직여야 한다는 사실을 기하학적으로 입증해냈다. 파인먼의 사후에 데이비드 굿스타인David Goodstein과 주디스 굿스파인Judith Goodstein이 출간한 『파인만의 마지막 강의*Feynman's Lost Lecture: The Motion of the Planets Around the Sun*』(1996년) 참고.

7 같은 책.

8 아이작 뉴턴, 『자연철학의 수학적 원리*Philosophiæ Naturalis Principia Mathematica*』(1687년), '일반 주해General Scholium'.

9 압두스 살람Abdus Salam, C. H. 라이C. H. Lai, 아짐 키드와이Azim Kidwai, 『이상과 실재: 압두스 살람이 선택한 에세이들*Ideals and Realities: Selected Essays of Abdus Salam*』(1987년).

10 데이비드 브루스터 경Sir David Brewster, 『아이작 뉴턴 경의 인생과 저작, 발견에 대하여*Memoirs of the Life, Writings, and Discoveries of Sir Isaac Newton*』(1855년).

11 피터 애크로이드Peter Ackroyd, 『뉴턴*Newton*』(2007년), 29쪽.

12 제임스 글릭James Gleick, 『아이작 뉴턴*Isaac Newton*』(2004년), 8쪽.

3장 · 3월에는 조수를 조심하라

1 윌리엄 셰익스피어William Shakespeare, 『줄리우스 시저*Julius Caesar*』 4막 3장.

2 이 속담은 흔히 제프리 초서Geoffrey Chaucer가 처음 말했다고 알려졌

지만, 이런 형태로 나타난 첫 자료는 18세기 문헌이다. 이 속담은 네이선 베일리Nathan Bailey의 『브리타니어 사전: 현존하는 어떤 영어 사전보다 광범위한 어원을 담고 있는 사전*Dictionaarium Britannicum: Or, A More Compleat Universal Etymological English Dictionary Than any Extant*』(재판본, 1736년)에 현존하는 속담이라는 소개와 함께 실려 있다.

3 보어bore는 고대 노르웨이어 바라bàra에서 온 말로 '파도', '큰 놀'이라는 뜻이다.

4 첸탄강의 보어는 7.5미터 높이까지 올라가고 시속 27킬로미터의 속도로 이동하기도 한다.

5 키에란 웨스틀리Kieran Westley, 저스틴 딕스Justin Dix, 2006년 7월 1일자 〈Journal of Marine Archaelogy〉 1권 '선사 시대 이주에 해안 환경과 해안 환경이 미친 역할Coastal environments and their role in prehistoric migrations' (http://www.science.ulster.ac.uk/cma/slan/westley_dix_2006.pdf).

6 율리우스 카이사르Julius Caesar, 『갈리아 전쟁기』, '브리타니아에서의 카이사르. 함대에 큰 피해를 입다Caesar in Britain. Heavy Damage to the Fleet'.

7 마틴 에크먼Martin Ekman, '(고대부터 1950년까지) 조수, 세차 장동, 극 이동 이론에 관한 간결한 역사A concise history of the theories of tides, precession-nutation and polar motion(from antiquity to 1950)' 1993년 (http://www.afhalifax.ca/magazine/wp-content/sciences/vignettes/supernova/nature/marees/histoiremarees.pdf).

8 달에서 가장 먼 곳에 있는 대양의 조력은 달에서 가장 가까운 대양의 조력보다 아주 조금 약하다[$(60/62)^2 = 0.94$배 정도 된다]. 왜냐하면 가장 먼 곳에 있는 대양과 달까지의 거리는 지구 반지름에 62를 곱한 값이고, 가장 가까운 곳에 있는 대양과 달까지의 거리는 지구 반지름에 60을 곱한 값이기 때문이다. 따라서 달에서 먼 대양은 가까운 대양보다 바닷물이 조금 적게 부푼다.

9 달이 바닷물을 끌어당기는 힘이 태양이 바닷물을 끌어당기는 힘보

다 두 배 정도 크다는 사실을 근거로 뉴턴은 달의 평균 밀도가 태양의 평균 밀도보다 두 배 정도 크다는 사실을 유추할 수 있었다. 그의 논리는 다음과 같았다. 물체가 가하는 조력은 물체의 질량에 따라 달라진다. 그리고 조력은 중력의 차이에 따라서도 달라지기 때문에 역제곱 법칙이 아니라 역세제곱 법칙에 따라 약해진다. 질량이 m이고 거리가 r인 물체가 가하는 조력은 따라서 $\sim m/r^3$이다. 그러나 물체의 평균 밀도가 ρ이고 물체의 지름이 d라면 $\mathrm{m}\sim d\rho^3$이다. d는 $r\theta$로 구할 수 있다(θ는 천체의 원호각subtended angle이다). 이 모든 값을 고려하면 조력은 $\sim\rho\theta^3$이라고 할 수 있다. 그런데 아주 우주적인 우연으로 달과 태양의 '각 크기angular size'는 거의 같다. 그렇기 때문에 달이 태양 원반을 완전히 가리는 개기 일식이 일어날 수 있는 것이다. 각 크기가 같기 때문에 달과 태양은 밀도에 비례해서만 조수 효과를 일으킨다. 정말 놀라운 일이다. 달이 지구에 일으키는 조수 현상이 태양이 지구에 일으키는 조수 현상보다 두 배 강하기 때문에 달의 평균 밀도는 태양의 평균 밀도보다 두 배 큰 것이 분명하다.

10 달의 공전 궤도면은 지구의 적도 면에서 최소 18.28도, 최대 28.58도까지 기울어진다.

11 정확히 말해서 가장 큰 보어는 초승달이나 보름달이 뜬 다음 날부터 3일째까지의 날 사이에 발생한다.

12 차임 리브 페케리스Chaim Leib Pekeris, 『국제 측지학 협회지*Travaux de l'Association Internationale de Géodésie*』(1940년) 16권 '우물의 조수에 관하여Note on Tides in Wells'.

13 1905년에 알베르트 아인슈타인은 질량은 그저 엄청나게 압축된 에너지임을 알아냈다(유명한 $E=mc^2$이 바로 그 사실을 담고 있다. c는 빛의 속도이다). 에너지 보존의 법칙에 따르면 에너지는 새로 생성되지도 않고 사라지지도 않으며, 그저 한 형태에서 다른 형태로 전환될 뿐이다. 이는 충돌하는 아원자 입자의 운동에너지가 새로 생성되는 입자의 질량-에너지로 전환될 수 있다는 뜻이다. 간단히 말해서, 이것이 바로 CERN에 있는 것 같은 입자 충돌기의 작동 원리이다.

14 기술적으로 말해서 양성자는 7테라전자볼트(TeV)의 에너지를 가지고 있다. 따라서 양성자들이 충돌하면 14TeV의 에너지가 발생한다. 양성자를 빛의 속도의 99.9999991퍼센트의 속도로 움직이게 하면 양성자들은 CERN 고리를 1초에 1만 1000번 돈다. 양성자의 '로렌츠 인자(γ)'는 7500이다. 다시 말해서 정지해 있는 양성자보다 7500배 질량이 무거워진다는 뜻이다. 움직이는 입자가 무거워지는 것은 아인슈타인의 특수 상대성 이론의 효과 때문이다. 질량을 갖는 물체를 빛의 속도에 가까울 정도로 빠르게 움직이게 하면 물체의 질량은 점점 더 커지고, 물체를 이동시키기는 점점 더 어려워지기 때문에, 물체가 빛의 속도로 이동하는 것은 영원히 불가능하다(5장 참고). 거대 강입자 충돌기에서 양성자는 빛의 속도의 3m/s에 불과한 속도 내에서 움직이지만, 그 정도로 속도를 높이려면 무한한 양의 에너지가 필요하다.

15 아원자 입자는 모두 전하나 양자 '스핀' 값이 반대인 반물질 쌍둥이 입자가 있다. 음전하를 띤 전자의 반입자는 양전하를 띠는 양전자이다.

16 1995년, L. Arnaudon 외. CERN SL/94-07(BI), 'LEP 빔 에너지에 미치는 육지 조수의 효과Effects of terrestrial tides on the LEP beam energy'.

17 질량이 m인 물체가 v의 속도를 유지하면서 반지름이 r인 원의 원주를 따라 계속해서 원운동을 하려면 $F=mv^2/r$의 힘으로 중심으로 향하는 구심력이 필요하다(1장 참고). 고리의 반지름이 커진다면 세기가 일정한 LEP 자석이 방출하는 힘(F)은 입자의 에너지와 관계가 있는 v^2이 같은 비율로 증가하지 않는 한은 너무나 커져서 입자들이 더 커진 원주 주위를 돌 수가 없게 된다. 그와 달리 고리의 반지름이 작아지면 LEP 자석이 방출하는 힘(F)은 입자의 에너지가 동일한 비율로 작아지지 않는 한은 너무 작아져서 입자들이 작아진 원주 주위를 돌 수 없게 된다.

18 CERN 물리학자들은 가속기 고리에 영향을 미치는 것은 조수 효과만이 아님을 발견했다. 물리학자들은 매일 특정한 시간이 되면 입자

빔의 에너지를 조정해야 했다. 왜 그런 조정이 필요했는지를 밝히는 데는 여러 달이 걸렸다. 매일 입자 빔에 영향을 미치는 것은 제네바와 파리를 잇는 TGV 기차였다. TGV 기차는 엄청난 전기 에너지를 방출하기 때문에 기차가 LEP 고리와 가까운 곳을 지날 때면 입자 빔이 교란된다.

19 지중해에 작용하는 기조력이 대서양에 작용하는 기조력의 절반이 되지 않는 것도 같은 이유이다. 지중해의 평균 깊이는 대서양 평균 깊이의 절반 이하이다.

20 아린 크로츠Arlin Crotts, '일시적 달 현상: 규칙성과 실재Transient Lunar Phenomnea: Regularity and Reality' 2007년(http://xxx.lanl.gov/PS_cache/arxiv/pdf/0706/0706.3947v1.pdf).
아린 크로츠, '달 아웃가싱, 일시적 달 현상과 달로의 귀환 I: 기존 자료Lunar Outgassing, Transient Phenomena and the Return to the Moon, I: Existing Data' 2007년(https://www.lanl.gov/errors/system-notification.php).
아린 크로츠, 카메론 훔멜스Cameron Hummels, '달 아웃가싱, 일시적 달 현상과 달로의 귀환 II: 아웃가싱과 전토층 사이의 상호관계에 관한 예측Lunar Outgassing, Transient Phenomena and the Return to the Moon, II: Predictions of Interaction between Outgassing and Regolith' 2007년(https://www.lanl.gov/errors/system-notification.php).
아린 크로츠, '달 아웃가싱, 일시적 달 현상과 달로의 귀환 III: 관측과 실험에 대한 기술Lunar Outgassing, Transient Phenomena and the Return to the Moon, III: Observational and Experimental Techniques' 2007년(https://www.lanl.gov/errors/system-notification.php).
마커스 초운, 2008년 3월 26일 〈New Sceintist〉 '달에서 화산 깜짝쇼가 벌어질 것인가?Does the Moon have a volcanic surprise in store?'.

21 달의 바다 분지는 후기 소행성 대충돌기Late Heavy Bombardment 때 생성됐다. 후기 소행성 대충돌기가 시작된 이유는 목성과 토성이 현재 위치로 이동하면서, 잠시 두 행성이 2 대 1로 공명하는(목성이 태양

주위를 두 번 도는 동안 토성이 태양 주위를 한 번 도는) 상황이 되었기 때문이라고 믿고 있다. 이 짧은 시기 동안 두 행성은 주기적으로 가까워지면서 다른 천체에 더 크게 중력을 미쳤다. 그 때문에 누군가 밀고 있는 그네를 타고 있는 아이처럼 작은 소행성들은 점점 더 자기 궤도에서 벗어나 태양계 안쪽으로 밀려 들어왔고, 지구나 달 같은 태양계 내부 천체와 충돌했다.

22 L. Chen 외. 2021년 〈Natural Hazards & Earth System Science〉 12권, 587쪽 '육지 조수 현상과 1900년부터 전 세계에서 발생한 강도 7.0 이상인 지진의 상관관계Correlations between solid tides and worldwide earthquakes MS≥7.0 since 1900.

23 실제로 달은 달 진동libration이라고 알려진 요동 운동을 하며, 관찰자가 지구의 어느 곳에 있느냐에 따라 보게 되는 달의 모습이 조금씩 다르기 때문에(이를 시차parallax라고 한다), 우리는 달 표면의 59퍼센트를 볼 수 있다.

24 조수 때문에 볼록해지는 부분과 달이 3도의 각도를 이루고 있기 때문에 만조 예상 시간과 실제 만조 시간은 12분(=3/360×24시간) 차이가 난다.

25 애덤 해드헤이지Adam Hadhazy, 2010년 6월 14일 〈Scientific American〉 '진실인가 허구인가. 점점 길어지는 낮(과 밤)Fact or Fiction: The Days (and Nights) Are Getting Longer'.

26 마커스 초운, 1999년 1월 30일 〈New Scientist〉 '달의 그림자 속에서In the shadow of the Moon'.

27 점 질량 m의 각운동량은 회전 중심으로부터의 거리 r에 물체의 선형 운동량 mv를 곱하면 구할 수 있다. 지구에서 r만큼 떨어져 있는 물체의 공전 속도는 $1/r^{1/2}$에 비례하기 때문에, 이 물체의 각운동량은 $r \times 1/r^{1/2} = r^{1/2}$이다. 따라서 달의 각운동량은 실제로 지구에서 멀어질수록 증가한다.

28 루노호트 2호의 전파 반사기는 때때로 작동하지만 루노호트 1호의 전파 반사기는 거의 40년 동안 작동하지 않았다. 그런데 최근에 달

탐사선Lunar Reconnaissance Observer이 루노호트 1호의 착륙 지점을 촬영했다. 달 탐사선은 착륙 지점의 좌표를 뉴멕시코주에 있는 과학자들에게 전송했고, 2010년 4월 22일에 그곳으로 레이저 광선을 쏘아 보낸 과학자들은 놀랍게도 빛 입자(광자)를 2000개나 돌려받을 수 있었다. 현재 네 개 내지 다섯 개 코너큐브가 작동하고 있기 때문에 루노호트 1호는 달이 지구에서 멀어지는 모습을 관찰할 수 있을 뿐 아니라 지구가 밀고 당기는 힘 때문에 변형되는 달의 모습도 관찰할 수 있을 것이다.

29 J. O. 딕키J. O. Dickey 외, 1994년 〈Science〉 265호, 482쪽 '달 레이저 관측: 계속되는 아폴로 계획의 유산Lunar Laser Ranging: A Contiuning Legacy of the Apollo Program'.

30 거대한 두 물체가 중력으로 묶인 계에서 라그랑주점은 두 물체의 중력의 합이 정확하게 두 물체가 계속 공전할 수 있게 하는 구심력이 되는 지점을 뜻한다(1장 참고). 라그랑주점은 L1부터 L5까지 다섯 곳이 있다.

31 J. 그린J. Green, 매튜 휴버Matthew Huber, 2013년 〈Geophysical Research Letters〉 40호 '시신세 초기의 조수 소멸과 대양 뒤섞임의 영향Tidal dissipation in the early Eocene and implications for ocean mixing'.

32 태양의 핵반응은 실제로 상상할 수 있는 가장 비효율적인 방식을 택하고 있다. 태양은 가장 가벼운 원소인 수소의 원자핵을 두 번째로 가벼운 원소인 헬륨의 원자핵으로 바꾼다. 수소의 원자핵에는 레고 블록이 1개(양성자 1개) 들어 있지만, 헬륨의 원자핵에는 레고 블록이 4개(양성자 2개, 중성자 2개)가 들어 있기 때문에 수소를 태워 헬륨으로 만드는 과정은 여러 차례에 걸쳐 진행된다. 첫 번째 과정은 두 개 수소의 원자핵인 양성자 두 개가 '융합'해야 한다. 그런데 태양 속에서 두 양성자가 만나 결합하는 데는 평균 100억 년이 걸린다. 태양이 수소 원료를 모두 태우는 데는 100억 년이 걸리고(태양은 현재 수명의 절반 정도를 살았다), 사람처럼 복잡한 생명체로 진화할 수 있는 시간이 충분했던 이유는 모두 그 때문이다. 태양의 열효율은 높

지 않아서 우리의 위장과 태양 중심부를 우리의 위장 크기만큼 떼어 와 열효율을 비교한다면, 우리의 위장이 더 많은 열을 생산할 것이다. 그렇다면 이런 질문을 할 수 있다. 열효율이 낮은 태양이 어째서 그렇게 뜨거운 것일까? 그 이유는 태양의 크기가 우리의 위장처럼 단순한 한 개의 물질 덩어리로 이루어져 있지 않다는 데 있다. 태양은 겹겹이 쌓여 있는 셀 수도 없는 수많은 덩어리로 이루어져 있다.

4장 · 보이지 않는 세상을 그리는 지도

1 아이작 뉴턴, 『자연철학의 수학적 원리』(1687년).

2 이 인용구의 출처를 찾으려고 노력했지만, 폴 디랙이 한 말로 널리 알려져 있을 뿐 정확한 출처는 찾지 못했다.

3 현대 과학에서 이룩한 예측 과학의 거의 믿을 수 없는 승리라면 2012년 7월에 힉스 입자를 발견한 것을 들 수 있다. 1964년, 스코틀랜드 케언곰산맥을 걷던 피터 힉스는 모든 물질의 기본 구성 성분은 보이지 않는 당밀(지금은 '힉스 장'이라고 부르는)과 상호 작용해야지만 질량이 생기며, 당밀과 물질의 기본 성분이 상호 작용하는 지점에서는 새로운 아원자 입자가 생성되어야 함을 깨달았다. (공평하게 말해서 힉스 메커니즘을 떠올린 물리학자는 힉스를 포함해 모두 다섯 명이었지만, 이 당밀에는 힉스의 이름이 붙었다.) 힉스가 그런 생각을 한 뒤로 거의 40년이 지난 뒤에야 100억 유로나 투자한 이 세상에서 가장 큰 기계(제네바 부근에 있는 거대 강입자 충돌기)에서 힉스 입자를 찾아냈다. 지금도 자연이 종이 위에 휘갈겨 쓴 난해한 수학 방정식이라는 음악에 맞춰 춤을 추는 것이 크나큰 충격인 것처럼 르베리에의 시대에도 예측 과학의 승리는 엄청나게 충격적인 사건이었다.

4 물리학에서 정확하게 해를 구할 수 있는 유일한 계(즉, 계의 발달 모습을 언제나 유추할 수 있는 계)는 두 물체로 이루어진 계뿐이다. 서

로의 중력에만 영향을 받으며 움직이는 지구와 달, 수소 원자 속에서 서로의 전기력에만 영향을 받으며 움직이는 양성자와 전자가 그런 예이다. 세 물체의 상호 작용을 계산하는 일은 너무나도 복잡해지기 때문에 수학자들은 아무리 최선을 다 해도 근사값만을 구할 수 있을 뿐이다. (예를 들어 항성 간 우주 탐사선의 궤도를 계산하려면 과학자들은 무차별 대입brute force이라는 방법을 써야 한다. 모든 위치에서 모든 행성이 우주 탐사선에 미치는 힘들을 합하고, 그 계산 결과에 탐사선이 어떤 식으로 반응해 다음 순간에는 어떤 식으로 이동하게 할지를 결정하는 것이다. 모든 행성의 힘이 조금이라도 달라지는 모든 위치에서 어김없이 반복해서 이런 계산을 해야 한다. 3개 이상인 물체가 서로에게 중력을 미치며 상호 작용하는 계에서 일어나는 장기 변화는 이론적으로는 예측할 수 있지만 실제로는 예측할 수가 없다. 결정론적 혼돈deterministic chaos이라고 하는 현상이 있다. 행성의 시작점에서 생긴 아주 작은 차이도 시간이 지나면, 먼 미래에는 엄청난 행동 차이를 보이는 현상인데, 더 난감한 것은 아주 오랜 시간이 지나면 태양계도 불안정해진다는 것이다. 예측할 수 없는 방향으로 톱니바퀴가 마구 날아다니는 시계 장치처럼, 태양계도 언젠가는 수성이나 화성, 혹은 다른 행성을 태양계 밖으로 집어 던져 버릴 수도 있다. 실제로 아주 먼 옛날에는 태양계의 일원이었던 행성을 한두 개쯤 차갑고 어두운 우주로 던져 버렸을 것이다.

5 캐롤린 허셜Caroline Herschel은 이름이 같은 여인 캐롤린 슈메이커Carolyn Shoemaker를 빼면 그 어떤 여성보다도 혜성을 많이 발견했다.

6 윌리엄 시한William Sheehan, 스티븐 터버Steven Thurber, 2007년 9월 22일 〈Notes and Records of the Royal Society Journal of the History of Science〉 61호 3권 '존 코치 애덤스의 아스퍼거 증후군과 해왕성 발견을 놓친 영국John Couch Adams's Asperger synderome and the British non-discovery of Neptuen'(https://royalsocietypublishing.org/doi/abs/10.1098/rsnr.2007.0187).

7 태양계의 행성들은 태양을 중심에 둔 거대하고 투명한 접시에 갇혀 있는 것처럼 모두 공전 궤도면이 같다. 그 이유는 45억 5000년 전에 태양계가 형성되던 방식에서 찾아야 한다. 45억 5000년 전에 구형 가스 구름이 자체 중력 때문에 응축되기 시작했다. 이 구형 가스 구름은 빙글빙글 돌고 있었기 때문에(우리 은하의 별들이 빙글빙글 돌고 있는 것으로 보아 태양계를 형성할 가스 구름도 빙글빙글 돌고 있었을 가능성이 크다), 두 극 사이에 있는 부분은 구의 원주를 이루는 가장자리 곡선 부분보다 빠르게 수축했고, 가장자리 원주 부분의 물질은 중력을 이기고 밖으로 넓게 퍼졌다. 그 결과 가스 구름은 새롭게 태어난 태양과 그 주위를 빙글빙글 도는 기체와 먼지로 이루어진 얇은 판을 형성했다. 이 얇은 판을 이루고 있던 기체와 먼지가 응축되고, 서로 충돌하면서 점점 더 커다란 덩어리를 만들면서 행성들이 탄생했기 때문에 태양계의 행성들은 거의 비슷한 공전 궤도면 위에서 같은 방향으로 이동하며 태양 주위를 돈다.

8 3장 참고.

9 3장 참고.

10 콘스탄틴 바티진Konstantin Batygin, 마이크 브라운Mike Brown, 2016년 1월 20일 〈Astronomical Journal〉 151호 '태양계 먼 곳에 거대 행성이 존재한다는 증거Evidence for a distant giant planet in the Solar System'.

11 행성은 항성의 빛을 반사해 빛나지만, 항성은 내부에서 핵융합 반응이 일어나기 때문에 빛난다. 그런 핵융합 반응이 일어나려면 온도가 수백만 도에 달해야 하며, 그런 온도에 달하려면 항성의 중심부에 엄청난 질량이 쌓여야 한다. 자전거 바퀴에 공기를 넣어 본 사람은 모두 알겠지만 물질을 좁은 공간에 압축해 넣으면 온도는 높아진다. 행성과 항성을 나누는 경계는 태양 질량의 0.08배, 혹은 목성 질량의 80배 정도이다. 이 질량보다 작으면 행성이 되고, 더 크면 항성이 된다.

12 회절격자diffraction grating를 분광기로 이용하면 항성의 빛을 무지개색 구성 성분으로 펼칠 수 있다. 투명한 물질의 판판한 조각 표면 위에 평행하게 홈을 파서 만드는 회절격자는 유리 '프리즘'보다 더 효과적

으로 빛을 파장별로 분리한다. 항성의 외기권에 있는 특별한 원소의 원자들은 특정 진동수를 갖는 검은 띠로 나타난다. 도플러 편이는 그저 지구에 속한 원자의 진동수와 먼 항성의 외기권에 속한 원자의 진동수가 어느 정도 차이가 나는지를 알아보기 위해 측정한다.

13 외계 행성을 찾는 방법은 모항성의 '흔들림'을 관측하는 것 외에도 또 있다. 만약 행성이 지구가 보는 방향에서 항성의 앞쪽으로 주기적으로 지나간다면 항성의 빛은 희미해진다. 행성의 질량이 목성 정도라면 항성 빛은 1퍼센트 정도 희미해지고, 지구 정도라면 0.01퍼센트 정도 희미해진다. 2009년부터 지구 주위를 돌고 있는 케플러 우주 망원경Kepler space observatory은 10만 개가 넘는 항성 빛을 관측해 1000개가 넘는 외계 행성을 찾았다.

14 모든 사람이 뉴턴의 중력 법칙을 확고하게 믿는 것은 아니다. 이스라엘 레호보트 바이츠만 연구소Weizmann Institute의 모르데하이 밀그롬Mordehai Milgrom을 주축으로 하는 소수 천문학자 모임은 가속도가 기존 가속도의 10억 분의 1 이하로 줄어든다면 중력이 더 강력한 형태로 바뀌기 때문에 거리가 멀어져도 역제곱 법칙에 따라 힘이 줄어들지 않는다고 생각한다. 이런 수정 뉴턴 역학(MOND)을 적용하면 모든 나선은하에서 공전하는 항성들의 움직임을 한 개의 공식으로 설명할 수 있다. 그에 반해 각 나선은하에서 공전하는 항성의 움직임을 설명하려면 다른 양이 다른 식으로 분포해 있는 암흑물질을 상정할 필요가 있다. 아인슈타인의 상대성 이론과 양립하는 수정 뉴턴 역학은 2000년에 예루살렘 헤브류 대학교 야코브 베켄슈타인이 제시했다. 야코브 베켄슈타인의 '수정 뉴턴 역학의 패러다임을 위한 상대적 중력 이론Relativistic gravitaion theory for the MOND paradigm'(http://arxiv.org/pdf/astro-ph/0403694v6.pdf) 참고.

15 베라 루빈, N. 토나드N. Thonnard, 켄트 포드, 1980년 〈Astrophysical Journal〉 238호, 471쪽, 'NGC 4605(R=4kpc)에서 UGC 2885(R=122kpc)까지, 다양한 광도와 반경을 가진 21 Sc 은하들의 회전 특성Rotational Properties of 21 Sc Galaxies with a Large Range of Luminosities and

Radii from NGC 4605 (R=4kpc) to UGC 2885 (R=122kpc)'(https://ui.adsabs.harvard.edu/abs/1980ApJ...238..471R/abstract).

16 시놉틱 관측 망원경(LSST)에 관한 더 많은 정보를 보고 싶은 사람은 https://www.lsst.org/를 방문해 보자.

17 마커스 초운, 『창조의 잔광*Afterglow of Creation*』(2010년) 참고.

18 같은 책

19 블랙홀은 중력이 너무 강해서 아무것도 도망칠 수 없는 공간상의 한 지점을 뜻하는데, 빛조차도 도망갈 수 없기 때문에 어두울 수밖에 없다. 현재 블랙홀은 두 종류를 발견했다. 한 종류는 거대한 항성이 생애 마지막에 중력 때문에 붕괴해 형성된 항성 질량을 가진 블랙홀이고, 또 한 종류는 기원은 알 수 없지만 태양의 500억 배나 무거운 '초거대' 블랙홀이다. 초거대 블랙홀들은 우리 은하를 비롯해 은하의 중심부에 숨어 있다. 그런데 세 번째 유형의 블랙홀이 있다고 믿는 물리학자들도 있다. 빅뱅 직후에 생성된 뒤 지금까지도 살아 남은 초미니 블랙홀들이 그 주인공이다.

20 이 자료에서 표2는 태양계 여덟 행성의 근일점 세차율을 보여준다(http://farside.ph.utexas.edu/teaching/336k/Newtonhtml/node115.html).

21 미항공우주국의 던Dawn 탐사선이 2015년에 방문한 가장 큰 소행성 세레스는 19세기가 시작된 첫날에 발견했다. 1807년에는 베스타를 발견했고, 그 뒤로 다른 행성들을 계속 발견했다. 처음에 세레스는 새로 발견한 행성이라고 생각했다. 그러나 그곳에 존재하는 소행성 수십만 개를 모두 합친 질량도 지구 질량의 1퍼센트 정도에 불과했다. 이런 소행성들은 태양계가 탄생할 때 큰 천체로 뭉치지 못하고 남은 잔해들이라고 여겨지고 있다. 소행성들이 큰 행성으로 뭉치지 못한 이유는 가까이 있는 목성의 중력 때문이다. 현재 세레스는 태양계에 존재하는 다섯 개 왜소행성 가운데 하나로 분류하고 있다.

22 태양의 흑점은 강한 자기장 고리가 표면(광구) 밖으로 분출하는 곳이다. 흑점에서는 자기장의 외부 압력이 더해지기 때문에 다른 곳

만큼 압력이 높을 필요가 없다. 그 때문에 흑점의 온도는 5800℃인 주변 온도보다 몇 천도 낮다. 흑점이 검게 보이는 이유는 주변보다 온도가 낮기 때문이다. 루시 그린Lucie Green, 『1,500만 도*15 Million Degrees*』(2016년) 참고.

5장 · 우리의 시간은 다르게 흐른다

1 로베르트 트로타Roberto Trotta, 『하늘의 가장자리*The Edge of the Sky*』(2014년).

2 알베르트 아인슈타인, 1905년 〈Annalen der Physick〉 17호, 891~921쪽 '움직이는 물체의 전기 역학에 관하여On the electrodynamics of moving bodies'. 1905년 6월 완성. 1905년 6월 30일 수령.

3 "아라우에서 살았던 그해에 다음과 같은 질문을 하게 됐다. (진공에서 빛이 움직이는 속도인) *c*의 속도로 광선을 쫓아가는 사람은 정지해 있는 정지 상태로 공간 속에서 진동하는 전자기장에서 볼 수 있는 것과 같은 모습의 광선을 봐야 한다. 하지만 안타깝게도 그런 광선은 볼 수 없다. 이것이 특수 상대성 이론에 관해 처음 한 어린애 같은 사고 실험이었다." 알베르트 아인슈타인 『자전적 스케치*Autobiographische Skizze*』 - 칼 실리그Carl Seelig 『밝은 시간과 어두운 시간*Bright Times-Dark Times*』(1956년) 146쪽에서 발췌.

4 런던에 살았던 토머스 영Thomas Young은 물웅덩이에 떨어지는 빗방울을 보고, 빗방울이 떨어진 지점에서 동심원을 그리며 물결이 퍼져나가는 방식과 마루와 마루가 겹치면서 물결이 높아지고, 마루와 골이 겹치면서 물결이 사라지는 모습을 관찰했을지도 모른다. 물웅덩이 건너편에 수직으로 장벽을 설치하면 강한 물결이 장벽을 치는 부분과 물결이 잔잔한 부분이 번갈아 나타난다. 영은 빛도 이런 식으로 '간섭' 현상을 나타냄을 보여줄 수 있다면, 빛이 파동임을 입증할 수 있다고 생각하고, 수직으로 길게 틈을 낸 스크린에 빛을 비춰 보았

다. 그러자 스크린 반대편에 동심원을 이루는 빛의 파동이 나타났다. 영은 빛의 파동이 겹치는 부분에 흰색 장벽을 수직으로 설치했다. 그러자 그 즉시 스크린 반대편에는 현대 슈퍼마켓에서 사용하는 바코드처럼 밝은 띠와 어두운 띠가 번갈아 나타났다. 빛이 파동임을 입증한 것이다. 게다가 영은 띠의 간격을 근거로 빛의 파장(파동이 완벽하게 한 번 올라갔다가 내려간 뒤 다시 같은 높이로 돌아올 때까지의 거리)이 1000분의 1밀리미터보다 짧다는 사실도 유추해 낼 수 있었다.

5 찰스 다윈Charles Darwin, 『종의 기원*On the Origin of Species*』(1859년).

6 사실 전기, 자기, 빛의 관계를 제일 먼저 깨달은 것은 마이클 패러데이Michael Faraday였다. 1845년 11월 13일에 보낸 편지에서 패러데이는 "자기와 빛, 전기와 빛의 직접적인 관계를 우연히 깨달았다. 그것이 열어준 장은 너무나도 컸고, 나는 생각할 거리가 너무나도 많아졌다."라고 썼다〔『패러데이와 쇤바인 서간집*The Letters of Faraday and Schoenbein*』(1899년), 148쪽〕. 여러 사실을 발견한 패러데이는 이제는 '패러데이 회전Faraday rotation'이라고 알려진, 자기장이 진동면을 변화시킬 수 있다는 빛 파동의 '편광polarisation' 현상도 발견했다.

7 맥스웰 방정식은 가시광선은 극히 일부일 뿐이고 맨눈으로는 볼 수 없는 더 큰 전자기파의 전체 '스펙트럼'이 존재하리라는 사실도 예측했다. '전파'의 파장은 가시광선의 파장보다 1000배 이상 길다.

8 리처드 파인먼, 로버트 레이턴Robert Leighton, 매튜 샌즈Matthew Sands, 『파인먼의 물리학 강의*The Feynman Lectures on Physics*』 2권.

9 에테르는 빛 파동의 엄청난 진동수에 물결칠 정도로는 단단해야 하지만, 태양 주위를 도는 행성의 움직임을 눈에 띄게 방해하지는 않을 정도로 물러야 한다. 이는 강철보다 훨씬 단단하고 공기보다 훨씬 열어야 한다는 뜻이다. 그러니 물리학자들이 에테르를 상상하기가 그토록 어려웠던 이유도 이해가 된다!

10 아인슈타인은 취리히 연방 공과 대학교에서 수학과 학생 마르켈 그로스만Marcel Grossmann을 만났다. 아인슈타인이 특허국에 근무할 수

있었던 것은 모두 그로스만 덕분이다. 그로스만은 자신의 아버지에게 아인슈타인의 취직을 부탁했고, 그로스만의 아버지는 베른 특허국 국장 프리드리히 할러에게 아인슈타인을 추천했다. 그 은혜를 잊지 않았던 아인슈타인은 말년에도 그로스만에게 고맙다는 글을 남겼다.

11 아브라함 파이스Abraham Pais, 『미묘함이 가장 중요하다*Subtle is the Lord*』(1982년).

12 알베르트 아인슈타인, 1905년 〈Annalen der Physick〉 17호, 132~184쪽 '빛의 변화와 발생에 관한 경험적 관점에 관하여On a heuristic viewpoint concerning the generation and transformation of light'. 1905년 3월 17일 완성, 1905년 3월 18일 수령.

13 알베르트 아인슈타인, 박사 논문 '분자 크기에 관한 새로운 계산에 관하여On a new determination of molecular dimensions'. 1905년 4월 30일 완성.

14 알베르트 아인슈타인, 1905년 〈Annalen der Physick〉 17호, 549~560쪽 '열 분자 이론이 추론한 대로 정지 상태의 유체에 떠 있는 입자들의 운동에 관하여On the movement of particles suspended in fluids at rest, as postulated by the molecular theory of heat'. 1905년 3월 완성, 1905년 5월 11일 수령.

15 알베르트 아인슈타인, 1905년 〈Annalen der Physick〉 17호, 891~921쪽 '움직이는 물체의 전기 역학에 관하여On the electrodynamics of moving bodies'. 1905년 6월 완성. 1905년 6월 30일 수령.

16 알브레히트 푈징Albrecht Fölsing, 『알베르트 아인슈타인*Albert Einstein*』(1997년), 53쪽.

17 1922년 12월 14일 교토 강의. 1982년 8월 〈Physics Today〉, 46쪽.

18 같은 책.

19 더글러스 애덤스, 『은하수를 여행하는 히치하이커를 위한 안내서』 시리즈 5권 『대체로 무해함*Mostly Harmless*』(2009년).

20 상대성 이론은 관찰자에 대해 상대적인 운동을 하는 사람은 운동 방

향으로 수축되어 보인다고 하지만, 다른 효과도 동시에 작용하고 있기 때문에 상대방의 길이가 축소되어 보이지는 않는다. 한 사람의 먼 곳에 있는 신체 부위에서 오는 빛은 가까운 곳에 있는 신체 부위에서 오는 빛보다 더 늦게 도착한다. 그 때문에 회전하는 것처럼 보인다. 따라서 상대방의 얼굴이 관찰자에게 향해 있는 경우에는 관찰자는 상대방의 뒤통수 일부를 보게 된다. 이런 특별한 효과를 상대론적 수차relativistic aberration 또는 상대론적 비밍relativistic beaming이라고 한다.

21 이고르 노비코프Igor Novikov, 『시간의 강*The River of Time*』(2001년).

23 네덜란드 물리학자 헨드리크 로렌츠와 아일랜드 물리학자 조지 피츠제럴드는 물체가 운동하는 방향으로 수축하는 것처럼 보여야 한다는 사실을 깨달았다. 이 효과를 지금은 로렌츠-피츠제럴드 수축Lorentz-FitzGerald contraction이라고 부른다. 하지만 두 사람은 아인슈타인과 달리 이런 수축 현상이 상대성 원리와 빛 속도 불변의 원리가 낳은 필연적인 결과임을 깨닫지 못했다.

23 아인슈타인의 이론은 처음에는 상대성 이론이라고 알려져 있었지만, 일단 1915년에 이론을 일반화하고 확장하는 데 성공한 뒤로는 일반 상대성 이론과 구분해 특수 상대성 이론이라고 부른다.

24 에테르가 없다는 사실은 미국 물리학자 앨버트 마이컬슨Albert Michelson과 에드워드 몰리Edward Morley의 관찰로 확인했다. 1888년, 두 사람은 태양 주위를 도는 지구가 두 사람이 빛을 쏘는 방향으로 움직일 때 빛의 속도를 측정하고, 여섯 달 뒤에 지구가 두 사람이 빛을 쏘는 방향과 반대 방향으로 움직일 때 빛의 속도를 측정했다. 두 사람은 바람을 맞으며 움직이는 배가 바람이 부는 방향으로 움직일 때와 바람의 반대 방향으로 움직일 때 이동 속도가 다른 것처럼 빛의 속도도 에테르 바람을 어느 방향에서 맞느냐에 따라 달라질 것이라고 예상했다. 하지만 너무나도 놀랍게도 빛은 지구의 이동 방향에 상관없이 동일했다. 빛의 속도는 일정했던 것이다. 이 연구 공로를 인정받아 마이컬슨은 1907년, 노벨 물리학상을 받았다.

25 실제로 빛의 속도가 광원의 속도에 상관없이 일정하다면 상대성 원

리에 따라 빛의 속도는 관찰자의 속도에 상관없이 일정해야 한다.

26 미국 물리학자 존 휠러는 “시간은 모든 일이 한꺼번에 일어나지 못하게 막아주는 것이다.”라고 했다.

27 기차가 v의 속도로 움직이고 있다면 단순한 기하학 계산을 통해 기차 안에 있는 시계가 기차 밖에 있는 시계보다 $1/\sqrt{(1-v^2/c^2)}$배만큼 느려짐을 알 수 있다. 또한 기차 안에 있는 자도 $1/\sqrt{(1-v^2/c^2)}$만큼 줄어들 것이다. $1/\sqrt{(1-v^2/c^2)}$는 로렌츠 인자로 그리스어 알파벳 감마(γ)를 기호로 쓴다.

28 특정 시간에 어떤 일이 일어났다고 말하는 것은 어떤 의미일까? 예를 들어 누군가 11시에 성냥을 켰다는 것은 무엇을 의미하는가? 아인슈타인은 그것은 두 사건(11시 정각에 성냥을 잡고 성냥을 그은 사건)이 동시에 일어났다는 뜻임을 깨달았다. 그런데 누군가 왼쪽에서 오른쪽으로 움직이는 기차의 객실 한가운데에서 성냥을 켰다고 생각해 보자. 객실의 왼쪽 끝에 있는 사람은 객실의 오른쪽 끝에 있는 사람보다 성냥이 켜진 모습을 더 빨리 보게 될 것이다. 빛이 이동하는 동안 기차가 앞으로 이동해 결국 빛이 왼쪽 끝으로 이동해야 하는 거리가 오른쪽 끝으로 이동해야 하는 거리보다 짧아졌기 때문이다. 아인슈타인은 사건들이 동시에 일어났다고 동의할 수 있다는 것이 시간을 말할 수 있는 근거이기 때문에, 사건들이 동시에 일어나지 않는다는 것은 누구나 동의할 수 있는 보편 시간은 존재하지 않는다는 뜻이라고 했다.

29 막스 플뤼키거Max Flückiger, 『베른에서 알베르트 아인슈타인*Albert Einsten in Bern*』(1972년), 158쪽.

30 찰스 미스너Charles Misner, 킵 손Kip Thorne, 존 휠러의 『중력*Gravitation*』(1973년), 937쪽.

31 “현재라는 시간은 없다.” 마커스 초운, 『네버엔딩 유니버스』.

32 정확히 말하면 운동량과 에너지가 같은 존재의 두 가지 다른 측면이다.

33 알베르트 아인슈타인, 1905년 〈Annalen der Physick〉 18호,

639~641쪽 '물체의 관성은 보유한 에너지의 양에 따라 달라질까?Does the inertia of a body depend on its energy content?'. 1905년 9월 27일 수령.

34 질량이 있는 물체는 빛의 속도를 따라잡을 수 없다. 광자처럼 질량이 없는 입자만이 빛의 속도에 도달할 수 있다.

35 아인슈타인은 '상대성'이라는 용어를 쓰지 않았다. 실제로 상대성이라는 용어를 좋아하지도 않았다. 상대성이라는 용어를 쓴 것은 독일의 위대한 물리학자 막스 플랑크로, 그가 1906년 9월 19일에 슈투트가르트에서 열린 회의에서 처음으로 상대적 이론이라는 용어를 썼고, 다른 사람들이 점차 이 용어를 변형해 상대성 이론이라는 용어를 쓰기 시작했다. 하지만 아인슈타인은 1911년까지도 논문에 상대성이라는 용어를 쓰기를 주저했고, 어쩔 수 없이 쓴다고 해도 인용부호를 함께 썼다. 아인슈타인이 결국 상대성이라는 용어를 받아들이고 인용부호를 쓰지 않게 되려면 그로부터 몇 년은 더 지나야 했다.

36 윌리엄 글래드스턴William Gladstone이 재무장관이었을 때 패러데이에게 물었다. "전기를 어디에 쓸 수 있을 것 같습니까?" 패러데이는 대답했다. "글쎄요, 장관님. 어쨌거나 장관님이 곧 전기에 세금을 매길 거라는 건 분명해 보입니다."

37 일반적으로 장field이란 공간과 시간의 각 점의 값을 나타내는 물리량이다. 장은 단순히 크기만을 갖는 온도 같은 변수일 수도 있고, 크기와 함께 3차원에서의 방향까지 갖는 자기장 같은 변수일 수도 있다.

38 콘라트 하비히트Conrad Habicht는 취리히 공과 대학교 시절부터 친구였다. 아인슈타인과 하비히트, 모리스 솔로빈Maurice Solovine은 세 사람의 모임을 '올림피아 아카데미'라는 어마어마한 이름으로 불렀다. 세 사람은 카페에서 만나 자신들이 읽은 과학, 철학, 문학 이야기에 관한 생각을 나누었다.

6장 · 떨어지는 사람을 위한 시

1 엔겔베르트 슈킹Engelbert Schucking, 유진 수로비츠Eugene Surowitz, 『아인슈타인의 사과: 균질적인 아인슈타인의 장들*Einsten's Apple: Homogeneous Einstein Fields*』(2015년), 2쪽.

2 미치오 카쿠, '모든 것의 이론?A theroy of everything?'(http://p-i-a.com/Magazine/Issue6/MichioKaku.htm).

3 『알베르트 아인슈타인 문서 5권: 스위스 시절 1902~1914년*The Collected Papers of Albert Einstein, Volume 5: The Swiss Years, Correspondenc, 1902-1914*』(1995년), 46쪽. 1902년부터 1909년까지 7년 동안 아인슈타인은 2000건이 넘는 특허 신청서를 검토했을 것으로 추정하지만, AEG가 제출한 특허 신청서는 이 한 건만이 남아 있다. 1905년부터 아인슈타인은 물리학계의 명사가 되었지만, 스위스 정부는 아인슈타인이 처리한 서류를 모두 파기했다.

4 "나는 떨어지고 있었다. 시간과 공간과 별과 하늘과 그 사이에 모든 것들을 통과하면서 떨어지고 있었다. 몇 날이고 몇 주고 떨어지면서 생애를 지나고 또 지나는 것처럼 느꼈다. 나는 내가 떨어지고 있음을 잊을 때까지 떨어졌다." 제스 로덴버그Jess Rothenberg, 『상심증후군*The Catastrophic History of You and Me*』(2012년).

5 다행히 상상 속 승강기들은 모두 사람을 다치게 하지 않는 안전한 장치이다. 케이블이 끊어졌어도 승강기는 밑으로 추락하지 않고 양쪽 벽 때문에 안전하게 제자리에 있을 수 있다. 별로 유쾌한 상황은 아닐 테지만, 승강기 안에 있는 사람이 치명적으로 다칠 일은 전혀 없다.

6 이 실험은 땅과의 마찰이 전혀 없는 얼음 위에서 해야 한다!

7 중력가속도 1g는 $9.8m/s^2$으로 중력 때문에 지표면에서 작용하는 가속도를 나타낸다. 다시 말해서, 사과를 비롯해 모든 물체는 지표면으로 떨어질 때 매초 9.8m/s씩 속력이 증가한다는 뜻이다.

8 중력 가속도가 1g 정도로 아주 작다면, 그 효과는 사실상 너무 작아

서 아주 정밀한 장비를 이용해야만 빛이 구부러진 모습을 확인할 수 있다.

9 광선을 사용하는 시계는 거울 사이를 수평으로 이동하지 수직으로 이동하지 않기 때문에, 강한 중력이 시간을 늦춘다는 설명은 거짓이라고 생각할 수도 있다. 하지만 광선이 수평으로 이동하는 시계를 사용하는 이유는 높이를 일정하게(다시 말해서 중력을 일정하게) 유지할 수 있기 때문이다.

10 제임스 친웬 추James Chin-Wen Chou 외, 2010년 9월 24일 〈Science〉 329호, 1630쪽 '광학 시계와 상대성Optical clocks and relativity'.

11 데이비드 버먼, '끈 이론: 뉴턴에서 아인슈타인까지, 그리고 그 너머에String theory: From Newton to Einstein and beyound'(*https://plus.maths.org/content/string-theory-newton-einstein-and-beyond*).

12 중력의 작용 방식을 트램펄린 위에서 사는 개미 비유로는 완벽하게 설명할 수 없다. 이 비유의 가장 큰 단점은 중력을 설명하려고 중력을 이용한다는 것이다. 결국 볼링공을 밑으로 잡아당겨 트램펄린에 움푹 파인 곳을 만드는 것은 중력이다. 물론 트램펄린이 중력이 없는 공간에 떠 있고, 볼링공은 전하를 띠고 있어서 트램펄린의 반대편에 있는 전하를 띤 또 다른 물체가 끌어당기고 있을 수도 있다. 그러나 그런 비유는 복잡하기도 하고 이해하기도 쉽지 않다. 따라서 불완전하지만 트램펄린 위의 개미 비유를 사용할 수밖에 없다. 그러니 불완전함은 잊어버리자!

13 미치오 카쿠, '모든 것의 이론?'.

14 지구 위에 사는 우리의 자연스러운 운동은 지구 중심에 생긴 시공간의 계곡 바닥으로 떨어지는 것인데, 어째서 지구의 자연스러운 운동은 태양 중심에 생긴 시공간의 계곡 가장자리를 도는 것인지, 이해가 되지 않을 수도 있다. 그 이유는 지구는 상당히 빠른 속도로 움직이기 때문에 태양으로 떨어지지 않지만, 우리는 그만큼 빨리 움직이지 못하기 때문에 지구 중심으로 떨어진다고 설명할 수 있다.

15 아이작 뉴턴, 『자연철학의 수학적 원리』, 643쪽.

16 세계 최초의 중력파 검출기는 메릴랜드 대학교 조 웨버Joe Weber가 만들었다. 시공간의 파동이 부딪히면 종처럼 울리도록 설계한 길이 2미터, 무게 1.4톤짜리 알루미늄 원통형 검출기였다. 1970년대 중력파를 검출했다는 비논리적인 웨버의 주장은 그가 과학계에서 쌓아 올렸던 명성을 허물었지만, 다른 물리학자들에게 중력파를 연구해야겠다는 강력한 동기를 제공했다.

17 데니스 오버바이Dennis Overbye, 2016년 2월 11일 〈New York Times〉 '중력파 감지, 아인슈타인의 이론을 확증하다Gravitational Waves Detected, Confirming Einstein's Theory'(https://www.nytimes.com/2016/02/12/science/ligo-gravitational-waves-black-holes-einstein.html).

18 재너 레빈Janna Levin, 『블랙홀 블루스*Black Hole Blues*』(2016년).

19 다비데 카스텔베키Davide Castelvecchi, 2016년 3월 23일 〈Nature〉 '물리학의 모습을 바꾼 블랙홀 충돌The black-hole collision that reshaped physics'(https://www.nature.com/news/polopoly_fs/1.19612!/menu/main/topColumns/topLeftColumn/pdf/531428a.pdf).

20 드레버의 일화는 내 경험을 소개한 것이다. MIT와 함께 라이고 제작을 공동 책임지고 있던 캘리포니아공과대학의 물리학과 대학원생이었던 나는 드레버의 강연을 들은 적이 있다. 아마도 1984년이었을 것이다.

21 알베르트 아인슈타인 『자전적 스케치』 - 칼 실리그 『밝은 시간과 어두운 시간』(1956년), 11쪽에서 발췌.

22 알렉스 벨로스Alex Bellos, 『유클리드의 눈동자에 건배*Here's Looking at Euclid!*』(2010년).

23 '알베르트 아인슈타인부터 하인리히 쟁거Heinrich Zangger까지Einsten to Heinrich Zangger' 1917년 12월 6일, 『*Collected Paper of Albert Einstein*』 8권 문서번호 403, 411쪽(https://einsteinpapers.press.princeton.edu/).

24 1차 세계 대전 때 독가스 생산에서 주도적인 역할을 한 하버였지만

수소와 대기 질소로 비료에 쓰일 암모니아를 합성하는 방법(하버 보슈법)을 개발한 공로로 1919년 화학 노벨상을 받았다.

25 리 스몰린의 『양자 중력의 세 가지 길*Three Roads to Quantum Gravity*』 137쪽에서 인용.

26 에너지는 시공간을 구부리고(즉, 중력을 생성하고), 구부러진 시공간은 에너지를 함유하고 있기 때문에, 에너지는 곡률을 만들게 되며, 그 때문에 더 많은 곡률이 생기고, 곡률은 더 많은 곡률을 만드는 일이 계속된다. 결국 일반 상대성 이론은 시공간의 곡률이 가진 에너지가 작을 때 뉴턴의 중력 이론으로 환원되기 때문에, 결국 질량-에너지가 생성한 중력만이 유일하게 중요한 항項으로 남는다.

27 1907년 12월 24일, 베른, 콘라트 하비히트에게 보낸 아인슈타인의 편지.

28 아브라함 파이스, 『미묘함이 가장 중요하다』, 20쪽.

29 같은 책, 257쪽.

30 1916년 1월 16일. 파울 에렌페스트Paul Ehrenfest에게 보낸 아인슈타인의 편지.

31 사이먼 뉴컴Simon Newcomb, 『네 내행성의 원소들과 천문학의 기본 상수들: 1897년 미국 궤도력과 항해 연감 보충 자료*The Elements of the Four Inner Planets and the Fundamental Constants of Astronomy: Supplement to the American Ephemeris and Nautical Almanax for 1897*』(1895년), 184쪽.

32 1902년에 사이먼 뉴컴은 유명한 선언을 했다. "공기보다 무거운 기계를 타고 하늘을 나는 일은 완전히 불가능하지는 않을지 몰라도 실용적이지도 않고 중요하지도 않다." 그다음 해, 라이트 형제는 최초로 비행에 성공했다.

33 데니스 오버바이Dennis Overbye, 2015년 11월 24일 〈New York Times〉 '100년 전, 아인슈타인의 상대성 이론이 모든 것을 바꾸었다A Century Ago, Eintein's Theory of Relativity Changed Everything'.

34 '응력 에너지'는 그저 어느 한 시점에서의 시공간에 관한 많은 정보(에너지 밀도, 운동량 밀도, 압력, 응력, 같은)를 담고 있는 꾸러

미라고 할 수 있다.(https://sites.pitt.edu/~jdnorton/teaching/HPS_0410/chapters/general_relativity/index.html).

35 아인슈타인은 독일에서 태어나 독일에서 활동했지만, 스물한 살이던 1896년에 독일 국적을 포기했기 때문에 독일 시민은 아니었다.

36 '광자'라고 알려진 빛 입자는 내재적 질량(정지 질량)이 없다(정지 질량이 있다면 빛의 속도로 이동할 수 없다). 광자의 유효질량은 전적으로 에너지(더 정확하게 말하면 에너지-운동량) 때문에 생긴다.

37 1각초는 1각분의 60분의 1이고, 1각분은 1도의 60분의 1이다. 따라서 1각초는 1도의 3600분의 1이다.

38 토머스 레벤슨Thomas Levenson, 『불카누스 사냥*The Hunt for Vulcan*』(2015년) 161쪽.

39 일제 로젠탈 슈나이더Ilse Rosenthal-Schneider, 『실재와 과학적 진리*Reality and Scientific Truth*』(1981년), 74쪽.

40 찰리 채플린Charles Chaplin, 『나의 자서전*My Autobiography*』(2003년).

41 시몬느 베톨트Simone Bertault, 『피아프*Piaf*』(1972년).

42 아브라함 파이스, 『미묘함이 가장 중요하다』, 311~312쪽.

7장 · 신은 0으로 나누었다!

1 그레고리 벤포드Gregory Benford, 2002년 4월 〈Reason Magazine〉 '심연으로 뛰어들기Leaping the Abyss'(https://reason.com/2002/04/01/leaping-the-abyss-2/).

2 존 휠러, 케네스 포드, 『게온, 블랙홀, 양자 거품*Geons, Black Holes & Quantum Foam*』(2000년).

3 칼 슈바르츠실트 해는 '회전하지 않는' 블랙홀을 기술한다. 그러나 천체는 모두 회전한다. 아인슈타인이 일반 상대성 이론을 발표하고 거의 반세기가 흐른 1963년에야 뉴질랜드 물리학자 로이 커Roy Kerr가 실제로 회전하는 블랙홀이 왜곡하는 시공간을 유추할 수 있었다.

4 흔히 존 휠러가 블랙홀이라는 용어를 만들었다고 알려져 있지만, 실제로 휠러는 블랙홀이라는 용어를 유명하게 만든 사람일 뿐이다. "1967년 가을에 나는 펄서에 관한 강연을 해달라는 초대를 받았다. 강연장에서 나는 펄서의 중심이 중력 때문에 완전히 붕괴한 물체일 가능성이 있는지 생각해 봐야 한다고 주장했다. 그리고 계속해서 '중력 때문에 완전히 붕괴한 물체'라는 말을 거듭해서 사용할 수는 없다고 했다. 훨씬 간결하게 표현할 필요가 있었다. 내 말에 청중 가운데 한 명이 '블랙홀이라고 하면 어떨까요?'라고 대답했다. 그때 나는 몇 달 동안이나 적절한 명칭을 고민해 왔다. 침대에서도, 욕조에서도, 자동차 안에서도, 생각할 수 있는 시간이 생기면 계속 고민했다. 그 말을 듣는 순간, 블랙홀이라는 명칭이 아주 적절하다는 생각이 들었다. 그 뒤, 1967년 12월 29일에, 시그마 Xi-Phi 베타 카파 강의를 할 때 블랙홀이라는 용어를 사용했고, 1968년에 강연집을 출간할 때 책에 그 용어를 실었다." 존 휠러, 케네스 포드, 『게온, 블랙홀, 양자 거품』, 296쪽.

5 수축해서 블랙홀이 되는 항성의 형태와 관계없이, 블랙홀은 모두 동일하며, 단지 세 가지 특징(질량, 회전 속도, 전하)으로만 구별할 수 있다. 그런데 큰 블랙홀은 양전하와 음전하의 양이 같아서 결국 전하는 상쇄되기 때문에 블랙홀은 사실 질량과 회전 속도만으로 구별할 수 있다. 미국 물리학자 존 휠러는 이런 상황을 "블랙홀은 머리카락이 없다."라는 말로 표현했다. 블랙홀의 외형만 보고는 블랙홀의 탄생을 알려줄 수 있는 사건에 관한 정보를 알 수 있는 방법은 없다는 뜻이다.

6 처음에 슈바르츠실트는 특이점은 블랙홀의 사건 지평선에 존재하리라고 생각했다. 하지만 그 같은 계산 결과는 좌표계를 잘못 잡았기 때문임을 깨달았다. 진짜 특이점은 블랙홀의 중심에 있었다.

7 8장 참고.

8 하이젠베르크의 불확정성 원리는 "고전적인 관점에서 보면 원자는 분명히 있을 수 없다."라는 리처드 파인먼의 말처럼 원자의 존재를

가능하게 했다. 전자는 원자 내부에서 행성이 태양 주위를 도는 것처럼 원자핵 주위를 돈다. 전자기 이론에 따르면 원자핵 주위를 도는 전자는 작은 무선 송신기처럼 가지고 있는 궤도 에너지를 전자기파의 형태로 발산하고 나선 궤도로 회전하면서 1억분의 1초도 되지 않는 시간에 원자핵으로 떨어져 버려야 한다. 하지만 전자의 양자 파동은 전자가 임의의 작은 부피로 압축되지 못하게 막기 때문에 전자는 원자핵으로 떨어지지 않을 수 있다. 전자를 파동이 아닌 입자라는 관점에서 봤을 때도 양자 이론은 전자가 원자핵으로 떨어지지 않게 해 준다. 전자가 압력에 밀려 원자핵 가까이 다가가면 계속 줄어드는 상자에 갇힌 벌처럼 점점 더 화를 내고 난폭해져서 상자 벽에 격렬하게 부딪히며 저항하기 때문에 결국 전자는 원자핵으로 떨어지지 않는다.

9 마커스 초운, 『우리는 켈빈에 관해 말해야 한다*We Need to Talk about Kelvin*』(2010년).

10 파울리의 배타 원리 덕분에 자연의 기본 구성 성분인 원자가 다채로워지고, 궁극적으로 세상이 복잡해진다. 전자기 이론은 원자는 모두 궤도 에너지를 방출하고 가장 낮은 에너지 궤도에 몰려 있어야 하기 때문에, 전자들이 최대한 원자핵에 가까운 곳에 머문다고 말한다. 전자기 이론이 옳다면 이 세상에 존재하는 92개 원소는 모두 원자 크기가 같아야 하고, 모두 같은 방식으로 행동해야 한다. 한 원소의 원자가 행동하는 방식은 전자의 배열 상태가 결정하기 때문이다. 파울리의 배타 원리는 전자는 원자핵 주위를 둘러싼 껍질에 들어가야 하며, 최외각 전자 껍질에 들어 있는 전자의 개수가 원자가 다른 원자와 화학 결합하는 방식을 결정한다고 한다.

11 전자는 언제나 '스핀'이 있어야 하는데, 전자의 스핀은 일상생활에서 볼 수 있는 '회전spin'과는 전혀 다르다. 전자의 스핀은 실제로 회전하는 것이 아니라 회전하는 것처럼 행동한다는 뜻이다. 하지만 실제로 전자가 회전한다고 상상해 보자. 전자는 자연이 허락한 가장 느린 속도로 회전하는데, 회전하는 방식은 두 가지(시계 방향과 반시계 방

향, 물리학 용어로 하면 '위'와 '아래')이다. 스핀이 반대라는 것은 두 전자의 상태가 같지 않다는 뜻이다. 따라서 파울리의 배타 원리는 같은 장소에 있는 두 전자의—하나가 아니라—속도가 같을 수 있다고 허용한다.

12 어째서 중력에 대항해 항성을 지탱하는 것은 원자핵이 아니라 전자일까? 그 이유는 원자핵은 아주 빠르게 움직이는 전자에 비해 아주 크고 느리기에 외부에 공급하는 힘이 훨씬 적기 때문이다. 그렇다면 애초에 자유 전자들은 왜 존재하는 것일까? 보통 차가운 가스 항성 내부에서는—이 항성의 내부에서는 더는 열 반응이 일어나지 않음을 기억하자—자유 전자들은 모두 원자핵 주위에 쌓여 있다. 자유 전자들이 서로 아주 가깝게 쌓여 있기 때문에 전자들의 궤도는 원자핵과 분리되어 있었을 때보다 더 크다. 전문 용어로 말하면 자유 전자들은 압력 이온화pressure ionisation가 된 것이다.

13 펄서에 관한 연구로 세 명이 노벨 물리학상을 탔지만, 정작 펄서를 발견한 조셀린 벨은 노벨상을 받지 못했다.

14 테리 프래쳇Terry Pratchett, 『작은 신들*Small Gods*』(2013년).

15 댄 시몬스Dan Simmons, 『히페리온의 몰락*The Fall of Hyperion*』(2005년).

16 '빅뱅'이라는 용어는 1949년에 영국 천체 물리학자 프레드 호일Fred Hoyle이 BBC 라디오 방송에 나와 처음으로 말했다. 1948년에 정상 우주론을 주창한 사람 가운데 한 명이었던 호일은 끝까지 빅뱅 이론을 믿지 않았다.

17 변광 주기가 길수록 더 밝다는 세페이드 변광성의 특징은 1908년 헨리에타 리비트Henrietta Leavitt가 발견했다. 이는 세페이드 변광성의 주기를 관측하면 언제나 별의 실제 광도를 알 수 있다는 뜻이었다. 변광성이 지구에서 얼마나 밝게 보이는지를 알게 되면 천문학자들은 '저렇게 희미하게 보이려면 지구에서 얼마나 떨어져 있어야 하는 걸까?'라는 질문을 할 수 있게 되었다.

18 "우주는 커. 정말 크다고. 우주가 정말로 얼마나 어마어마하고 무시하고 거대하다는 사실이 믿기지 않을 거야." 더글러스 애덤스, 『은하

수를 여행하는 히치하이커를 위한 안내서』. 8장 참고.

19 경찰차 사이렌 소리가 가까이 오면 커지고(주파수가 높아지고), 멀어지면 작아지는(주파수가 낮아지는) 것처럼, 원자가 방출하는 빛의 주파수도 별이 지구와 가까워지면 높아지고 지구와 멀어지면 낮아진다. 수소처럼 우주에 많은 원소의 원자가 방출하는 빛의 주파수에 나타나는 '도플러 편이'를 측정하면 지구를 향해 다가오거나 멀어지고 있는 항성의 속도를 알아낼 수 있다.

20 원소를 만들 때 그토록 높은 온도가 필요한 이유는 원자핵이 양전하를 띠고 있기 때문이다. 두 양전하끼리는 반발력(척력)이 작용하기 때문에 원자핵도 서로를 격렬하게 밀어낸다. 하지만 충분히 빠른 속도로 두 원자핵이 충돌하면 반발력을 이기고 충분히 가까이 다가간 뒤 '강한 핵력'에 붙잡혀 달라붙는다. 온도란 미시 세계의 움직일 뿐으로, 속도가 빠르다는 것은 온도가 높다는 것과 같은 의미이다.

21 항성 내부에 관한 가설을 세운 아서 에딩턴은 항성이 회전하는 동안 항성 내부에서는 기체의 순환이 일어나 내부 기체가 뒤섞인다고 생각했다. 따라서 항성이 수소 연료를 헬륨 재로 만들 때 나오는 부산물이 빛인데, 수소는 항성 내부의 대류 현상 때문에 점점 더 넓게 퍼지고 묽어져서, 결국 항성의 빛은 희미해졌다가 완전히 꺼진다고 믿었다. 에딩턴의 가설은 틀렸다. 항성 내부에서는 기체들이 뒤섞이지 않았다. 헬륨은 항성 중심부로 떨어져 그곳에서 압축되고 가열된다. 항성의 핵에서 반응하는 수소 연료가 모두 떨어지면 헬륨을 연료로 태워 탄소를 만든다. 이때 생성된 탄소도 항성의 중심부로 떨어져 압축되고 가열된다. 따라서 항성은 균일하게 혼합된 뒤에 흐느껴 울면서 사라지는 대신에 화학적으로 분화되면서 수백만 년, 수십 억 년 동안 내부 온도와 밀도가 극단적으로 치솟는다. 원소를 만들 수 있는 용광로가 형성되는 것이다.

22 빅뱅의 화염이 모든 원소를 만들어내지 못하는 이유는 너무나도 빠르게 팽창해 식기 때문이다. 원소를 만들 수 있는 조건은 빅뱅 이후 10분이 됐을 때까지 창조의 순간부터 약 1분 정도만 지속된다. 하지

만 그 정도 시간으로도 리튬이나 베릴륨 같은 가벼운 원소는 생성된다. 특히 빅뱅의 화염 속에서 수소의 10퍼센트는 헬륨 핵으로 융합된다. 현재 우주에서 관측되는 이런 원소들의 비율은 빅뱅이 있었음을 보여주는 강력한 증거이다. 우리의 혈액 속에 들어 있는 철, 뼈를 이루는 칼슘, 매일 들이마시는 산소 같은 훨씬 무거운 원소들은 빅뱅 이후에 항성 속에서 생성됐다.

23 흑체는 그 위에 떨어지는 모든 열을 흡수한다. 흑체를 구성하는 원자들은 셀 수도 없이 많이 충돌하면서 빠른 속도로 움직이는 원자가 가진 열에너지를 천천히 움직이는 원자들에게 나누어줌으로써 열은 분산된다. 그 때문에 흑체는 흑체를 만든 원자의 종류에 상관없이 열을 외부로 방출한다. '흑체 복사'는 오직 하나의 숫자에만 반응하는 보편 스펙트럼을 가지고 있다. 그 숫자는 물체의 온도이다.

24 마커스 초운, 『창조의 잔광』(2010년).

25 래리 슐먼Larry Schulman, 2008년 〈Journal of Physics: Conference Series〉 174호, 12,022쪽 '관측한 열역학 화살표의 기원Source of the observed thermodynamic arrow'.

26 아인슈타인은 결코 블랙홀을 믿지 않았다. 실제로 1939년 10월에 아인슈타인은 (옳지 않게도) 항성이 블랙홀을 생성하려면 빛보다 빠르게 움직여야 하기 때문에 특수 상대성 원리에 어긋난다는 주장을 펼친 논문을 발표했다. 1939년 〈Annals of Mathematics〉 두 번째 시리즈 40호 4권, 922쪽 '많은 중력 질량으로 이루어진 구면 대칭이 있는 정상계에 관하여On a stationary system with spherical symmetry consisting of many gravitating masses'(https://www.jstor.org/stable/1968902).

27 마커스 초운, 『현대과학의 열쇠 퀀텀 유니버스*Quantum Theory Cannot Hurt You*』.

28 정확하게 말해서 양자 이론은 작은 것들의 이론이 아니라 '고립된' 것들의 이론이라고 할 수 있다. 즉, 환경에 영향을 받지 않는 것들에 대한 이론인 것이다. 하지만 그 때문에 양자 이론은 실질적으로 작은 것들의 이론이라고 할 수 있다. 원자는 주변 환경에서 떼어내기가 비

교적 쉽지만, 사람처럼 커다란 물체는 주변 환경과 떼어내기가 쉽지 않기 때문이다. 공기 분자와 빛의 입자는 끊임없이 당신에게 부딪친 뒤에 튕겨 나간다.

29 알베르트 아인슈타인, 1916년 6월 22일 〈Sitzungsber der Preussische Akademien der Wissenschaften〉, 688쪽, '중력장 방정식의 근사 적분Nahernugsweise Integration der Feldgleichungen der Gravitation'. (『알베르트 아인슈타인 문서 6권 베를린에서*The Collected Papers of Albert Einstein, Volume 6: The Berlin Years: Writings*』(1997년), 210쪽 참고).

8장 · 예측 불가능한 것을 예측하다

1 윌리엄 브래그William Bragg, 1922년 〈Scientific Monthly〉 14호, 158쪽. '전자와 에테르파(로버트 보일 1921년 강의)Electrons and Ether Waves(The Robert Boyle Lecture 1921)'.

2 하인젠베르크와 파울리가 콜럼비아 대학교에서 기본 입자에 관한 비선형 장이론에 관한 발표를 끝낸 뒤에 닐스 보어가 볼프강 파울리에게 한 말. 1958년 9월 3일 〈Scientific American〉 199호 3권, 74쪽. 프리먼 다이슨의 '물리학의 혁신Innovation in Physics'.

3 감마선이 X선보다 훨씬 에너지가 크다. 감마선은 1900년에 프랑스 화학자이자 물리학자인 파울 빌라드Paul Villard가 발견했고, 뉴질랜드 물리학자 어니스트 러더퍼드Ernest Rutherford가 1903년에 이름을 지었다. 감마선은 엄청난 에너지가 들어 있는 원자핵에서 방출된다.

4 특정한 금속에 빛을 비추면 금속 표면에서 전자가 튀어나온다. 빛의 강도(양)를 세게 하면 더 많은 전자가 튀어나온다. 하지만 빛이 문턱값 에너지(threshold energy, 어떤 반응을 일으키는 데 필요한 최소 에너지 – 옮긴이) 이하의 에너지를 갖고 있다면 빛을 아무리 세게 해도 전자는 튀어나오지 않는다. 아인슈타인이 깨달은 것처럼 이 광전자 효과는 빛이 광자로 이루어져 있으며, 충분한 에너지를 가진 광자만이 금속에서 전

자를 밀어낼 수 있음을 보여준다.

5 실제로 일단 원자의 존재가 입증되고, 원자의 크기가 이 문장 끝에 찍힌 온점보다 1000만 배나 더 작다는 사실이 알려지자, 가시광선의 파장이 원자보다 1만 배가량 더 크다는 모순이 생겼다. 아무리 생각해도 원자가 그 정도로 큰 빛을 흡수하거나 방출할 수 있는 방법은 없는 것 같았다. 빛이 원자처럼 작고 국소적인 존재, 즉 광자가 아니라면 말이다.

6 '인플레이션'이라고 알려진 표준 우주론에서는 우주는 거의 아무 정보도 포함하고 있지 않은 극도로 작은 공간에서 시작됐다고 한다. 하지만 현재 우주는 엄청나게 방대한 정보를 품고 있다. 우주에 있는 모든 원자의 종류와 위치를 기술하려면 얼마나 많은 정보를 알아야 하는지 생각해 보면 이해가 될 것이다. 무작위성randomness이 곧 정보이기 때문에 지금 존재하는 모든 정보가 어디에서 왔는가는 양자 이론으로 설명할 수 있다. 방사성 원자의 붕괴 같은 빅뱅 이후에 일어난 모든 무작위적인 양자 사건은 우주 속으로 정보(복잡성)를 방출했다. 아인슈타인의 "신은 우주를 가지고 주사위 놀이를 하지 않는다."라는 말은 그보다 틀릴 수가 없는 말이다. 신이 주사위 놀이를 하지 않았다면 우주는 존재하지 않았을 것이다. 적어도 흥미로운 일들이 벌어지는 우주는 분명히 존재하지 않았을 것이다. 마커스 초운의 『네버엔딩 유니버스』 '무작위적 실재Random Reality' 장을 읽어보자.

7 7장 참고.

8 베르너 하이젠베르크Werner Heisenberg, 『물리학과 철학*Physics and Philosophy*』.

9 간섭은 파동에서 뚜렷하게 나타나는 특징이다. 두 파동이 겹쳤을 때 두 파동의 마루가 겹치면 전체 파동은 커지는 '보강 간섭'이 일어나고, 두 파동의 골이 겹치면 전체 파동은 작아지는 '상쇄 간섭'이 일어난다. 빛에 나타나는 간섭 효과는 1801년에 토머스 영이 잘 기술했다 (5장 참고).

10 정확하게 말해서 어떤 장소에서 입자를 찾을 확률은 특정 장소에서

의 파동 진폭의 제곱이다. 확률은 언제나 0부터 1까지 사이에 존재하며, 가능성이 0퍼센트일 때는 0으로, 가능성이 100퍼센트일 때는 1로 나타낸다.

11 물리학자들은 대부분 양자계를 고립된 계라고 믿으며, 결어긋남decoherence이라는 과정을 통해 양자적으로 행동하는 것을 멈춘다고 생각한다. 무엇보다도 반드시 이해해야 하는 것은 우리는 절대로 양자적 행동을 직접 볼 수는 없다는 것이다. 예를 들어 사람의 눈에 감지된 광자 한 개는 수백 개 원자 위에 인상을 남긴다. 뇌가 보는 것은 바로 이 인상이다(따라서, 어떤 의미로는 우리는 우리 자신만을 관찰한다고 할 수 있다!). 양자성을 잃는 이유는 원자 수백 개가 중첩된 상태를 유지하는 것은 아주 어려워서 파동이 겹쳐진 상태에서 벗어나 결어긋남 상태가 되기 때문이다. 이 같은 상황은 또 다른 측면을 낳는다. 모든 원자가 중첩된 상태를 유지할 수 있다면 양자성은 어떤 크기로도 나타날 수 있다는 것 말이다. 현재 물리학자들은 이런 특성을 실현하려고 노력하고 있다. 한 번에 많은 일을 하고, 한 번에 많은 계산을 할 수 있는 양자계의 능력을 활용할 수 있는 '양자 컴퓨터'를 만들려고 애쓰고 있다. 그러나 로저 펜로즈는 양자성이 어떤 크기로든 발현할 수 있다는 사실을 믿지 않았다. 양자 물리학에서 고전 물리학으로 변하는 데는 임계 질량threshold mass이 있다고 생각했다. 누가 옳은가는 결국 실험으로 해결해야 할 것이다. 마커스 초운, 『현대과학의 열쇠 퀀텀 유니버스』 참고.

12 실제로 흐릿한 확률로만 존재하는 양자 세계와 모든 것이 확실하게 존재하는 일상 세계를 조화시키는 문제는 본질적이기도 하고 난해하기도 하다. 이 과제를 해결하려고 적어도 13개는 되는 양자 이론 해석이 나와 있는데, 이 해석들은 알려진 모든 실험에서 같은 결과가 나온다고 예측하고 있다. 그 가운데 가장 놀라운 해석을 제시한 사람은 휴 에버렛 3세Huge Everett III이다(1957년). 에버렛이 제시한 다세계many worlds 해석에서는 중첩 상태에 있는 개별 파동은 실제로 개별적인 실재를 기술한다. 따라서 각각 방의 오른쪽과 왼쪽에 있는 것으

로 기술되고 있는 두 파동이 중첩된 상태에 있는 산소 원자는 동시에 두 장소에 실제로 존재한다. 두 산소가 각각 별개로 존재하는 실재인 것이다.

13 이런 놀라운 발견을 한 사람은 프랑스 수학자 장 밥티스트 조제프 푸리에Jean Baptiste Joseph Fourier로, 푸리에는 파장과 '위상'이 다른 (즉, 서로에 대해 마루가 다른 위치에 있는) 사인파를 겹치면 꼭대기가 평평한 모자 같은 모양을 비롯해, 모든 형태의 파장을 만들 수 있음을 깨달았다. 다시 말해서 푸리에는 원자가 모든 물질의 기본 재료인 것처럼 사인파는 모든 파동의 기본 재료임을 알아냈다.

14 8장 참고.

15 하이젠베르크는 불확정성 원리를 다른 방식으로도 설명했다. 물체를 '보는' 데 사용하는 모든 파동의 특성은 그 물체가 정확히 어디 있는지를 알지 못 하게 한다. 이것이 셀 수 없이 많은 물리학과 학생들이 배우는 내용이다. 하지만 하이젠베르크는 틀렸다. 불확정성 원리는 측정과는 아무 상관이 없었다. 불확정성은 미시적 세계에 내재된 특성이다. 제프 브룸피엘Geoff Brumfiel 2012년 9월 11일 〈Nature〉, '양자 불확정성은 측정에 있지 않다: 하이젠베르크의 불확정성 원리에 관한 일반적인 해석이 틀렸음을 입증하다Quantum uncertainty not all in the measurement: A common interpretation of Heisenberg's uncertainty principle is proven false'.

16 빛으로 된 파속wave packet이 지나간다고 생각해 보자. 파속의 위치(dx)를 명확히 모르기 때문에 파속이 지나가는 정확한 시간(dt)의 불확정성은 dx/c가 된다(c는 빛의 속도이다). 또한 파속의 운동량(dp)을 정확히 모르기 때문에 에너지(dE)의 불확정성은 $dp\times c$가 된다. $dp\times c > h/2\pi$이기 때문에 $dE\times dt > h/2\pi$이다. 이 경우 파동은 (편리하게도) 빛의 속도로 이동하고 있다. 입증하기는 훨씬 어렵겠지만, 양자 입자를 대변하는 좀 더 일반적인 파속에서도 동일한 결과가 나올 수 있다.

17 양자 진공은 두 가지 때문에 생기는 피할 수 없는 결과이다. 그 가운

데 하나는 힘의 장field of force이 존재한다는 것이다. 앞에서도 언급한 것처럼 물리학자들은 기본 실재를 바다처럼 광활한 힘의 장이라고 생각한다. 이런 시각을 반영한 '양자장 이론'에서 기본 입자는 그저 근원적인 장에 존재하는 국소화된 혹, 또는 매듭이다. 모든 힘의 장 가운데 가장 잘 알려져 있으며, 우리 몸(뿐만이 아니라 평범한 모든 물질)의 원자를 한데 묶어 주기 때문에 일상 세계와도 밀접한 관련이 있는 힘의 장은 전자기장이다. 전자기장은 무한한 방식으로 진동할 수 있는데, 각 진동 모드mode는 파동의 파장과 관계가 있다. 아주 작은 잔물결부터 거대한 파도에 이르기까지 모든 파동이 존재하는 거대한 바다를 생각해 보자. 아마도 텅 빈 진공에는 전자기파가 전혀 없을 것이라고 생각할 수도 있다. 하이젠베르크의 불확정성 원리라는 작은 문제만 아니었다면 그랬을 것이다. 하지만 하이젠베르크의 불확정성 원리는 전자기장에서 존재할 수 있는 모든 진동은 반드시 최소한의 에너지를 포함하고 있어야 한다고 했다. 전혀 해로울 것 없어 보이는 이 규칙은 전자기장에 존재할 수 있는 무한한 수의 진동 모드는 모두 반드시 불확정성 원리가 지정한 최소한의 에너지를 보유하고 있어야 한다는 뜻이기 때문에 진공에 관한 극적이고도 심오한 의미를 함축하고 있다. 다시 말해서 각 모드는 확률이 아니라 실재로서 분명하게 존재해야 한다는 뜻이다. '양자 진공'은 텅 빈 공간이 아니라 원자핵의 내부보다도 훨씬 큰 엄청난 에너지 밀도를 지닌 공간이다. 우리가 양자 진공을 눈치채지 못하는 이유는 공기를 눈치채지 못하는 이유와 같다. 어느 곳에서나 같기 때문이다.

18 블라시오스 바실레이우Vlasios Vasileiou 외, 2015년 〈Nature Physics〉 11호, 344쪽 '시공간의 희미함과 확률적인 로렌츠 불변성 위반에 관한 플랑크 규모의 한계A Planck-scale limit on space-time fuzziness and stochastic Lorentz invariance violation'(https://www.nature.com/articles/nphys3270). 에릭 펄먼Eric Perlman 외, 2015년 5월 20일 〈Astrophysical Journal〉 805호 1권, 10쪽 'X선과 감마선 관측 결과에 따른 양자 중력에 가해진 새로운 제약New constraints on

quantum gravity from X-ray and gamma-ray observations'(https://arxiv.org/pdf/1411.7262v5.pdf).

19 나탈리 울초버Natalie Wolchover, 2015년 9월 22일 〈Quanta Magazine〉 '미래 물리학의 시각Visions of Future Physics'(https://www.quantamagazine.org/20150922-nimaarkani-hamed-collider-physics/).

20 막스 플랑크, 1900년 〈Annalen der Physik〉 4(1)권, 122쪽 '돌이킬 수 없는 방사능에 관하여Über irreversible Strahlungsvorgänge'.

21 토니 로스만Tony Rothman, 스테븐 보운Stephen Boughn, 2008년 '중력자는 검출할 수 있을까?Can gravitons be detected?)'(https://arxiv.org/pdf/gr-qc/0601043.pdf).

22 전자볼트(eV)는 1볼트로 가속했을 때 전자가 얻는 에너지이다. 기가전자볼트(GeV)는 1전자볼트보다 10억 배 큰 에너지를 의미한다.

23 투시나 코미사리아트Tushna Commissariat, 2014년 9월 22일 〈Physics World〉 'BICEP2 중력파, 플랑크 자료 덕분에 헛물을 켜다BICEP2 gravitational wave result bites the dust thanks to new Planck data'(https://physicsworld.com/a/bicep2-gravitational-wave-result-bites-the-dust-thanks-to-new-planck-data/).

9장 · 미지의 세계

1 『프로이센 과학 아카데미 보고서*Preussische Akademien der Wissenschaften Sitzungsberichte*』(1916년), 688쪽.

2 더글러스 애덤스, 『은하수를 여행하는 히치하이커를 위한 안내서』 시리즈 2권 『우주의 끝에 있는 레스토랑*The Restaurant at the End of the Universe*』(1980년).

3 2011년 7월 14일 〈Scientific American〉 guest blog, '어째서 양자 중력은 그렇게 어려울까? 어째서 스탈린은 양자 중력 연구의 선구자

를 처형했을까?Why is quantum gravity so hard? And why did Stalin execute the man who pioneered the subject?'(https://blogs.scientificamerican.com/guest-blog/why-is-quantum-gravity-so-hard-and-why-did-stalin-execute-the-man-who-pioneered-the-subject/).

4 마트베이 브론스타인Matvey Bronstein, 1929년 〈Chelovek I priroda〉 8권, 20쪽 '보편 중력과 전기(새로운 아인슈타인 이론)(Vsemirnoe tyagotenie I elektrichestvo)'.

5 스핀 2인 입자는 반 바퀴를 회전하면 처음 모습과 같아진다. 양쪽에 머리가 있는 화살을 생각해 보면 된다. 스핀이 1인 입자는 한 바퀴를 돌리면 똑같아 보인다. 평범한 화살을 생각하면 된다. 그러나 스핀이 ½인 입자는 두 번 회전해야 똑같아 보인다. 그러니까 당신이 한 바퀴를 돌면 처음 돌기 시작한 사람이 아니게 되었다가 다시 한 바퀴를 더 돌아야 원래 사람으로 돌아온다는 뜻이다. 어쨌거나 스핀이 ½인 입자 가운데 가장 많은 전자는 그런 식으로 행동한다. 양자 스핀이 태양 아래 새로 등장한 무엇이라면, ½ 스핀은 태양 아래 두 배는 새로운 것이다.

6 마커스 초운, 『우리는 켈빈에 관해 말해야 한다』(2009년), '한 꼬투리에 한 번에 두 개 이상의 완두는 들어갈 수 없다No more than two peas in a pod at a time'.

7 특수 상대성 이론과 양자 이론은 입자들이 힘 운반자를 통해 상호 작용하는 방식에도 강력한 제약을 가해 놓았다. 어쩌면 독자들은 한 입자가 동시에 다섯 개, 열두 개, 혹은 그 이상의 힘 운반자들과 상호 작용할 수 있다고 생각할 수도 있다. 그러나 실제로는 입자는 오직 한 가지 힘 운반자와만 상호 작용한다. 이런 사건을 묘사할 때는 흔히 파인먼 다이어그램이라는 시공간 다이어그램을 사용한다. 파인먼 다이어그램에서는 시공간의 한 점(꼭짓점)에서 단 세 입자만이 만날 수 있다는 제약이 있다. 예를 들어 꼭짓점으로 들어온 전자는 그곳에서 광자를 만나 흡수한 뒤에 다른 방향으로 간다(흩어진다). 그런데 이런 단순한 상호 작용은 오직 평범한 저에너지/원거리 세계인 특수

상대성 이론과 양자 이론의 세계에서 일어나는 일이다. 고에너지/단거리 양자 중력의 세계에서는 충분한 에너지가 있기 때문에 더욱 복잡한 상호 작용이 일어난다.

8 스티븐 와인버그Steven Weinberg, 『양자장 이론*The Quantum Theory of Fields*』(2005년).

9 8장 참고.

10 질량이 아주 작은 초대칭 입자가 암흑물질일 가능성이 아주 크다. 실제로 '뉴트랄리노neutralino'는 포티노photino, 힉시노Higgsino, Z-이노Z-ino가 중첩된 상태이다.

11 우리가 물질이 지배하는 우주에서 살고 있다는 사실은 아직 풀리지 않은 아주 큰 수수께끼 가운데 하나이다. 그 이유에 관해 물리학자들이 하는 가장 근사한 추론은 빅뱅 때 물리학의 법칙이 한쪽으로 기울어지면서 물질은 생성되게 하고 반물질은 파괴되게 하는 선호도가 작동했다는 것이다.

12 고트프리트 라이프니츠, 『형이상학 서설*Discours de Métaphysique*』(1686년).

13 폴란드에서 태어나 노벨상을 받은 라비가 실제로 한 말은 "누가 그것을 주문했어?"였다. 1936년 전자의 무거운 버전이라고 할 수 있는 뮤온을 발견했을 때 한 말이다.

14 끈 이론은 경쟁자가 있다. 아인슈타인의 중력 이론보다 더욱 심오한 이론을 발견하려고 노력하는 끈 이론보다는 조금 더 보수적인 '루프 양자 중력' 이론이 바로 그 주인공이다. 리 스몰린의 『양자 중력의 세 가지 길』을 참고하라. 루프 양자 중력 이론은 중력을 양자 규모에서 기술하지만 중력을 나머지 힘과 합치려는 시도는 하지 않는다. 루프 양자 중력 이론은 아직 거시 규모일 때 루프 양자 중력 이론이 일반 상대성 이론과 연결됨을 보여주지 못하고 있다.

15 실제로 쿼크는 두 가지 독특한 배열 상태를 유지해야 한다. 쿼크 세 개는 중입자(바리온)를 형성하는데, 가장 흔한 중입자는 양성자와 중성자이다. 쿼크는 반쿼크와 쌍을 이뤄 중간자meson도 만든다. 에

너지가 낮을 때는 쿼크는 사실상 중입자와 중간자에 갇혀 있다. 그러나 빅뱅의 첫 순간들처럼 엄청나게 에너지가 높을 때는 형태가 없는 '쿼크-글루온' 플라스마 상태로 갇혀 있던 공간에서 제약을 깨고 나온다.

16 중력은 사방으로 작용하기 때문에 물체와의 거리가 r가 되면 그 힘이 미치는 범위는 구의 표면적의 넓이인 $4\pi r^2$이 된다. 중력이 역제곱 법칙을 따르는 이유도 그 때문이다.

17 아주 낮은 온도에서 전기 저항이 사라지는 초전도체superconductor 내부의 자기장에서도 바로 이런 일이 벌어진다. 초전도체 내부에서는 자기장이 '속관flux tube'이라고 하는 아주 좁은 통로에 갇힌다.

18 가브리엘레 베네치아노Gabriele Veneziano, 1968년 〈Nuovo Cimento〉 57호, 190쪽 '선형으로 상승하는 궤도를 위한 교차 대칭성, 레제 행동 증폭 구축Construction of a crossing-symmetric, Regge-behaved amplitude for linearly rising trajectories'. '이중 공명 모형dual resonance model'이라고 불렸던 베네치아노의 이론은 훗날 끈 이론으로 불리게 된다.

19 로이 H. 윌리엄스Roy H. Williams, 2006년 7월 31일 '끈 신학String Theology'(https://www.mondaymorningmemo.com/newsletters/string-theology/).

20 오스트레일리아 공영 방송, 2016년 2월 25일 '이 세상에서 가장 뛰어난 이론물리학자 가운데 한 명이 제시한 어마어마한 개념The mind-blowing concepts of one of the world's most brilliant theoretical physicists'.

21 아서 C. 클라크Arthur C. Clarke, 『하늘의 다른 쪽*The Other Side of the Sky*』(2003년) '어둠의 벽The Wall of Darkness'.

22 리사 랜들Lisa Randall, 라만 선드럼Raman Sundrum, 1999년 〈Physical Review Letters〉 83(17)호, 3370쪽 '작은 여분의 차원에서 온 거대 질량의 계층 구조Large mass hierarchy from a small extra dimension'(https://arxiv.org/pdf/hep-ph/9905221v1.pdf). 리사 랜들, 『숨겨진 우주*Warped Passages: Unravelling the Mysteries of the Universe's Hidden Dimensions*』 참고.

23 블랙홀의 사건 지평선 반지름은 블랙홀의 질량이 커질수록 길어진다. 질량이 두 배 큰 블랙홀은 사건 지평선의 반지름도 두 배 길다. 그런데 중력은 거리의 제곱에 비례해 줄어들기 때문에 질량이 두 배인 블랙홀의 중력은 절반 세기밖에 되지 않는다. 그뿐 아니라 이런 블랙홀의 중력이 변하는 속도(기조력)는 고작 4분의 1밖에 되지 않는다. 결국 호킹 복사를 만드는 입자와 반입자 쌍을 나누는 것은 이 기조력이기 때문에 상대적으로 큰 블랙홀의 호킹 복사는 약하고, 작은 블랙홀의 호킹 복사는 강하다.

24 스티브 코너Steve Connor, 2013년 4월 11일 〈Independent〉 '스티븐 호킹, 자신의 과학 인생에서 저지른 가장 큰 실수를 인정하다—블랙홀이 삼킨 모든 것은 영원히 손실된다고 믿은 것 말이다Stephen Hawking admits the biggest blunder of his scientific career — early belief that everything swallowed up by a black hole must be lost forever'(https://www.independent.co.uk/news/science/stephen-hawking-admits-the-biggest-blunder-of-his-scientific-career-early-belief-that-everything-swallowed-up-by-a-black-hole-must-be-lost-forever-8568418.html).

25 흑체는 그 위에 떨어지는 모든 열을 흡수한다. 흑체를 구성하는 원자들은 셀 수도 없이 많이 충돌하면서 빠른 속도로 움직이는 원자가 가진 열에너지를 천천히 움직이는 원자들에게 나누어줌으로써 열은 분산된다. 그 때문에 흑체는 흑체를 만든 원자의 종류에 상관없이 열을 외부로 방출한다. '흑체 방사'는 오직 하나의 숫자에만 반응하는 보편 스펙트럼을 가지고 있다. 그 숫자는 물체의 온도이다.

26 야코브 베켄슈타인Jacob Bekenstein, 1972년 〈Nuovo Cimento Letters〉 4권, 737쪽 '블랙홀과 열역학 제2법칙Black holes and the second law'. 야코브 베켄슈타인, 1973년 〈Physical Review D〉 7권, 2333쪽 '블랙홀과 엔트로피Black holes and entropy'.

27 앤드류 스트로밍거Andrew strominger, 하버드 대학교 캄란 바파Cumrun Vafa, 1996년 '베켄슈타인-호킹 엔트로피의 미시적 기원Microscopic

origin of the Bekenstein-Hawking Entropy'(https://arxiv.org/pdf/hep-th/9601029v2.pdf).

28 우주의 나이는 138억 2000만 년이지만 우주의 빛 지평선(관찰할 수 있는 우주의 가장자리)의 길이는 420억 광년이다. 이렇게 시간 차이가 나는 이유는 우주가 탄생 초기에 빛보다 빠른 속도로 팽창(인플레이션)했기 때문이다. 우주적 사건의 배경이 되는 공간은 어떤 속도로든 팽창할 수 있기 때문에 이런 급속 팽창은 상대성 이론을 위반하지 않는다.

29 후안 말다세나Juan Maldacena, 1998년 〈Advances in Theoretical and Mathematical Physics〉 2호, 231쪽 '초중력과 초등각장 이론의 거대 L 한계The Large N Limit of Super-conformal field theories and supergravity'(https://arxiv.org/pdf/hep-th/9711200.pdf).

30 8장 참고.

31 마크 반 람스동크Mark Van Raamsdonk. 론 코웬Ron Cowen, 2015년 11월 19일 〈Nature〉 527호, 290쪽 '시공간의 양자적 기원The quantum source of space-time'에서 인용.

32 알베르트 아인슈타인, 보리스 포돌스키, 네이선 로젠, 1935년 5월 〈Physical Review〉 47(10)호, 777쪽 '물리학의 양자-역학적 기술을 완전한 기술이라고 생각할 수 있을까?Can quantum-mechanical description of physical reality be considered complete?'(http://journals.aps.org/pr/pdf/10.1103/physRev.47.777).

33 알베르트 아인슈타인, 네이선 로젠, 1935년 7월 〈Physical Review〉 48(1)호, 73쪽 '일반 상대성 이론에 존재하는 입자 문제The particle problem in the general theory of relativity.

34 원자 내부에서 전자가 고에너지 궤도에서 저에너지 궤도로 떨어질 때 빛을 방출한다. 전자가 한 개뿐인 수소 같은 원자는 온도가 낮으면 모든 전자가 가장 낮은 에너지 궤도에 있기 때문에 빛을 방출하지 않으며, 온도가 아주 높을 때는 전자가 원자 밖으로 나가기 때문에 빛을 방출하지 않는다.

35 일반 상대성 이론에서 중력원은 사실 에너지 밀도(u) + 3 × 압력(P)으로 구할 수 있기 때문에 중력에 반발하는 힘을 발견했다. 평범한 물질이 가하는 압력은 물질의 에너지 밀도가 가하는 압력에 비해 너무 작아 무시할 수 있다. 무시할 수 없는 압력이 존재한다는 사실은 새로운 중력원이 있다는 뜻이다. 실제로 암흑 에너지의 경우 그 압력은 음의 값을 가질 뿐 아니라(즉, 압력을 내뿜는다기보다 빨아들이는 형태일 뿐 아니라) 그 값이 $-1/3u$ 미만이었다. 이런 값을 가진 존재는 서로 끌어당기는 것이 아니라 밀어내는 중력원이라는 뜻이다. 이 밀어내는 중력원 때문에 우주의 팽창 속도는 빨라지고 있다. 문제는 이 중력원이 사방에 존재하면서 모든 것을 수축시키려 한다는 것이다. 이 중력원은 일반 상대성을 통해서만 밀어내는 중력으로 자신의 모습을 드러낸다.

36 일반 상대성 이론에서는 텅 빈 공간은 내재적으로 곡률(에너지)을 갖는다. 이 곡률은 '우주상수'라고 알려져 있다. 0은 아주 특별한 숫자로, 우주학자들은 우주상수가 0이 아니라는 사실을 알아냈을 때도 놀라지 않았다. 놀라운 점은 우주상수의 크기가 너무나도 작다는 것이었다. 양자 이론은 '양자 요동' 때문에 진공에는 에너지가 있어야 한다고 예측한다. 그런데 양자 이론은 진공의 에너지-밀도(즉 암흑 에너지의 값)는 관측값보다 10^{120}배 커야 한다고 예측한다. 과학의 역사에서 예측과 관측 결과가 이렇게 크게 차이가 나는 경우는 없었다. 이 수는 실제로 음의 값을 가지며 오직 소수점 아래 119자리만 다른 진공 에너지에도 기여할 수 있다면 실제로 관측되는 에너지 밀도까지 낮출 수 있다. 이것은 달성하기 어려운 목표이다. 그러나 보손 장을 요동시키는 에너지는 양이지만, 같은 에너지가 페르미온 장에서 작용할 때는 음임을 생각해 보면 초대칭이 그것을 가능하게 해 줄 수도 있다.

37 모든 사람이 뉴턴의 중력 법칙을 확고하게 믿는 것은 아니다. 이스라엘 레호보트 바이츠만 연구소Weizmann Institute의 모르데하이 밀그롬Mordehai Milgrom을 주축으로 하는 소수 천문학자 모임은 가속도가

기존 가속도의 10억 분의 1 이하로 줄어든다면 중력이 더 강력한 형태로 바뀌기 때문에 거리가 멀어져도 역제곱 법칙에 따라 힘이 줄어들지 않는다고 생각한다. 이런 수정 뉴턴 역학(MOND)을 적용하면 모든 나선은하에서 공전하는 항성들의 움직임을 한 가지 공식으로 설명할 수 있다. 그에 반해 각 나선은하에서 공전하는 항성의 움직임을 설명하려면 다른 양이 다른 식으로 분포해 있는 암흑물질을 상정할 필요가 있다. 아인슈타인의 상대성 이론과 양립하는 수정 뉴턴 역학은 2000년에 예루살렘 헤브류 대학교 야코브 베켄슈타인이 제시했다. 야코브 베켄슈타인의 '수정 뉴턴 역학의 패러다임을 위한 상대적 중력 이론Relativistic gravitaion theory for the MOND paradigm'(http://arxiv.org/pdf/astro-ph/0403694v6.pdf) 참고.

38 로리 캐럴Rory Carroll, 2013년 6월 21일 〈Guardian〉 '킵 손: 할리우드 영화를 구한 시간 여행을 연구하는 물리학자Kip Thorne: Physicist studying time travel tapped for Hollywood film'(https://www.theguardian.com/science/2013/jun/21/kip-thorne-time-travel-scientist-film).

39 B. 어버그B. Oberg 편집, 『벤저민 프랭클린 문서*The Papers of Benjamin Franklin*』(1995년) 31권, 455쪽.

40 아서 C. 클라크, 『미래 개요서*Profiles of the Future*』(2013년) '클라크의 세 번째 법칙Clarke's Third Law'.

중력에 대한 거의 모든 것

초판 1쇄 발행 2022년 6월 28일
초판 2쇄 발행 2023년 3월 20일

지은이 마커스 초운
옮긴이 김소정
펴낸이 조미현

책임편집 박이랑
교정교열 정차임
디자인 정은영

펴낸곳 ㈜현암사
등록 1951년 12월 24일 · 제10-126호
주소 04029 서울시 마포구 동교로12안길 35
전화 02-365-5051
팩스 02-313-2729
전자우편 editor@hyeonamsa.com
홈페이지 www.hyeonamsa.com

ISBN 978-89-323-2227-8 03420

* 책값은 뒤표지에 있습니다.
* 잘못된 책은 바꾸어 드립니다.